AF388249

Manfred Weck

Moderne Leistungsgetriebe

Verzahnungsauslegung und Betriebsverhalten

Mit Beiträgen von:

G. Bartsch, H.-B. Bong, P. Fritsch, R. Heinze, H. Krick,
S. Lachenmaier, H. Leube, G. Mauer, Chr. Plewnia,
W. Rautenbach, W. Reuter, H. Saljé, K. Schlötermann,
M. Schweicher, H. Stadtfeld, J. Volger, M. Weck, W. Wittke

Mit 180 Abbildungen

Springer-Verlag
Berlin Heidelberg NewYork
London Paris Tokyo
Hong Kong Barcelona Budapest

Prof. Dr.-Ing. Manfred Weck
Laboratorium für Werkzeugmaschinen und Betriebslehre
RWTH Aachen
Steinbachstraße 53/54
5100 Aachen

ISBN 978-3-642-51053-3

CIP-Kurztitelaufnahme der Deutschen Bibliothek:
Manfred Weck: Moderne Leistungsgetriebe: Verzahnungsauslegung und Betriebsverhalten / Manfred Weck. Mit Beitr. G. Bartsch... - Berlin; Heidelberg; New York; London; Paris; Tokyo; Hong Kong; Barcelona; Budapest: Springer, 1992
ISBN 978-3-642-51053-3   ISBN 978-3-642-51052-6 (eBook)
DOI 10.1007/978-3-642-51052-6

Vorwort

Seit 1956 wird am Laboratorium für Werkzeugmaschinen und Betriebslehre (WZL) der Rheinisch-Westfälischen Technischen Hochschule Aachen auf dem Gebiet der Zahnradgetriebe intensiv geforscht. Die beiden Lehrstühle „Technologie der Fertigungsverfahren" (Leiter Prof. Dr.-Ing. Dr. h.c. W. König) und „Werkzeugmaschinen" (Leiter Prof. Dr.-Ing. M. Weck) führen die Forschung mit Unterstützung einer großen Anzahl von Firmen, mehrerer Forschungsvereinigungen und der öffentlichen Hand durch. Die im Rahmen dieses Zahnrad- und Getriebeprogramms laufenden experimentellen und theoretischen Untersuchungen haben zum Ziel, die konstruktive Auslegung von Verzahnmaschinen und Getrieben sowie die Zahnrad-Fertigungsverfahren im Hinblick auf ihre Leistungsfähigkeit und den resultierenden Qualitätsstandard zu verbessern.

Durch die enge Zusammenarbeit mit Verzahnmaschinen-, Getriebe- und Werkzeugherstellern ist der Bezug der Forschungsarbeiten zur Praxis gewährleistet, so daß die erarbeiteten Ergebnisse unmittelbar Eingang in die Industrie finden können.

Den beteiligten Firmen sei an dieser Stelle für ihre Unterstützung und gute Zusammenarbeit bei den verschiedenen Forschungsvorhaben gedankt. Ebenso möchte ich der Deutschen Forschungsgemeinschaft (DFG), der Forschungsvereinigung Antriebstechnik e.V. (FVA), dem Verein Deutscher Werkzeugmaschinenfabriken e.V. (VDW) sowie den Mitgliedern des WZL-Getriebekreises für ihre Anregungen und Förderung danken. Mein Dank gilt ganz besonders den Mitarbeitern der Getriebeforschungsgruppe am WZL, die durch ihren engagierten Einsatz die Erstellung dieses Buches ermöglicht haben.

Aachen, im Frühjahr 1992   Manfred Weck

Inhaltsverzeichnis

Formelzeichen

Großbuchstaben

A	-	Anfangspunkt des Eingriffs
A	m^2	äquivalente Absorptionsfläche
B	-	Innerer Einzeleingriffspunkt am treibenden Rad
C	μm	Zahnflankenkorrektur
C	-	Wälzpunkt
D	-	Äußerer Einzeleingriffspunkt am treibenden Rad
D	-	Lehrsches Dämpfungsmaß
DdB	dB	Schalldruckdifferenz nach Verdoppelung des Abstandes von der Schallquelle
DWRA	grad	Wälzwinkelabweichung des Tellerrades
E	N/mm^2	Elastizitätsmodul
E	-	Endpunkt des Eingriffs
F	N	Kraft
F	μm	Summenabweichung, Gesamtabweichung
F_f	μm	Profil-Gesamtabweichung
F_i'	μm	Einflanken-Wälzabweichung
F_i''	μm	Zweiflanken-Wälzabweichung
F_p	μm	Teilungs-Gesamtabweichung
F_r	μm	Rundlaufabweichung einer Verzahnung, in den Zahnlücken gemessen
F_t	N	spez. Zahnkraft
F_α	μm	Profil-Gesamtabweichung
F_β	μm	Flankenlinien-Gesamtabweichung
H	μm	Topographie-Parameter
I	W/m^2	Schallintensität
K_1	dB	Fremdgeräuschkorrektur
K_2	dB	Raumeinflußkorrektur
K_g	-	Gleitfaktor
L	mm	Wälzlänge, Prüfbereich
L_a	dB	effektiver Beschleunigungspegel
L_p	dB	effektiver Schalldruckpegel
L_{pA}	dB	A-bewerteter Schalldruckpegel
$\overline{L_{pA}}$	dB	gemittelter A-bewerteter Schalldruckpegel
L_{IA}	dB	A-bewerteter Schallintensitätspegel
L_S	dB	Meßflächenmaß

L_W	dB	Schalleistungspegel
L_{WA}	dB	A-bewerteter Schalleistungspegel
L_α	mm	Profil-Prüfbereich
L_β	mm	Flankenlinien-Prüfbereich
N	-	Lastspielzahl
O	-	Kreismittelpunkt
P	W	mechanische Leistung, Schalleistung
R_a	µm	arithmetischer Mittenrauhwert
R_m	N/mm^2	Zugfestigkeit
R_{max}	µm	maximale Rauhtiefe
R_z	µm	gemittelte Rauhtiefe
RCOW	mm	Flugkreisradius der Messerspitze
RHSP	mm	Sphärikradius des Messers
S	m^2	Hüllfläche
S_{KS}	m^2	Körperschallmeßfläche
S_{xx}	dB	Luftschallspektrum
S_{yx}	dB	Kreuzleistungsspektrum
S_{yy}	dB	Körperschallspektrum
T	s	Nachhallzeit
T	Nm	Drehmoment
T	mm	Randabstand
V	m^3	Raumvolumen
W	Nm	Energie
W_k	mm	Zahnweite über k Meßzähne oder Meßlücken
WWRA	grad	Wälzwinkel Tellerrad
WXMM	grad	Neigung der Messerkopfspindel
Z_E	Ns/m	Eingangsimpedanz

Kleinbuchstaben

a	mm	Achsabstand, Abplattungsbreite
b	mm	Zahnbreite
c	N/µm	Steifigkeit
c_L	m/s	Schallgeschwindigkeit in der Luft
d	mm	Durchmesser, Teilkreisdurchmesser
d_a	mm	Kopfkreisdurchmesser
d_b	mm	Grundkreisdurchmesser
d_f	mm	Fußkreisdurchmesser
d_w	mm	Wälzkreisdurchmesser
f	mm	Einzelabweichung
f_b	mm	Grundkreisabweichung
$f_{H\alpha}$	µm	Profil-Winkelabweichung
$f_{H\beta}$	µm	Flankenlinien-Winkelabweichung
$f_{f\alpha}$	µm	Profil-Formabweichung
$f_{f\beta}$	µm	Flankenlinien-Formabweichung
f_i'	µm	Einflanken-Wälzsprung
f_i''	µm	Zweiflanken-Wälzsprung

f_p	µm	Teilungs-Einzelabweichung
f_{pe}	µm	Eingriffsteilungs-Abweichung
f_u	µm	Teilungssprung
f_z	Hz	Zahneingriffsfrequenz
g	m/s^2	Erdbeschleunigung
g	mm	Eingriffsstrecke
g_a	mm	Länge der Austritt-Eingriffsstrecke
g_α	mm	Profil-Eingriffsstrecke
g_β	mm	Sprung-Eingriffsstrecke
g_γ	mm	Gesamt-Eingriffsstrecke
h	mm	Zahnhöhe (zwischen Kopf- und Fußlinie)
h_a	mm	Zahnkopfhöhe
h_{aP}	mm	Kopfhöhe des Stirnrad-Bezugsprofils
h_f	mm	Zahnfußhöhe
h_{fP}	mm	Fußhöhe des Stirnrad-Bezugsprofiles
$h_{ü}$	m/Ns	Übertragungsadmittanz
i	-	Übersetzung
k	Ns/mm	Dämpfungskoeffizient
l_x	mm	Berührlinienlänge
m	mm	Modul (Durchmesserteilung)
m_n	mm	Normalmodul
m_t	mm	Stirnmodul
n	min^{-1}	Drehzahl
p	N/m^2	Schalldruck
p	mm	Teilung auf dem Teilzylinder
p_b	mm	Teilung auf dem Grundzylinder
p_e	mm	Eingriffsteilung
p_n	mm	Normalteilung
p_t	mm	Stirnteilung, Teilkreisteilung
p_x	mm	Axialteilung
p_{Ofm}	Torr	Rezipienteninnendruck
r	mm	Teilkreishalbmesser
r_a	mm	Kopfkreishalbmesser
r_b	mm	Grundkreishalbmesser
r_f	mm	Fußkreishalbmesser
r_m	mm	Mittenkreishalbmesser
r_w	mm	Wälzkreishalbmesser
s	mm	Zahndicke, Kontaktabstand
s	%	Schlupf
s	-	Standardabweichung
s_e	µm	wirksame Tuschiermittel-Schichtdicke
u	-	Zähnezahlverhältnis
v	m/s	lineare Geschwindigkeit, Schallschnelle
v_g	m/s	Gleitgeschwindigkeit
v_s	m/s	Stoßgeschwindigkeit
v_u	m/s	Umfangsgeschwindigkeit

x	-	Profilverschiebungsfaktor
z	-	Zähnezahl
z_{kor}	mm	Einpassungsmaß

Griechische Buchstaben

Δr	mm	Mikrophonabstand
$\Delta\alpha$	grad	Normalenfehlerwinkel
$\Delta\varphi$	grad	Drehwinkel-Differenz
Θ	$kg\ m^2$	Massenträgheitsmoment
Σ	grad	Achswinkel
Σ	-	Summe
α	grad	Eingriffswinkel
α	mm/N	Verschiebungseinflußzahl
α_G	grad	Gitterrotationswinkel
α_n	grad	Normaleingriffswinkel
α_t	grad	Stirneingriffswinkel
β	grad	Schrägungswinkel, Spiralwinkel
β_b	grad	Grundschrägungswinkel
γ	-	Kohärenzfunktion
γ	grad	Steigungswinkel
γ_b	grad	Grundsteigungswinkel
δ_p	N/m^2	Druckdifferenz
δ_r	m	Wegdifferenz
ε	-	Überdeckung
ε_α	-	Profilüberdeckung
ε_β	-	Sprungüberdeckung
ε_γ	-	Gesamtüberdeckung
κ	-	Zahnbreitenverhältnis
λ	m	Wellenlänge
ν	-	Querkontraktionszahl
ξ	grad	Wälzwinkel der Evolvente
ρ	mm	Krümmungshalbmesser
ρ_c	mm	Krümmungshalbmesser der Evolvente am Wälzkreis
ρ_{res}	mm	resultierender Krümmungsradius
ρ_L	kg/m^3	Dichte der Luft
σ	-	Abstrahlgrad
$\vec{\sigma}$	N/mm^2	Spannung
σ_E	N/mm^2	Eigenspannung
σ_F	N/mm^2	Zahnfußspannung
σ_{FD}	N/mm^2	dauerfest ertragene Zahnfußspannung
σ_H	N/mm^2	Hertz'sche Pressung auf der Zahnflanke
σ_{HD}	N/mm^2	dauerfest ertragene Hertz'sche Pressung auf der Zahnflanke
σ_f	N/mm^2	Fließgrenze
σ_V	N/mm^2	Vergleichsspannung
τ	grad	Teilungswinkel
φ	grad	Überdeckungswinkel

φ_α	grad	Profil-Überdeckungswinkel
φ_β	grad	Sprung-Überdeckungswinkel
φ_γ	grad	Gesamt-Überdeckungswinkel
ω	s^{-1}	Winkelgeschwindigkeit

Indizes

A	Mikrofon A; axial
B	Mikrofon B
E	„Erzeugung" (z.B. am Stirnrad erzeugte Größen) bzw. „Erzeugende"
F	Zahnfußbeanspruchung; Formkreis (den maximal nutzbaren Flanken-bereich bestimmende Größen)
H	Zahnflankenbeanspruchung; Winkelabweichung im Flankenprüfbild
N	Nutzkreis (den vom Gegenrad genutzten (aktiven) Flankenbereich bestimmende Größen)
P	Stirnrad-Bezugsprofil
PL	Planrad
PO	Werkzeug-Bezugsprofil
S	Kerbwirkung; Teilungsspanne
T	Tangential
W	Zahnweite

a	Zahnkopf; treibendes Rad
b	Grundzylinder; getriebenes Rad
c	Breitenballigkeit
e	Endrücknahme; Eingriffsebene
eff	effektiv
f	Zahnfuß; „Form"
g	„Gleiten"
ges	gesamt
k	Korrektur
kin	kinetisch
m	Mittelwert; Auslegungspunkt
max	Höchstwert
min	Mindestwert
mech	mechanisch
n	Normalschnitt
p	Teilungs-Abweichungen
pot	potentiell
pr	Protuberanz
r	Rundlaufabweichung; Normalenrichtung der Fläche dS
red	reduziert
res	resultierend
s	Zahndicke
t	Stirnschnitt; Tangentialrichtung
tor	Torsion
u	Teilungssprung

Zahnfuß- und Zahnflankentragfähigkeit diskutiert und den Tragfähigkeitsergebnissen spanend hergestellter Verzahnungen gegenübergestellt.

Das Schwingungs- und Geräuschverhalten von Leistungsgetrieben ist Gegenstand des dritten Kapitels. Nach einer ausführlichen Darstellung geeigneter Meßverfahren wird der Stand der Technik stationärer Leistungsgetriebe bezüglich ihrer Geräuschemission dokumentiert. Abschließend werden in diesem Kapitel konstruktive Maßnahmen erörtert, die bei konsequenter Anwendung eine sichere Auslegung geräuscharmer Leistungsgetriebe gewährleisten.

Die Fertigungsgenauigkeit beeinflußt in hohem Maße das Bauteilverhalten. Den Verfahren zur Messung und Prüfung des fertigungsbedingten Verzahnungszustandes sowie der Meßdatenverarbeitung kommt daher eine besondere Bedeutung zu. Kapitel 4 gibt eine Übersicht über moderne Zahnradmeßtechniken. Zur Erfassung komplexer Verzahnungsgeometrien, z.B. von Kegelrädern, und Zahnflankenkorrekturen werden zunehmend 3-D-Koordinatenmeßmaschinen eingesetzt. Aus den erkannten Geometrieabweichungen müssen im Produktionsbetrieb die erforderlichen Korrekturen der Verzahnmaschineneinstellung im Sinne einer Qualitätsregelung schnell und sicher bestimmt werden. Dies stellt hohe Anforderungen an die Meßdatenverarbeitung.

Die kurze Vorstellung der Themen macht deutlich, daß für die Zahnradauslegung wichtige Schwerpunktthemen behandelt werden, die den Konstrukteur von Zahnradgetrieben über den allgemeinen Kenntnisstand hinaus informieren. Als Hilfsmittel für die Verzahnungsauslegung und -optimierung wurden im Rahmen der am WZL durchgeführten Forschungsvorhaben verschiedene EDV-Programme entwickelt, welche im Anhang kurz aufgeführt und beschrieben werden.

1 Erweiterte Zahnrad-Berechnungsverfahren auf der Grundlage numerischer Simulationen und der Methode finiter Elemente

von H. B. Bong, G. Mauer, M. Schweicher, H. Stadtfeld und M. Weck

In der Konstruktionsphase soll im Rahmen der Auslegungsrechnung das entsprechende Bauteil so dimensioniert werden, daß es die im Betrieb auftretende Beanspruchung während der vorgegebenen Lebensdauer mit hinreichender Sicherheit ertragen kann. Für die Dimensionierung von Zahnrädern stehen verschiedene Berechnungsstandards zur Verfügung, die von einer Reihe von Normungsgremien und Klassifikationsgesellschaften (z.B. DIN/ISO, AGMA, Germ. Lloyd, etc.) definiert wurden. Bei diesen Verfahren zur Zahnradberechnung handelt es sich ausschließlich um analytische Ansätze. Dabei wird die komplexe Geometrie sowie der mehrdimensionale Spannungs- und Verformungszustand unter Last mit einfachen Modellen beschrieben. Mit Hilfe einer Vielzahl von Einflußfaktoren, die z.T. empirisch gewonnen werden, wird für jede beliebige Geometrie die spezifische Beanspruchung, d.h. die Zahnflankenpressung und Zahnfußspannung berechnet. Die Dimensionierung wird über den Vergleich mit einer zulässigen Spannung, die auf ähnliche Weise bestimmt wurde, durchgeführt.

Der Vorteil einer solchen Berechnung besteht darin, daß sie sehr schnell anwendbar ist und für einfache Fälle eine gute Näherungslösung liefert. Sollen jedoch komplexe Randbedingungen berücksichtigt werden, z.B. korrigierte Zahnprofile, so ist die Aussagefähigkeit der bekannten Berechnungsstandards sehr schnell erschöpft. Fragen z.B. des Lauf- und Dynamikverhaltens können grundsätzlich nur mit starken Einschränkungen beantwortet werden.

Die Forderung nach gezielteren Auslegungsmöglichkeiten führte zur Entwicklung erweiterter Berechnungsverfahren, die im folgenden beschrieben werden.

1.1 Einsatzmöglichkeiten erweiterter Berechnungsverfahren

Die verschiedenen Größen, welche die Getriebebeanspruchung beeinflussen und von den im weiteren beschriebenen Berechnungsverfahren erfaßt werden können, sind in Bild 1.1 zusammengefaßt. Die gebräuchlichsten Berechnungsstandards berücksichtigen die aufgeführten Einflußgrößen auf die Zahnflanken- und Zahnfußbeanspruchungen durch eine Vielzahl von empirisch gewonnenen Einflußfaktoren. Rechts im Bild sind eine Reihe dieser Faktoren exemplarisch für das Verfahren nach DIN 3990 [1.21] für Zylinderräder (für Kegelräder analog nach DIN 3991 [1.22]) dargestellt.

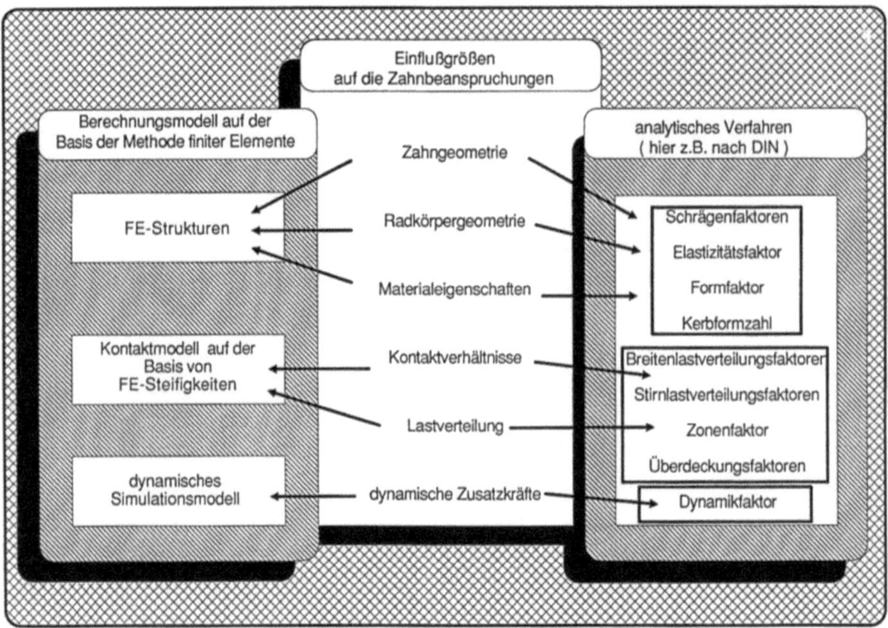

Bild 1.1. Bezug der erweiterten Berechnungsverfahren (FEM und Dynamiksimulation) zu den Einflußfaktoren nach DIN 3990

Der linke Bildteil gibt die korrespondierenden Berechnungsmodelle an. Diese Modelle sind auch da einsetzbar, wo die genormten Verfahren aufgrund fehlender empirischer Untersuchungen nicht oder nur bedingt einsetzbar sind. Hierzu zählen die Einflüsse verschiedener Radkörperformen, die Nachgiebigkeiten der Wellen-Lager-Systeme, die Auswirkungen von Zahnflankenabweichungen und Zahnflankenkorrekturen sowie der Zustand aufgeschrumpfter Zahnradbandagen.

Die Verbindung der Methode finiter Elemente mit Modellen zur Kontaktanalyse und der dynamischen Simulation soll im folgenden der Einfachheit halber unter dem Begriff „Erweiterte Berechnungsverfahren" zusammengefaßt werden.

Die einzelnen Verfahrensschritte zur Anwendung dieses Rechenverfahrens sind schematisch in Bild 1.2 dargestellt. Zunächst führt die Simulation des Herstellprozesses zur exakten Beschreibung der Verzahnungsgeometrie, wobei die Besonderheiten der eingesetzten Werkzeugmaschine berücksichtigt werden können. Auf der Basis dieser Kenntnisse kann anschließend eine FE-Struktur generiert werden, mit der die entsprechenden Berechnungen vorgenommen werden können. Gleichzeitig lassen sich an dieser Stelle Einflüsse aus der Verformung der Wellen-Lager-Systeme und des Getriebegehäuses berücksichtigen. Aus diesen Berechnungen ergibt sich eine Matrix, welche die Deformationen im Kontaktbereich bei Belastung eines beliebigen Kontaktpunktes mit einer Einheitskraft beschreibt. Die eigentliche Kraftverteilung über die Flanke wird durch eine Zahnkontaktanalyse mit Hilfe eines sog. Federmodells ermittelt, wobei die lokalen Steifigkeiten aus den Einflußzahlen resultieren.

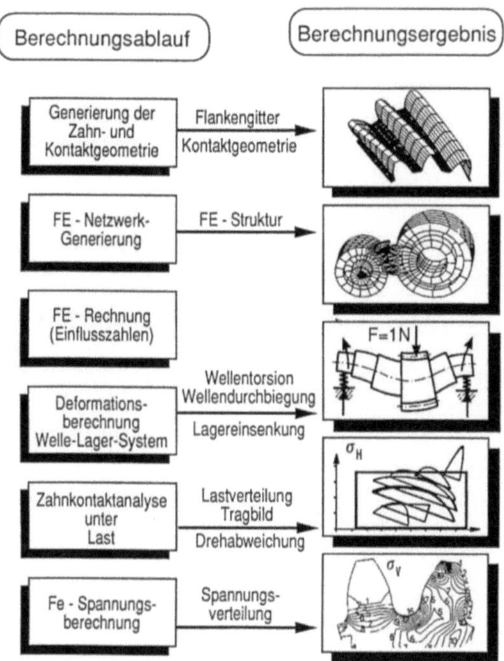

Bild 1.2. Ablauf und Ergebnisse der Finite-Elemente-Stirnradberechnung

Damit besteht die Möglichkeit, die Verläufe der Flankenpressung und Fußspannung sowie den Drehfehler bei quasistatischem Durchwälzen über den gesamten Wälzweg hin zu ermitteln. Eine anschließende dynamische Simulationsrechnung gibt Aufschluß über Lastüberhöhungen infolge von parametererregten Getriebeschwingungen und liefert zusätzlich Aussagen über den Anregungspegel der Radpaarung (vgl. Abschn. 3.2.3.2).

Nachfolgend werden die Algorithmen, die diesem Berechnungsgang zugrunde liegen, näher erläutert und ihre Anwendung an Beispielen dargestellt.

1.2 Berechnung der Zahnflankengeometrie und Ermittlung der Beanspruchungsgrößen

Verzahnungen mit Flankenkorrekturen und/oder Verzahnungsabweichungen, die sich von der exakt wälzenden, konjugierten Verzahnung im gesamten Flankenbereich um eine Korrekturfläche (bei Kegelrädern die sogenannte Ease-Off-Topografie) unterscheiden, lassen sich nur sehr ungenau mit konventionellen Berechnungsalgorithmen nachrechnen. Wesentlich leistungsfähiger sind numerische Berechnungsverfahren, deren Verfahrensschritte in den folgenden Unterabschnitten jeweils beispielhaft für Zylinder- oder Kegelräder vorgestellt werden. Dabei wird auf die prinzipielle Darstellung der Berechnungsmethoden Wert gelegt, während auf eine genaue Angabe der mathematischen Zusammenhänge verzichtet wird.

1.2.1 Berechnung der Zahnflanken- und Kontaktgeometrie

Zur numerischen Generierung der Zahnflankengeometrie wurde bei der Entwicklung der hier beschriebenen Programmsysteme von der Verzahnmaschinensimulation ausgegangen. Bild 1.3 zeigt das allgemeingültige Basisverzahnmodell [1.14], das der Kegelrad-Geometrieberechnung zugrunde liegt. Dieses Modell besteht aus drei Hauptkoordinatensystemen, wobei in System X1, Y1, Z1 das Werkrad mit der Rotationsbewegung $\omega12Z$ und den Translationsbewegungen V12X, V12Y und V12Z (V = Translation) beschrieben wird. In System X8, Y8, Z8 wird die Hüllfläche des Werkzeugprofils dargestellt. Das System X5, Y5, Z5 beschreibt die Wälztrommel mit V45X, V45Y, V45Z und $\omega45Z$.

Für alle Zylinderrad-, Schneckenrad-, Schneckenverzahnprozesse sowie für die Kegelradformverfahren reichen das Werkrad- und Werkzeugkoordinatensystem zur Simulation des Verzahnprozesses aus. Ausschließlich für die Kegelradwälzverfahren wird zusätzlich das Wälztrommelkoordinatensystem benötigt.

Die Flankengeometrie wird mit Hilfe des Verzahnungsgesetzes berechnet. Durch Ausnutzen der Invarianzeigenschaften der Verzahnungsgesetzgleichungen gegenü-

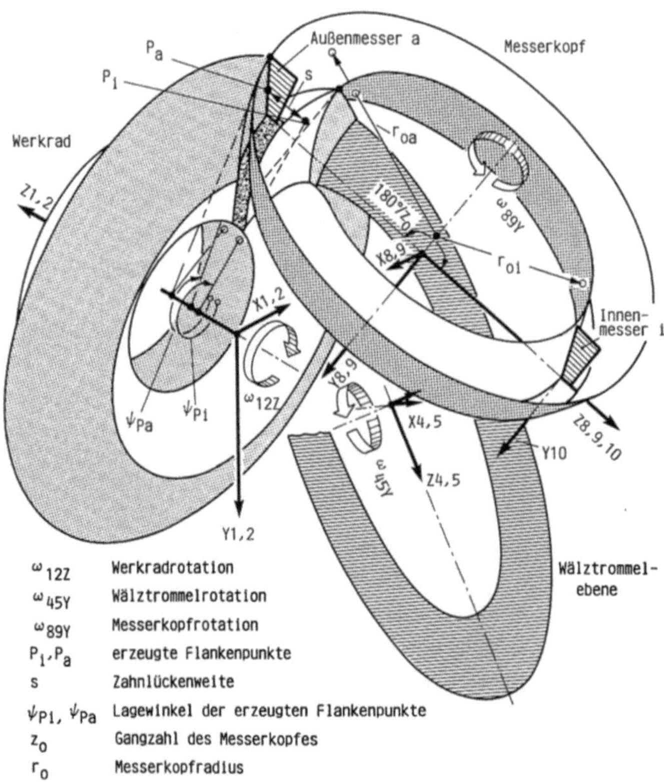

Bild 1.3. Basisverzahnmodell zur Kegelrad-Geometrieberechnung

ber Rotationen lassen sich bei Anwendung der Tensorrechnung alle Gleichungssysteme geschlossen lösen. Damit wird die Berechnung der Flankengeometrie und der charakteristischen Flankenkurven (Unterschnitt-, tiefste Fußausrundungskurve, Übergang Flanke-Fuß und Flankenkorrekturkurven) mit minimalem Rechenaufwand und bestmöglicher Genauigkeit ermöglicht [1.14, 1.15]

Die drei Koordinatensysteme des Basis-Verzahnungsmodells beschreiben die relative Lage der für den Verzahnungsprozeß erforderlichen drei Maschinenfunktionsgruppen (Werkrad, Werkzeug, Wälztrommel) zueinander. Eine reale Verzahnmaschine besteht jedoch aus wesentlich mehr Funktionsgruppen, welche die Einstell- sowie die Vorschub-, Schnitt-, Teil- und Wälzbewegungen realisieren. Zur Beschreibung komplizierter Verzahnmaschinen sind meist über zehn Koordinatensysteme erforderlich, um alle Bewegungsmöglichkeiten zu erfassen. Wird die Berechnung für jeden Flankenpunkt über eine große Anzahl von Koordinatensystemen geführt, entstehen hohe Rechenzeiten. Zusätzlich ist das System sehr unflexibel, da für jeden Verzahnmaschinentyp eine eigene Koordinatenkonfiguration zu entwickeln ist. Es werden daher Maschinenfunktionsgruppen in einzelnen Programmbausteinen beschrieben.

Im linken Teil von Bild 1.4 sind hierzu die Bezugsfunktionen der Verzahnmaschinen dargestellt (Verschiebe-, Rotations-, Neigungs- und Schwenkmechanismen). Im mittleren Bildteil wird beispielhaft gezeigt, wie sich die Funktionsgruppen zu realen Maschinen zusammenfügen lassen. Rechts im Bild 1.4 sind die Rechenmodelle der

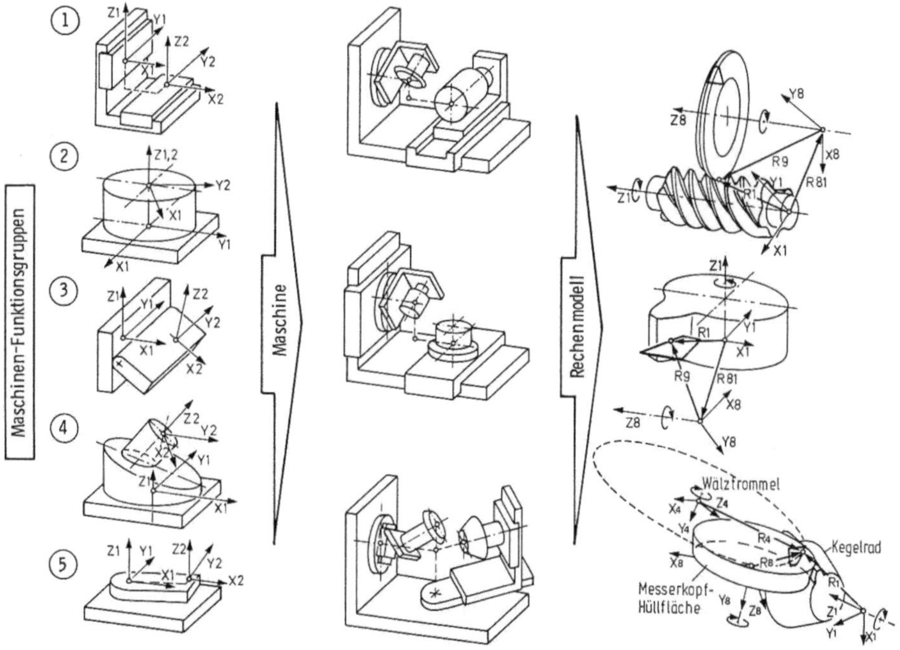

Bild 1.4. Entstehung von Verzahnmaschinen-Rechenmodellen aus Funktionsgruppen der Maschinen

realen Verzahnmaschinen abgebildet. Der Schnecken-, Zylinderrad- und Kegelrad-herstellprozeß ist zu erkennen [1.14].

Durch Aneinanderreihung einzelner Bausteine kann das Rechenmodell zur Nach-bildung der Maschinenkinematik zwischen den Schnittstellen „Werkrad" - „Werk-zeug" - „Wälztrommel" aufgebaut werden. Es entsteht ein maschinen- und verfah-rensunabhängiges Modell einer Basis-Verzahnmaschine, in dem alle weiteren für den Verzahnprozeß erforderlichen Rotationen und Translationen durchgeführt wer-den [1.14].

1.2.1.1 Numerische Zahnflankengenerierung

Die Generierung der Zahnflankengeometrie wird, wie schon in Bild 1.4 erläutert, auf der Basis einer Simulation des Herstellvorganges durchgeführt. Sie bildet den Schnittprozeß mit Hilfe eines numerischen Verzahnmaschinenmodells nach. Diese Vorgehensweise wird für Zylinder- und Kegelräder gleichermaßen angewendet. Im folgenden soll näher auf die Generierung von Kegelradflanken eingegangen werden, da die dort vorliegende Maschinenkinematik besonders komplex ist.

Die Kegelrad-Verzahnmaschinenhersteller Gleason, Oerlikon und Klingelnberg bieten zu ihren Verzahnungssystemen Rechenprogramme an, die aus vorgegebenen Verzahnungsgrunddaten (Zähnezahlen, Spiralwinkel, Modul, etc.) nach einer fir-meneigenen Auslegungsphilosophie die Maschineneinstellungen berechnen. Diese Programme werden als Vorprogramme zu dem hier beschriebenen, übergeordneten Berechnungssystem für Kegelräder verwendet. Die Übergabe der Maschineneinstell-daten erfolgt über speziell dafür eingerichtete Schnittstellen. Mit Hilfe der Maschi-nenkonstanten wird nun die Maschinengeometrie, die Maschinenkinematik, die Messerkopf- und die Messerprofilgeometrie des Basis-Verzahnmaschinenmodelles an die real verwendete Maschine angepaßt.

Die Erzeugung der Zahnflanken im Wälzprozeß beruht auf dem Verzahnungsge-setz. Es besagt, daß zwischen einem Punkt der erzeugenden Flanke (Messerprofil-Hüllfläche) und einem Punkt der Werkradflanke keine Relativgeschwindigkeit in Richtung der gemeinsamen Kontaktnormalen existiert. Diese Bedingung ist für jeden Punkt der erzeugenden Flanke an genau einem plausiblen Ort in der Verzahn-maschine erfüllt. Die Summe aller Erzeugungspunkte ergibt somit die Erzeugungs-Eingriffsfläche, ihre Transformation ins Werkradsystem die erzeugte Zahnflanke.

Bild 1.5 zeigt die Ergebnisse der ersten rechnerischen Flanken-Generierungspha-se. Für diskrete Messerkopf-Winkelstellungen und Messerprofilpunkte wird das Ver-zahnungsgesetz rechnerisch gelöst. Die erzeugten Flankenpunkte ergeben nach der Radialprojektion in eine Werkradachsschnittebene das sog. Kinematikkennfeld. Die Zeilen dieses krummlinigen Gitters entsprechen solchen Flankenpunkten, die durch einen einzelnen Messerprofilpunkt erzeugt werden. Die Spalten beschreiben die in einer diskreten Messerkopf-Winkelstellung hergestellten Flankenpunkte. In einer zweiten Generierungsphase werden im Kinematikkennfeld Zwischenwerte der Mes-serprofilkoordinaten und Messerkopf-Winkelstellungen errechnet. Für diese werden die Flankenpunkte des in Bild 1.5 eingezeichneten geradlinigen, regulären Flanken-gitters erzeugt.

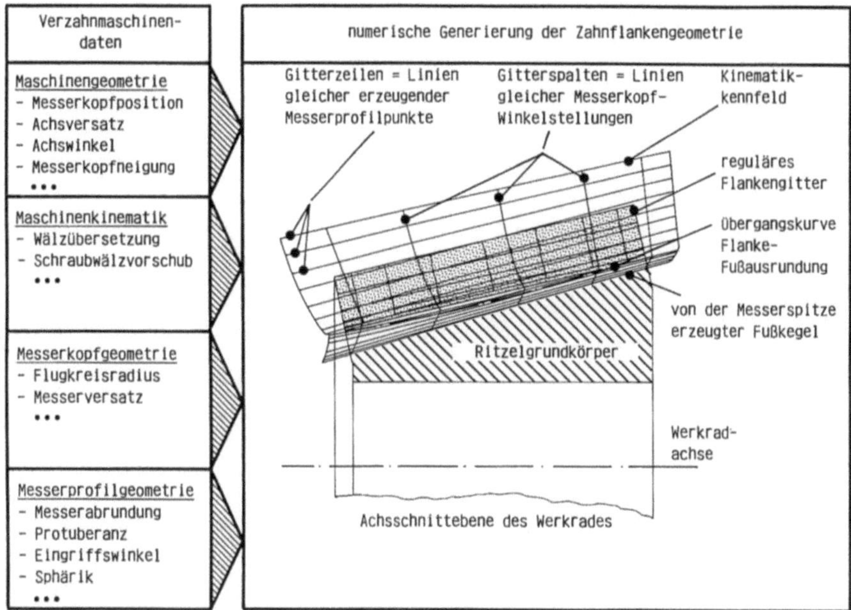

Bild 1.5. Rechnerische Generierung der Zahnflankengeometrie auf der Grundlage der Verzahnmaschinen-
daten

Das Ergebnis einer solchen Flankengenerierung ist ein räumliches Netz von erzeugten Flankenpunkten mit den dazugehörigen Flankennormalen. Es beschreibt die gesamte wälzfähige Zahnflanke, die durch Messerprofilmodifikationen erzeugten korrigierten Zonen sowie die Fußausrundung unter Berücksichtigung evtl. vorhandener Protuberanz. Um für die nachfolgende Analyse des Zahnkontaktes Informationen über jeden beliebigen Flankenpunkt bereitzustellen, werden die punktweise vorgegebenen Flankenoberflächen von Ritzel und Tellerrad mit bikubischen Splinefunktionen interpoliert. Die hierfür erforderliche Stützpunktdichte ist abhängig von evtl. vorhandenen Zahnflankenkorrekturen. Für eine durch ein geradflankiges Messerprofil erzeugte Zahnflanke sind im allgemeinen neun Gitterspalten und fünf Gitterzeilen vorzusehen, um eine ausreichende Rechengenauigkeit zu erreichen.

1.2.1.2 Lastfreie Zahnkontaktanalyse

Für die rechnerische Zahnkontaktanalyse von Stirn- und Kegelradgetrieben werden die interpolierten Zahnflanken in Einbauposition mit ihrem vorgegebenen Übersetzungsverhältnis lastfrei abgewälzt. Ergebnisse sind die Ease-Off-Topografie, die Berührlinien, der Kontaktweg, das Tragbild, die Einflankenwälzabweichung, die Flankengeschwindigkeiten und das Verhalten der Verzahnung bei Achslagenänderungen. Neben der Flankengeometrie der Radpaarung ist die Achslage der wesentliche Bestimmungsparameter für den Zahnkontakt. Daher wird der Achslageneinfluß auf die Zahnkontaktbedingungen unter mehreren Gesichtspunkten analysiert. Im fol-

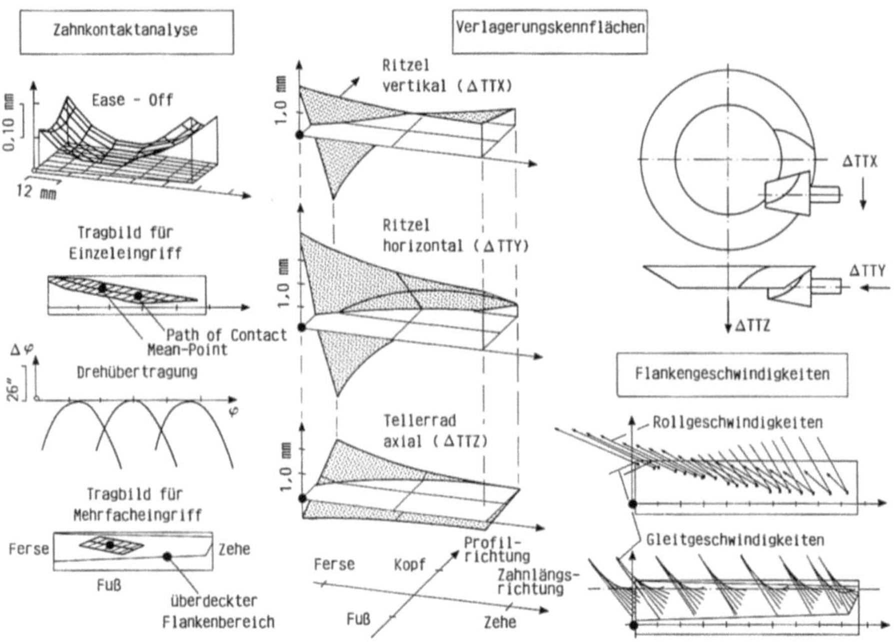

Bild 1.6. Graphisch dargestellte Ergebnisse der lastfreien Zahnkontaktanalyse eines achsversetzten Kegelradgetriebes

genden wird am Beispiel einer achsversetzten Kegelradverzahnung gezeigt, welche Informationen für eine gesicherte Auslegung bzw. Nachrechnung den einzelnen Analysen entnommen werden können.

Die Ease-Off-Topografie (Bild 1.6, links oben) gibt die Summe der kinematischen Flankenabweichungen von Ritzel und Rad wieder – sie kann auch als Balligkeits-Topografie bezeichnet werden. Wird zu einem Ritzel eines beliebig auf Ritzel- und Radflanke korrigierten Radsatzes gemäß dem Verzahnungsgesetz die exakt wälzende Gegenflanke berechnet, so ist in der räumlichen Differenz dieser fiktiven, konjugierten Gegenflanke zur tatsächlichen Tellerradflanke die Summe der Balligkeiten bzw. der Korrekturen von Ritzel und Radflanke enthalten. Zur graphischen Darstellung des „Ease-Offs" werden die Korrekturbeträge jedes Flankenpunktes über dem projezierten Zahnflankenbereich des Tellerrades aufgetragen.

In den darunterliegenden Ausschnitten des Bildes 1.6 sind die Tragbilder des Tellerradzahnes für Einzel- und Mehrfacheingriff dargestellt. Die Tragbilder entstehen beim rechnerischen Durchwälzen einer Zahnpaarung mit einer fiktiven Tuschierpastendicke von normalerweise 6 μm. Aufgrund der Korrekturen über dem gesamten Flankenbereich verbleibt nur ein einziger unkorrigierter Flankenpunkt, der das durch die Zähnezahlen festgelegte Übersetzungsverhältnis exakt erfüllt. Dieser sogenannte Mean-Point ist in der Tragbildmitte (Bild 1.6) gekennzeichnet. Die Abweichung von der exakten Bewegungsübertragung kann aus dem Verlauf der Einflankenwälzabweichung entnommen werden. Die Abszisse des Diagramms in

1.2.2.2 Lösung des Kontaktproblems im Zahneingriff

Die Beanspruchung des einzelnen Zahnes ist im wesentlichen von der Kraftaufteilung auf die bei Mehrfacheingriff an der Kraftübertragung beteiligten Zähne sowie von der Kraftverteilung entlang der Berührlinie der einzelnen Zahnpaare abhängig.

Da die Steifigkeits- und Kontaktverhältnisse und auch der Ort des Kraftangriffs beim Abwälzen der Zähne veränderlich sind, müssen die Lastverteilungen sowie die hieraus resultierenden Zahnflankenpressungen und Zahnfußspannungen für eine Reihe von Wälzstellungen bestimmt werden, um die maximal auftretenden Beanspruchungen zu erfassen.

Die Ermittlung des tragenden Kontaktbereichs (Tragbild unter Last) und die Lastverteilung in diesem Kontakt muß – wie bereits erwähnt – iterativ erfolgen. Solche Iterationen für mehrere Wälzstellungen unmittelbar in die FE-Rechnung mit einzubeziehen, wäre wegen des hohen Rechenaufwandes sehr unwirtschaftlich. Denn für jede Wälzstellung und jeden Lastfall müßte eine neue FE-Struktur generiert werden. Deshalb werden die Kräfte und Deformationen mit einem gesonderten Kontaktmodell ermittelt, dem sogenannten „Federmodell", wie es in Bild 1.8 schematisch dargestellt ist [1.10]. In diesem Modell wird der reale Zahnkontakt mit seinem Mehr-

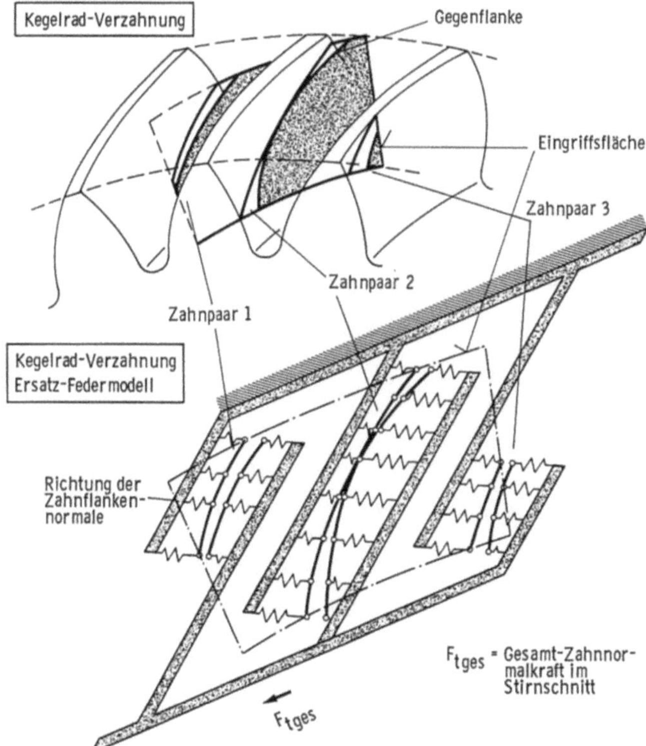

Bild 1.8. Ersatz-Federmodell einer Kegelradpaarung

facheingriff durch eine Parallelschaltung von Federn repräsentiert. Die Federsteifigkeiten ihrerseits werden aus dem in Abschn. 1.2.2.1 beschriebenen FE-Modell gewonnen.

Aus Bild 1.8 läßt sich ersehen, daß neben den Federsteifigkeiten, die die örtlichen Kontaktsteifigkeiten auf den Berührlinien beschreiben, auch die vorliegende Kontaktgeometrie (Kontaktabstände) berücksichtigt wird. Diese Kontaktabstände ergeben sich z. B. daraus, daß die theoretisch möglichen Berührlinien aufgrund der Flankengeometrie im lastfreien Zustand nicht in ihrer vollen Länge anliegen. Wird nun auf dieses Modell eine äußere Belastung aufgebracht, so verformen sich zunächst nur die Federn im mittleren Bereich des Zahnpaares „2“, bis die Lücken zwischen den übrigen Berührlinien geschlossen sind und diese an der Kraftübertragung beteiligt werden. Da sich bis zum vollständigen Schließen aller Kontaktabstände zwischen den Berührlinienpunkten mit der Kraft stets auch die Länge der Berührlinie verändert, ergibt sich ein progressiver Verlauf der Federkennlinien. Rechnerisch läßt sich das gezeigte Federmodell auf ein lineares Gleichungssystem zurückführen, das sich iterativ lösen läßt. Um dies zu verdeutlichen, ist in Bild 1.9 nur ein einzelnes Zahnpaar mit den dazugehörigen Gleichungen wiedergegeben; die Berücksichtigung des Mehrfacheingriffs erfolgt analog hierzu.

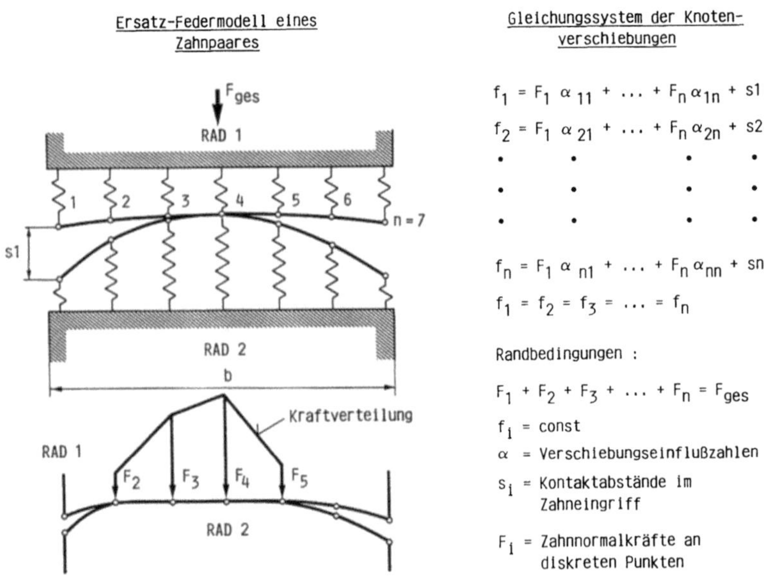

$$f_1 = F_1\,\alpha_{11} + \cdots + F_n\,\alpha_{1n} + s1$$
$$f_2 = F_1\,\alpha_{21} + \cdots + F_n\,\alpha_{2n} + s2$$
$$f_n = F_1\,\alpha_{n1} + \cdots + F_n\,\alpha_{nn} + sn$$
$$f_1 = f_2 = f_3 = \cdots = f_n$$

Randbedingungen :
$$F_1 + F_2 + F_3 + \cdots + F_n = F_{ges}$$
f_i = const
α = Verschiebungseinflußzahlen
s_i = Kontaktabstände im Zahneingriff
F_i = Zahnnormalkräfte an diskreten Punkten

Bild 1.9. Berechnung der Zahnkräfte mittels Einflußzahlen am Beispiel eines Zahnpaares

Das dargestellte Gleichungssystem stellt die Verknüpfung zwischen den örtlichen Deformationen f_i, den dazugehörigen lokalen Kräften F_i und den aus der Kontaktgeometrie resultierenden Kontaktabständen s_i her. Die lokalen Steifigkeiten finden hier ihre Berücksichtigung in den aus der FE-Rechnung ermittelten sogenannten

Verschiebungseinflußzahlen α_{ij}, wobei eine solche Einflußzahl die Verschiebung eines Punktes i aufgrund einer Kraft an Punkt j angibt. Aus Gründen der einfachen Darstellung sind die Kreuzeinflüsse α_{ij} für $j \neq i$ in dem Federmodell nicht gezeigt, sie werden aber in dem dargestellten Gleichungssystem vollständig berücksichtigt. Dieses lineare Gleichungssystem läßt sich mit der Randbedingung lösen, daß die sich einstellenden Gesamtverschiebungen für alle Kontaktpunkte gleich der Annäherung der Bezugsflächen beider Räder sind:

$$f_i = const.$$

Weiterhin muß das Kräftegleichgewicht gelten:

$$F_{ges} = \sum F_i.$$

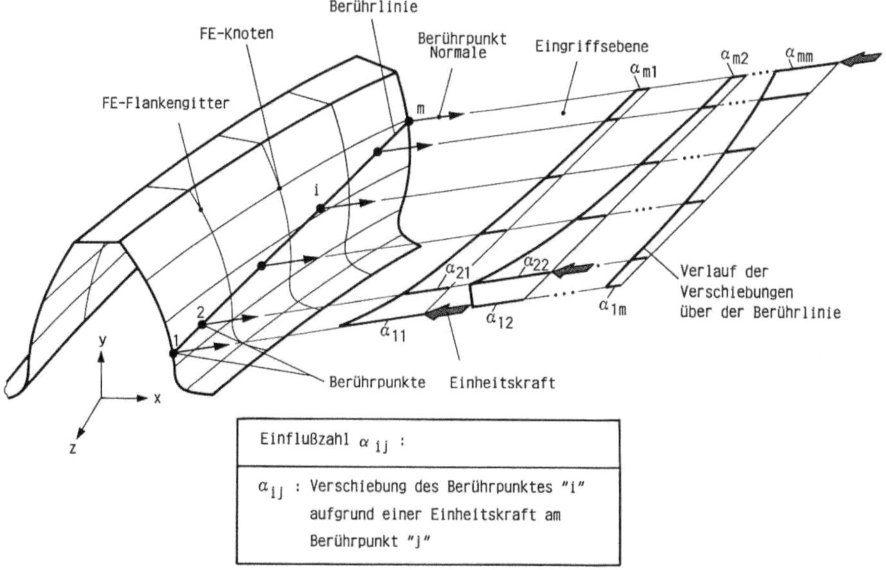

Bild 1.10. Gewinnung von Verschiebungs-Einflußzahlen über der Berührlinie einer Stirnradverzahnung

Die eigentliche Finite-Element-Rechnung dient nun zunächst dazu, die für die Lösung des Kontaktproblems notwendigen Einflußzahlen α_{ij} zu erhalten. Die Vorgehensweise hierbei wird anhand von Bild 1.10 am Beispiel einer Berührlinie einer Schrägverzahnung verdeutlicht: In der FE-Rechnung werden nacheinander einzelne diskrete Punkte der Berührlinie mit Einheitskräften belastet, und es werden die Verschiebungen der gesamten Struktur für diesen Lastfall ermittelt. Betrachtet man diese Verschiebungen über die gesamte Berührlinie, so erhält man am Kraftangriff i selbst die Verschiebungseinflußzahl α_{ii}, an den übrigen Punkten j die Kreuzeinflußzahlen α_{ij}. An den Verläufen dieser Einflußzahlen in Bild 1.10 ist erkennbar, daß sich im allgemeinen die größte Verformung jeweils am Krafteingriffsort selbst einstellt $(\alpha_{ii} > \alpha_{ij})$.

Mit den so gewonnenen Nachgiebigkeiten bzw. Steifigkeiten können nun die Berührpunktkräfte mit den in Bild 1.9 angegebenen Gleichungen sowie die Berührpunktverschiebungen ermittelt werden. Da jedoch im allgemeinen die Berührlinien nicht auf ihrer vollen Länge tragen, müssen die nicht tragenden Berührpunkte aus dem Gleichungssystem eliminiert und der real tragende Kontaktbereich iterativ errechnet werden. Beim ersten Lösungsversuch des Gleichungssystems ergeben sich aufgrund des herrschenden Kräftegleichgewichts für nicht tragende Berührpunkte negative Kräfte. Diese Punkte werden anschließend schrittweise aus dem Gleichungssystem eliminiert, wodurch der tragende Kontaktbereich für den nächsten Iterationsschritt neu festgelegt wird. Bleiben schließlich nur noch positive Berührpunktkräfte übrig, so ist die Iteration beendet, und die verbliebenen Punkte stellen den tragenden Bereich der Berührlinie dar.

Nachdem solchermaßen die diskreten Berührpunktkräfte bestimmt sind, können diese zu einem kontinuierlichen Kraftverlauf interpoliert werden. Als allgemeiner Kurventyp wird hierzu die rationale kubische Splinefunktion herangezogen. Hiermit werden die Kräfte derart interpoliert, daß das Integral unter dem Kraftverlauf der aktiven Berührlinien gleich der Summe der Einzelkräfte und damit gleich der Gesamtnormalkraft ist, die aus dem zu übertragenden Drehmoment resultiert. Aus diesem Kraftverlauf können dann die Beanspruchungsgrößen, d.h. die Flankenpressungen und Zahnfußspannungen, ermittelt werden.

1.2.2.3 Berechnung der Beanspruchungsgrößen

Aus der Kraftverteilung ist zunächst die Hertz'sche Flankenpressung zu bestimmen. Dabei dienen die Hertz'schen Gleichungen für den Kontakt zwischen achsparallelen Zylindern mit konstanter Belastung längs der gemeinsamen Mantellinie als Ausgangspunkt. Im linken Teil von Bild 1.11 ist dieser Ansatz wiedergegeben. Im Fall von Verzahnungen werden die angegebenen Gleichungen für aufeinanderfolgende endlich kleine Abschnitte der Kontaktlinie formuliert, wobei über jedem Abschnitt sowohl die Linienlast als auch die Krümmungen konstant angenommen werden können. Im rechten Teil von Bild 1.11 ist diese Vorgehensweise dokumentiert, wobei aus Anschauungsgründen die Berührlinien der gezeigten Schrägverzahnung nur in vier Abschnitte unterteilt wurden. Bei der realen Berechnung ist diese Unterteilung wesentlich feiner (ca. 100 Abschnitte), so daß die Mittelung der Krümmungsradien und der Lastverteilung keine Ungenauigkeit des Rechenergebnisses bedeutet.

Der Unterschied zwischen Hertz'scher Abplattung und den örtlichen Einsenkungen der FE-Struktur kann bei den in der Praxis auftretenden Deformationsverhältnissen vernachlässigt werden [1.10].

Ein weiterer Berechnungsschritt dient der Ermittlung der Zahnfußspannungen. Laut Abschnitt 1.2.2.2 liegen durch die FE-Rechnung jene Einflußzahlen vor, welche die Verformung der Struktur bei Belastung eines Punktes der Berührlinien mit einer Einheitskraft beschreiben. Aus dem Kontaktmodell sind ebenfalls bereits die realen Berührpunktkräfte bestimmt, so daß sich die örtlichen Gesamtdeformationen der FE-Strukturen durch multiplikative Verknüpfung dieser Kräfte mit den Einflußzahlen ergeben. Mit Hilfe der FE-Analyse [1.19] können hieraus die Spannungen in den Elementen errechnet werden.

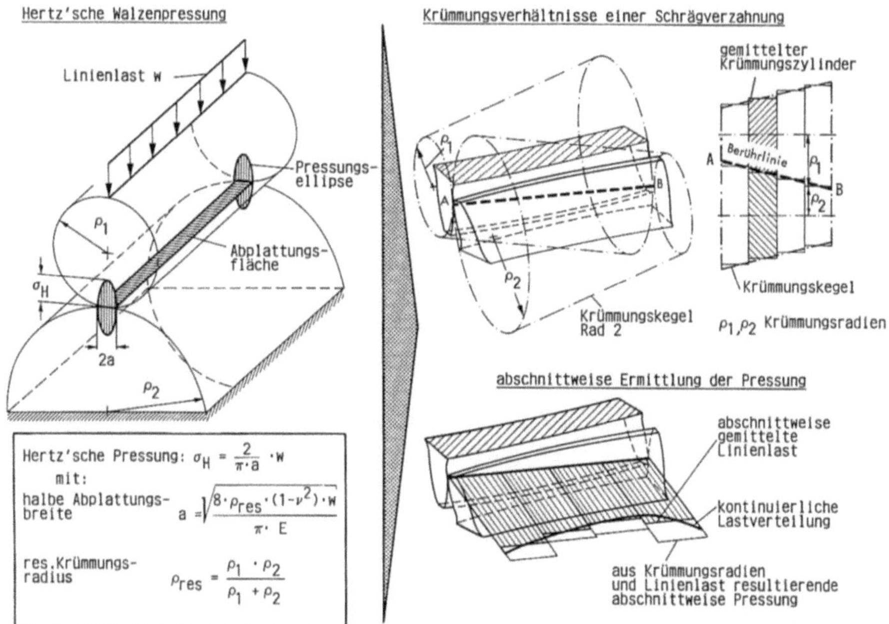

Hertz'sche Pressung: $\sigma_H = \dfrac{2}{\pi \cdot a} \cdot w$

mit:

halbe Abplattungsbreite $a = \sqrt{\dfrac{8 \cdot \rho_{res} \cdot (1-\nu^2) \cdot w}{\pi \cdot E}}$

res. Krümmungsradius $\rho_{res} = \dfrac{\rho_1 \cdot \rho_2}{\rho_1 + \rho_2}$

Bild 1.11. Ermittlung der Zahnflankenpressung aus der Lastverteilung und den örtlichen Flankenkrümmungen über den Ansatz der Hertz'schen Walzenpressung

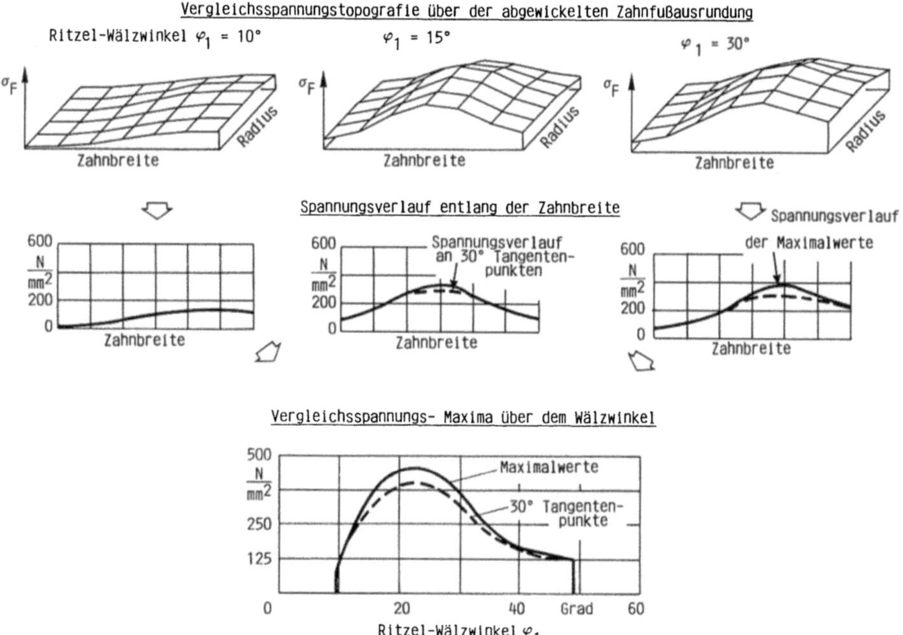

Bild 1.12. Verschiedene Möglichkeiten der Spannungsauswertung und -darstellung am Beispiel eines Kegelradgetriebes

Zur Auswertung des Spannungszustandes werden die Verläufe der maximalen Zahnfußspannungen entlang der Zahnbreite und über dem Wälzwinkel herangezogen (Bild 1.12). Eine weitere Möglichkeit der Spannungsdarstellung ist die Abbildung einer Spannungstopografie über der abgewickelten Zahnfußausrundung, wie · sie in Bild 1.12 oben gezeigt ist. Diese Abbildungsform dient zur genaueren Untersuchung der Zahnfußspannungsverteilung.

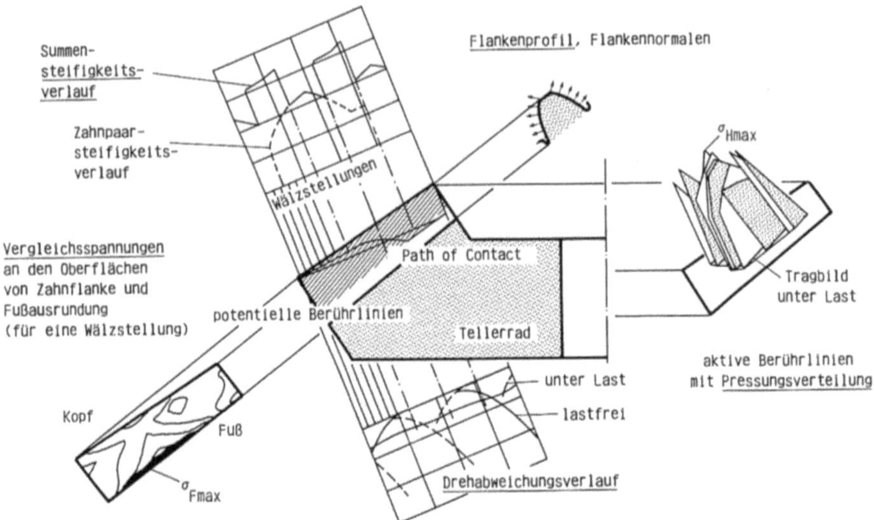

Bild 1.13. Berechnungsergebnisse der Beanspruchungsrechnung am Beispiel eines Kegelradgetriebes

Alle Ergebnisse der FE-Beanspruchungsberechnung sind in Bild 1.13 zusammengefaßt. In der Bildmitte ist eine Schnittdarstellung eines Tellerrades abgebildet. Ihr sind die einzelnen Ergebnisdarstellungen zugeordnet. Steifigkeitsverlauf und Drehabweichungsverlauf sind über der Wälzstellung aufgetragen. Im rechten Bildteil ist das Tragbild unter Last mit den Pressungsverläufen über den Berührlinien eingezeichnet. Diese Darstellung gibt außer dem maximalen Pressungswert einen guten qualitativen Eindruck der Flankenbeanspruchung.

Im linken Bildteil ist schließlich der Verlauf der Vergleichsspannungen als Isoliniendarstellung für eine Eingriffsstellung wiedergegeben. Die hier entwickelte grafische Aufbereitung der umfangreichen Rechenergebnisse erlaubt eine leichte Interpretation bei hoher Informationsdichte.

1.3 Einfluß der Verzahnungsgeometrie auf das Lauf- und Beanspruchungsverhalten von Zylinder- und Kegelrädern

Die Verzahnungsparameter, deren Einfluß auf Lauf- und Beanspruchungsverhalten als dominierend bezeichnet werden kann, lassen sich in grob- und feingeometrische einteilen. Unter grobgeometrisch werden meistens die Verzahnungsgrunddaten wie z.B. Zähnezahl, Zahnbreite, Schrägungswinkel, Eingriffswinkel und Modul verstanden. Feingeometrische Parameter sind Größen, die eine Veränderung der Kontaktgeometrie herbeiführen. Hier sind z.B. Längs- und Höhenballigkeiten, allgemeine Verzahnungskorrekturen, Fertigungs-und Lageabweichungen zu nennen.

Der Einfluß dieser Größen konnte erstmals mit den hier vorgestellten Programmen theoretisch untersucht werden. Dies erfordert im Gegensatz zu praktischen Experimenten nur einen Bruchteil des zeitlichen und finanziellen Aufwandes. Ein weiterer Vorteil theoretischer Untersuchungen ist der mögliche Ausschluß aller Unwägbarkeiten aus Fertigung, Wärmebehandlung und Einbau. Um hochgenaue Meßwerte zu erreichen, müssen umfangreiche Voraussetzungen erfüllt werden [1.3]. Das bedeutet selbst bei einfachen Parameterstudien einen hohen experimentellen Aufwand. Es existieren daher insbesondere für Kegelradverzahnungen sehr wenige experimentelle Untersuchungen mit einer systematischen Variation der einzelnen Parameter.

In den folgenden Abschnitten werden die Ergebnisse rechnerischer Untersuchungen an einigen Beispielen dargelegt.

1.3.1 Auswirkungen von Verzahnungsabweichungen auf die Beanspruchungen von Zylinderradgetrieben

In der Praxis sind Abweichungen von den kinematisch exakten Eingriffsbedingungen unvermeidbar. Diese Abweichungen entstehen durch Fertigungsfehler sowie durch die lastbedingten Verformungen der Zähne und der Wellen-Lager-Baugruppen. Sie führen zu einer Vergrößerung der örtlichen Maximalbeanspruchungen. Hierdurch kommt es gegenüber abweichungsfreien Verzahnungen zu einer Beeinträchtigung der Tragfähigkeit und Lebensdauer.

Durch gezielte Korrekturen, auf deren Auslegung in Abschnitt 1.4 noch näher eingegangen wird, können Pressungsspitzen abgebaut und die Verzahnungen unempfindlich gegen Verlagerungen gemacht werden. Mit den bisher erläuterten Berechnungsalgorithmen können solche Effekte bereits im Auslegungsstadium untersucht und optimiert werden. Die folgenden Beispiele zeigen die Auswirkungen von Flankenlinienwinkelabweichungen und Breitenballigkeiten auf die Zahnbeanspruchung von Zylinderrädern. Hierbei können die angenommenen Flankenlinienwinkelabweichungen sowohl aus dem Fertigungsprozeß resultieren als auch durch Verlagerungen der Wellen im Gehäuse hervorgerufen werden. In Bild 1.14 sind die Flankenpressungen und Zahnfußspannungen einer Geradverzahnung mit einer Flankenlinienwinkelabweichung von $f_{H\beta} = 15\mu m$ der abweichungsfreien Verzahnung gegenübergestellt. Es wird deutlich, daß die höchsten Flankenbeanspruchungen im Einzeleingriffsgebiet auftreten und daß die Flankenabweichung zu einer ungleichen Verteilung der Pressungen über der Zahnbreite führt.

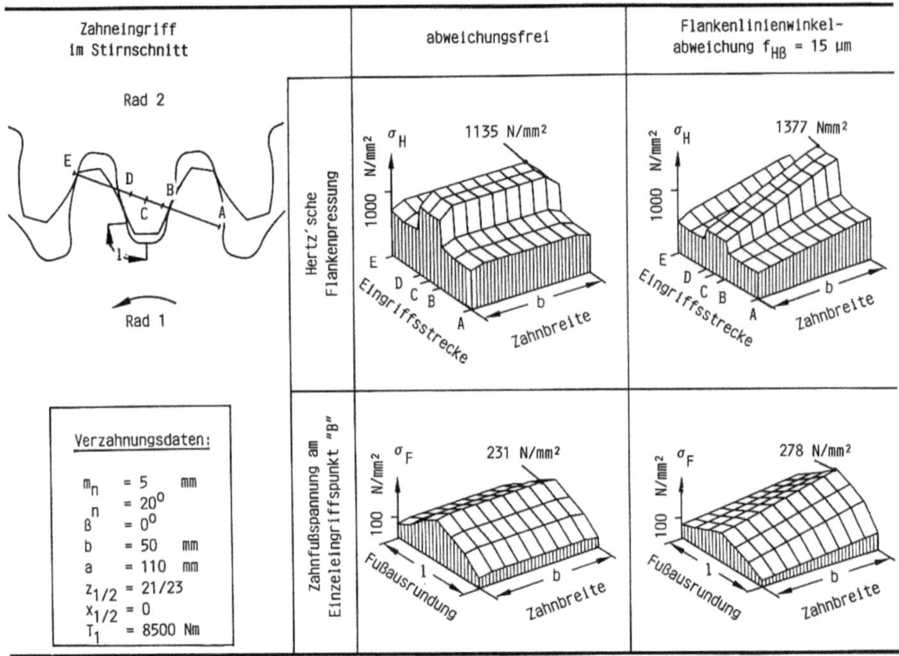

Bild 1.14. Einfluß einer Flankenlinienwinkelabweichung auf Pressungen und Spannungen einer Geradverzahnung

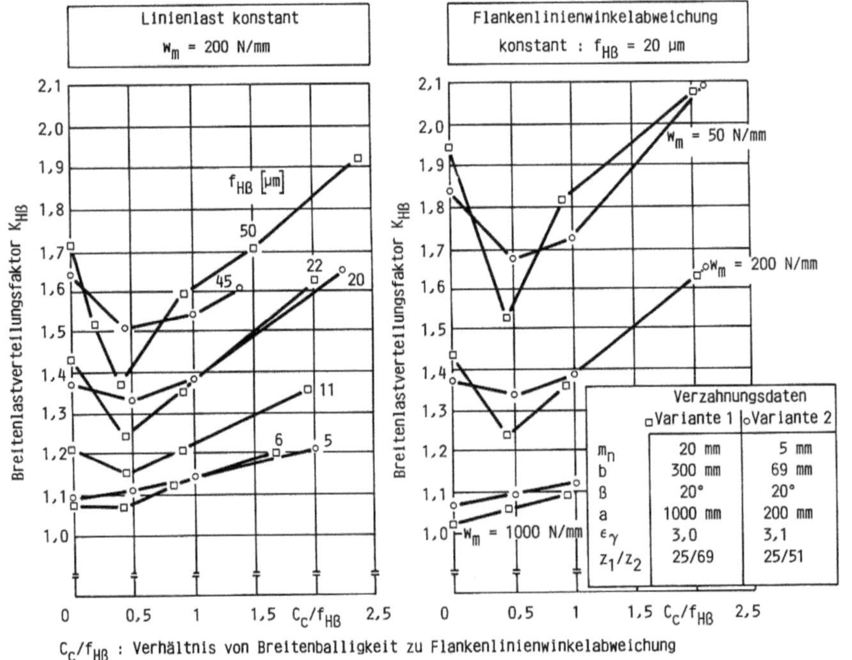

Bild 1.15. Breitenlastverteilungsfaktor K_{HB} in Abhängigkeit von Flankenlinienwinkelabweichung und Breitenballigkeit

Die über einer Radialprojektion der Zahnfußausrundung aufgetragene Zahnfußspannung wurde am Einzeleingriffspunkt „B" ermittelt. Sie zeigt ebenfalls deutlich die Auswirkung der Flankenlinienwinkelabweichung.

In Bild 1.15 wird an zwei Schrägverzahnungen gezeigt, wie durch Kombination der Flankenlinienwinkelabweichung mit einer Breitenballigkeit C_c die auftretende maximale Flankenbeanspruchung reduziert werden kann. Die angegebenen Breitenlastverteilungsfaktoren $K_{H\beta}$ ergeben sich, indem die maximal auftretende Pressung auf die höchste Pressung der abweichungsfreien Verzahnung bezogen wird. Es läßt sich erkennen, daß bei dem Wert von etwa $C_c/f_{H\beta} = 0{,}5$ ein Minimum der Pressungen erreicht wird. Vergrößert man die Balligkeit weiter, führt dies zu einer größeren Einengung des Tragbildes und einer neuerlichen Erhöhung der örtlichen Belastungen. Dieser Zusammenhang gilt sowohl bei verschiedenen Flankenlinienwinkelabweichungen (linkes Diagramm) als auch für unterschiedliche Laststufen (rechtes Diagramm). Die vorgestellten Beispiele verdeutlichen, daß durch die Berechnung der dreidimensionalen Beanspruchungen eine Möglichkeit eröffnet wird, die Auswirkungen von Verlagerungen, Verzahnungsabweichungen und Korrekturen ohne praktische Versuche umfassend zu analysieren und Gesetzmäßigkeiten herauszufinden, die – wie das Beispiel in Bild 1.15 gezeigt hat – zu allgemeinen Auslegungsrichtlinien führen.

1.3.2 Einfluß des Spiralwinkels auf das Lauf- und Beanspruchungsverhalten von Kegelradverzahnungen

Die globale Verzahnungsgeometrie (Modul, Zähnezahl, Spiralwinkel, etc.) bestimmt neben der Flanken-Kontaktgeometrie wesentlich die Verzahnungseigenschaften. Beispielhaft hierfür ist die folgende Kegelrad-Spiralwinkelstudie, die im Hinblick auf optimale Auslegungen diskutiert wird.

Mit der am WZL entwickelten „Programmkette Kegelradberechnung" [1.14, 1.15] wurde die ideale Sollgeometrie für vier verschiedene Spiralwinkel von 0° bis 35° generiert. Die genauen Verzahnungsbeanspruchungen wurden mit dem Festigkeitsteil des Programmsystems für drei verschiedene Laststufen im gesamten Eingriffsgebiet berechnet.

Ein Ziel der Auslegung war die Generierung von Verzahnmaschineneinstellungen für eine Palette von vier Kegelradsätzen, an denen, abgesehen vom Spiralwinkel, alle Verzahnungsdaten konstant sind. Für die Verzahnungsgrunddaten ist diese Vorgabe einfach zu realisieren. Tabelle 1.1 beinhaltet die Grunddaten für die in dieser Untersuchung verwendeten Radsätze. Als Verzahnverfahren wurde die Gleason „5-Schnitt-Methode" gewählt [1.5].

Verzahnungsdaten, die nur schwerlich oder bei der Variation des Spiralwinkels prinzipiell nicht konstant zu halten sind, sind z.B. der Verlauf der Zahndicke, die Profilform, die Krümmung der Flankenlinie und das Kontaktverhalten. Um Ausgangsverzahnungen zu finden, die alle Voraussetzungen für eine Vergleichbarkeit erfüllen, wurden für sämtliche Verzahnungen die gleichen Messerkopfglobaldaten (Messerkopfradius, Messereingriffswinkel) vorausgesetzt. Das Ziel, Tragbilder mit vergleichbarem Kontaktverhalten zu entwickeln, erforderte verschiedene effektive Messerkopfradien, unterschiedliche Neigungswinkel und bei zwei Radsätzen sogar

Tabelle 1.1. Ausgangsverzahnungen zur Variation des Spiralwinkels

Variante	β_{m1}	β_{m2}	α_n	m_t	z_1	z_2	a	d_2	Σ	Verfahren
1	0°	0°	20°	4,5 mm	14	43	0	200 mm	90°	SGT
2	15°	15°	20°	4,5 mm	14	43	0	200 mm	90°	SFT
3	30°	30°	20°	4,5 mm	14	43	0	200 mm	90°	SGT
4	35°	35°	20°	4,5 mm	14	43	0	200 mm	90°	SFT

SGT . . . Gleason Spiral Generated Tilt
SFT . . . Gleason Spiral Formate   Tilt

die Wahl von Protuberanz im Ritzelmesser. Zur Regulierung der Wälzballigkeit erwies es sich darüber hinaus als zweckmäßig, teilweise schwach gewälzte Tellerräder zu verwenden. Daher kommen die Gleason-Verfahren SGT und SFT zum Einsatz [1.5].

Ein unvermeidbarer Nachteil der vorliegenden Auslegungen ist der unterschiedliche Verlauf der Zahnhöhenverjüngung (Bild 1.16, obere Sequenz). Zwischen Zahndicken- und Zahnhöhenverjüngung eines im Zweiflankenschnitt bearbeiteten Kegelrades besteht ein gesetzmäßiger Zusammenhang, der besagt, daß mit größer werdender Zahnhöhenverjüngung ein größerer Messerkopfradius die notwendige

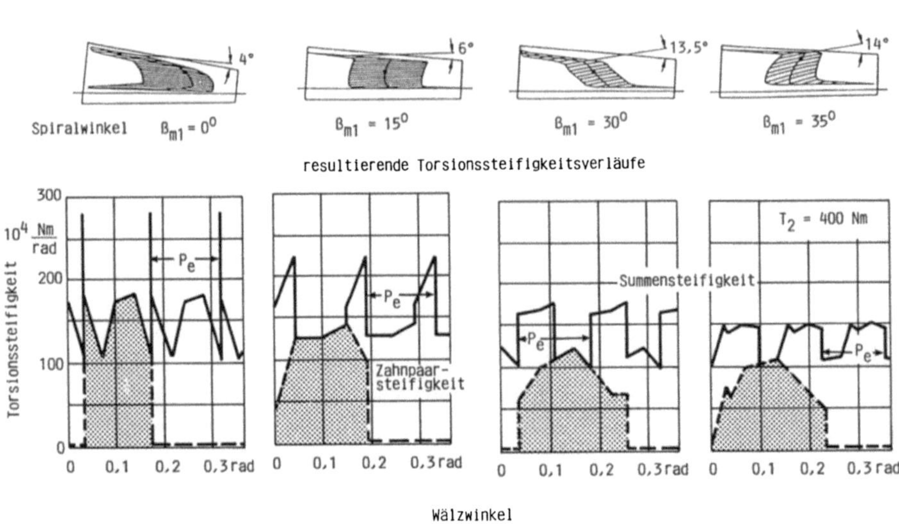

Bild 1.16. Lastfreie Tragbilder und Steifigkeitsverläufe in Abhängigkeit vom Spiralwinkel

Zahndickenverjüngung ergibt [1.5]. Da der mittlere Messerkopfradius in dieser Studie vorgegeben war, mußte die Zahnhöhenverjüngung mit abnehmendem Spiralwinkel ständig vergrößert werden, um einen brauchbaren Zahndickenverlauf zu erreichen. Wegen der ungünstigen Verhältnisse (sekundäre Schnitte) der Zerol-Verzahnung [1.5] war bei $\beta_m = 0°$ eine besonders starke Höhenverjüngung erforderlich.

1.3.2.1 Einflüsse auf das lastfreie Kontaktverhalten und die Verlagerungsempfindlichkeit

Die geometrischen Analysen zeigen das völlig unterschiedliche, jedoch charakteristische Kontaktverhalten der verschiedenen Spiralwinkel.

Bild 1.16 (oberer Bildteil) zeigt die lastfreien Tragbilder für Einzeleingriff mit einer rechnerischen Tuschierpastendicke von 6 µm. Beim Spiralwinkel $\beta_m = 0°$ (Zerol-Verzahnung) entstehen fast parallel zur Kopfkante verlaufende Berührlinien, beim Spiralwinkel $\beta_m = 35°$ sind die Berührlinien um etwa 15° zur Kopfkante geneigt. Bei gleicher Balligkeit entlang der Berührlinien entstehen durch diesen Effekt unterschiedlich große Tragbilder.

Die „Programmkette Kegelradberechnung" gestattet darüber hinaus die sehr interessante Analyse der Verlagerungscharakteristik. Für jede Verzahnung entstehen drei räumliche Flächen, welche die relativen Achsverlagerungswerte (Ritzel vertikal, Ritzel axial, Tellerrad axial) über den dazugehörigen Mean-Point-Lagen in der ebenen Projektion der gesamten Radflanke darstellen. Bild 1.17 zeigt mit von links nach rechts steigendem Spiralwinkel jeweils untereinander die zu einem Radsatz gehören-

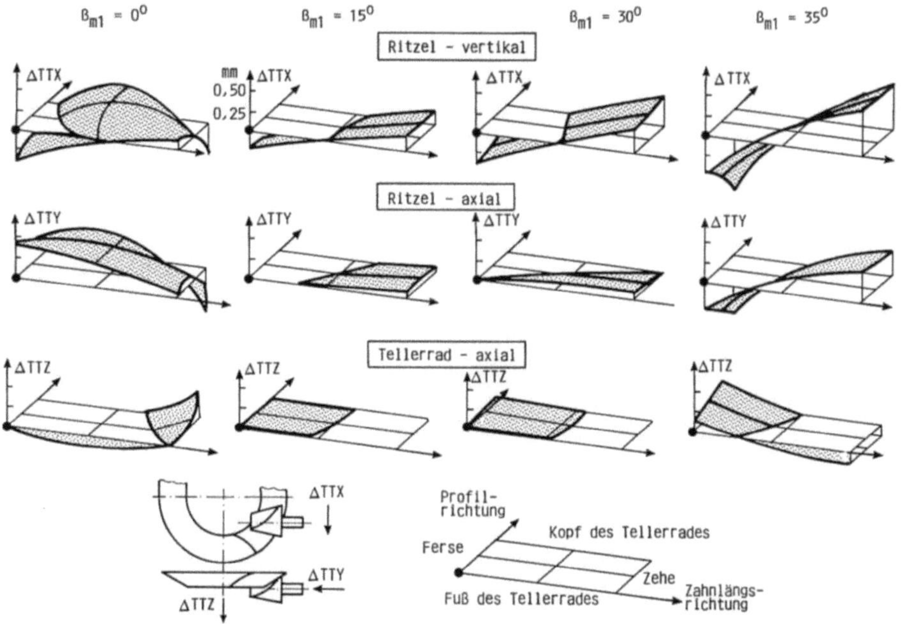

Bild 1.17. Verlagerungsverhalten von Kegelradpaarungen

den Kennflächen. Besitzt eine Verzahnung bei theoretischer Grundeinstellung der Achsen (hier: TTX = 0, TTY = 0, TTZ = 0) einen Meanpoint im Flankenzentrum, so haben alle drei Verlagerungskennflächen den Ordinatenwert 0.

Die Flankenflächencharakteristika sind zwischen einem Spiralwinkel $\beta_m=15°$ und $\beta_m = 35°$ für alle drei Achslagen (Bild 1.17 oben, Mitte, unten) sehr ähnlich, allerdings werden die Flächen von links nach rechts immer steiler. Dies erklärt sich aus der Tatsache, daß bei immer kleineren Abweichungen der Meanpointnormalen vom Verschiebungsvektor der Achsen auch die Verlagerung des Meanpoints kleiner wird. Bei kleinen Spiralwinkeln steht z.B. die Verlagerungsrichtung „Ritzel - axial" fast senkrecht auf der Meanpoint-Normalen, wodurch sich Verlagerungen entsprechend stark auf die Tragbildlage auswirken. Die Bildsequenzen in Bild 1.17 zeigen mit zunehmendem Spiralwinkel eine wachsende Unempfindlichkeit gegenüber Achsverlagerungen. Um die Tragbildlage in einem vorgegebenen Tragbildbereich zu halten, sind bei $\beta_m = 35°$ ca. drei- bis vierfache Achsdeformationen (im Vergleich mit $\beta_m = 15°$) zulässig. Die Verzahnung mit $\beta_m = 0°$ fügt sich nicht in diese Reihe. Die Verlagerungskennflächen bestätigen jedoch die aus der Praxis bekannte Eigenheit der Zerolverzahnungen. Es entstehen keine stetig monoton verlaufenden Flächen, sondern gewölbte Flächen mit relativen Extrema. Die Folge ist ein indifferentes bis labiles Verlagerungsverhalten. Eine bestimmte Achskonfiguration kann zu verschiedenen Meanpointlagen gehören. In der Praxis äußert sich das durch geteilte Tragbilder oder stark verschiedene Tragbildlagen bei aufeinanderfolgenden Zahnpaaren. Weiterhin resultiert daraus auch eine Neigung zum Kantentragen.

1.3.2.2 Einflüsse auf das Beanspruchungsverhalten

Aus den Kraftverteilungen über den Berührlinien eines Zahnpaares und den entsprechenden Verschiebungen resultiert für jede Wälzstellung ein Steifigkeitswert, der für ein Zahnpaar gilt. Der Verlauf über Wälzstellungen im gesamten Eingriffsgebiet beschreibt den Steifigkeitsverlauf eines Zahnpaares (Bild 1.16 unten, dunkel unterlegter Bereich). Die Überlagerung der Steifigkeitsverläufe aller gleichzeitig im Eingriff befindlichen Zahnpaare ergibt den Gesamt-Zahnfedersteifigkeitsverlauf der Verzahnung (Bild 1.16 unten, durchgezogen gezeichnete Linien). An den so entstehenden Sprungstellen lassen sich der Wechsel der im Eingriff befindlichen Zähnezahlen sowie die verschiedenen Eingriffsgebiete erkennen. Die Zerol-Verzahnung ($\beta_m = 0°$) hat für die betrachtete Laststufe fast im gesamten Eingriffsgebiet Einzeleingriff. Das Zweifacheingriffsgebiet wächst bei steigendem Spiralwinkel stark an. Ebenfalls erwartungsgemäß verhält sich der Maximalwert der Steifigkeit, der bei zunehmendem Spiralwinkel kleiner wird.

Bild 1.18 zeigt die Auswertung der Spannungs- und Pressungsberechnung für die vier Varianten. An den Abszissen der Diagramme ist der Spiralwinkel angetragen. Alle Berechnungen wurden für sechs Wälzstellungen und drei Drehmomente für die zur Hauptdrehrichtung gehörigen Flanken (Zugseite: Ritzel konkav, Rad konvex) durchgeführt. Die Zahnfußspannungen wurden nur an den kritischen, belasteten Flankenseiten ausgewertet. Bei $\beta_m = 35°$ wird das Tragbild so klein, daß hohe Pressungsspitzen entstehen. $\beta_m = 0°$ liefert hohe Pressungen aufgrund des kleinen Überdeckungsgrades, so daß sich für alle Laststufen und beide Räder (Bild 1.18 unten) ein

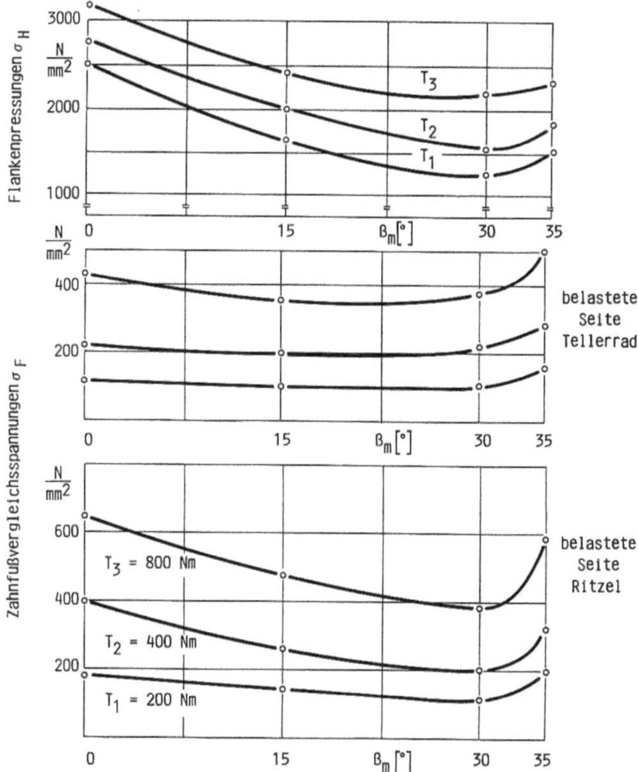

Bild 1.18. Abhängigkeit der Zahnbeanspruchung bogenverzahnter Kegelradgetriebe vom Spiralwinkel

Minimum der Flankenpressung bei einem Spiralwinkel von ca. $\beta_m = 30°$ einstellt. Dieses Minimum entsteht aus dem Wechselspiel zwischen steigender Zahnnormalkraft (bei Vergrößerung des Spiralwinkels) und wachsender Sprungüberdeckung.

Bei Betrachtung der Zahnfußvergleichsspannung in den beiden unteren Diagrammen in Bild 1.18 verschiebt sich das Beanspruchungsminimum (bei fast allen Beanspruchungsverläufen gleichermaßen) in die Nähe vom $\beta_m = 27°$. Im mittleren Diagramm sind die konvexen Fußausrundungen des Tellerrades, im unteren Diagramm die konkaven Fußausrundungen des Ritzels betrachtet. Bemerkenswert ist weiterhin, daß die beschriebene Charakteristik der Zahnfußspannungen der belasteten Flankenseiten sich beim Ritzel ausgeprägter und in den Fußausrundungen der Tellerräder schwächer abzeichnet.

1.4 Methoden und Fallbeispiele zur Optimierung der Zahnflankengeometrie von Zylinder- und Kegelrädern

Optimierungen von Zahnradgetrieben haben die Erhöhung der Tragfähigkeit und/ oder Verbesserungen des Laufverhaltens zum Ziel. Dies läßt sich durch eine gezielte Beeinflussung der Verzahnungs-Grobgeometrie (Grundauslegung) oder mittels der gezielten Festlegung der Flankenfeingeometrie (Flankenkorrekturen) erreichen.

Zur Optimierung der Verzahnungs-Grundauslegung von Zylinderrädern wird in Abschnitt 3 eine Auslegungsstrategie für Hochverzahnungen beschrieben, die auf eine Verringerung der Geräuschanregung im Zahneingriff abzielt.

In den folgenden Abschnitten werden Realisierungsmöglichkeiten und Auslegungsverfahren für Flankenkorrekturen an Zylinderrad- und Kegelradverzahnungen vorgestellt. Bei Kegelrädern wird dabei auf die Nutzung der komplexeren Verzahnmaschinenkinematik eingegangen. Konkrete Fallbeispiele vermitteln einen Eindruck von der Wirksamkeit gezielter Modifikationen der Zahnflankengeometrie.

1.4.1 Zahnflankenkorrekturen zur Optimierung des Lauf- und Beanspruchungsverhaltens von Zylinderrädern

Zwei wesentliche Zielsetzungen bei der Verzahnungsgeometrie-Auslegung für Leistungsgetriebe sind die Erhöhung des Leistungsdurchsatzes sowie die Verbesserung des dynamischen Laufverhaltens. Das Beanspruchungsverhalten einer Zahnradpaarung wird entscheidend durch lokale Spannungskonzentrationen im Zahnfuß und durch Pressungsüberhöhungen auf den Zahnflanken infolge herstellungs-, montage- oder verformungsbedingter Verzahnungsabweichungen beeinträchtigt (vgl. Abschn. 3.2.3.3). Die dynamischen Last- bzw. Schwingungsanregungen im Zahneingriff werden wesentlich durch den lastbedingten Eintrittsstoß, die parametrische Schwingungsanregung und durch mikro- oder makrogeometrische Verzahnungsabweichungen bestimmt.

Der Eintrittsstoß entsteht infolge der stets vorhandenen Drehabweichungen unter Last aufgrund der elastischen Zahnverformungen und der daraus resultierenden Vorverlegung des Zahneintritts auf einen Ort außerhalb der Eingriffsebene. Die Normalgeschwindigkeitskomponenten der kontaktierenden Flanken stimmen dort in Betrag und Richtung nicht überein, ihre vektorielle Differenz wirkt als Stoßgeschwindigkeit und führt zu einer Impulsanregung (Eintrittsstoß) (vgl. Abschn. 3.2.3.1).

Die Parameteranregung wird bestimmt durch den Wechsel der gleichzeitig im Eingriff befindlichen Zahnpaare und durch die sich ändernde Lage der Berührungslinien (Kraftangriffslinien) während des Durchwälzens. Hieraus resultiert eine zeitliche Modulation der Gesamt-Zahnfedersteifigkeit, die selbst bei konstanter äußerer Belastung der Verzahnung zu Drehübertragungsabweichungen und Schwingungsanregungen führt (vgl. Abschn. 3.2.3.2).

Durch gezielte Zahnflankenkorrekturen lassen sich diese dynamischen Einflüsse reduzieren, so daß die Tragfähigkeit und das Geräuschverhalten von Leistungsgetrieben auf diese Weise wesentlich verbessert werden können (vgl. Abschn. 3.2.4.2).

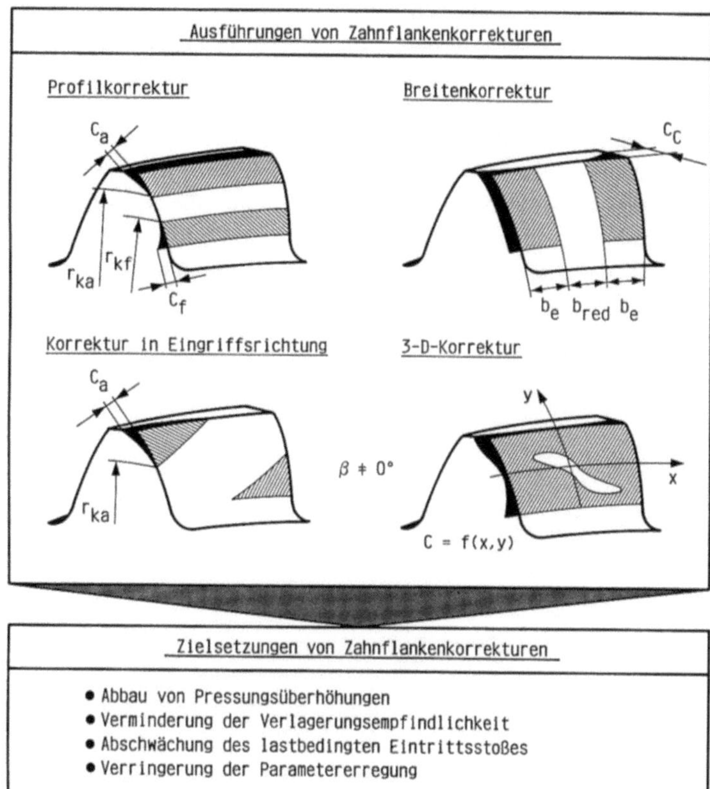

Bild 1.19. Prinzipielle Ausführungen und Zielsetzungen von Zahnflankenkorrekturen an Zylinderrad-Verzahnungen

1.4.1.1 Korrekturgeometrien für Zylinderräder

Für die Modifikation der Zahnflankengeometrie bieten sich verschiedene Möglichkeiten an, die sich hinsichtlich des fertigungstechnischen Aufwandes und ihrer Wirksamkeit auf das Lauf- und Beanspruchungsverhalten unterscheiden. Dies wird in den folgenden Abschnitten gezeigt. Bild 1.19 gibt eine Übersicht über prinzipielle Ausführungsformen und Zielsetzungen von Zahnflankenkorrekturen an Zylinderrad-Verzahnungen.

Korrekturen in Zahnbreitenrichtung

Korrekturen in Zahnbreitenrichtung zielen auf die Verbesserung der Tragfähigkeit von Leistungsgetrieben.Sie wirken dem Aufbau lokaler Beanspruchungskonzentrationen durch Übereck- und Kantentragen der Zähne entgegen.

Die ungleichmäßige Verteilung der Hertz'schen Flankenpressung und der Spannungen im Zahn kommt durch Form- und Winkelabweichungen der Flankenlinien sowie durch Lageabweichungen der Zahnradachsen (Schränkung oder Neigung)

zustande, die ihrerseits ihre Ursache in der Fertigung und Montage sowie der Verformung von Zähnen, Wellen, Lagern und Getriebegehäusen haben. Ziel der Zahnbreitenkorrektur ist es, eine möglichst gleichmäßige Lastverteilung über der gesamten Berührlinienlänge zu erreichen. Besonders bei großen Verhältnissen von Verzahnungsbreite und Durchmesser ist zusätzlich die Kompensation der Radkörpertorsion und Wellenbiegung zur Vermeidung von Beanspruchungsspitzen erforderlich (vgl. Abschn. 3.2.3.4). Weiterhin kann durch Zahnbreitenballigkeiten die Verlagerungsempfindlichkeit der Verzahnung gesenkt werden. Das bedeutet, daß im Falle nicht auszuschließender Achsverlagerungen die Lage des Tragbildkerns im Mittelbereich der Flanke stabilisiert wird [1.9].

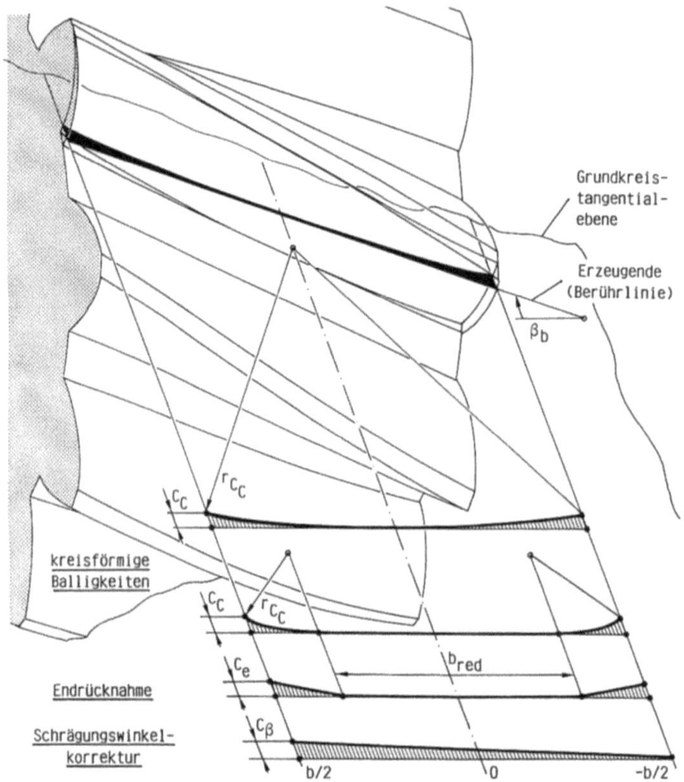

Bild 1.20. Möglichkeiten der Zahnbreitenkorrektur an evolventischen Zylinderradverzahnungen

Bild 1.20 zeigt die gebräuchlichen Möglichkeiten für eine Flankenlinien-Modifikation. Dies sind kreisförmige bzw. elliptische Balligkeiten oder lineare Rücknahmen über Teilbereichen und über der gesamten Zahnbreite. Der erforderliche Korrekturbetrag richtet sich nach den zu erwartenden Fertigungs- und Montageabweichungen sowie nach verformungsbedingten Verzahnungsabweichungen. Wenn der Last-Deformationszustand im Zahneingriff z.B. im Rahmen einer FE-Rechnung genauer ermittelt wurde, kann die Korrekturform dem entsprechenden Betriebszustand individuell angepaßt werden.

Korrekturen in Zahnhöhenrichtung

Flankenkorrekturen in Zahnhöhenrichtung sind Maßnahmen gegen die Tragfähigkeitsminderung und Geräuschanregung durch den last- oder fertigungsbedingten Eintrittsstoß (vgl. Abschn. 3.2.3.1). Er kann durch eine Zurücklegung der Zahnflanken am Eingriffsbeginn abgeschwächt werden, wenn der Rücknahmebetrag der last- oder fertigungsbedingten Teilungsabweichung entspricht. Die anschließende Rückführung auf das unkorrigierte, evolventische Ursprungsprofil muß möglichst stetig erfolgen, um sprunghafte Abweichungen der Drehübertragung zu vermeiden. Die Wälzlänge der Korrekturen sollte möglichst groß sein, um die stoßgeschwindigkeitsbestimmenden Normalenfehlerwinkel am Zahneintritt klein zu halten (vgl. Bild 3.26 und Bild 3.45). Andererseits darf im lastfreien Betrieb der Überdeckungsgrad nicht unter $\varepsilon_\gamma = 1{,}0$ sinken, damit ein kinematisch störungsfreier Eingriff jederzeit gewährleistet ist [1.13].

Flankenkorrekturen in Zahnhöhenrichtung lassen sich fertigungstechnisch verhältnismäßig einfach als evolventische Kopf- und Fußrücknahmen realisieren. Dabei besteht der zurückgenommene Teil des Zahnprofils aus einer Korrekturevolvente, die durch einen geänderten Grundkreisradius r_b^* sowie durch den Schnittpunkt mit der unkorrigierten Evolvente am Korrektur-Übergangsradius bestimmt ist. Bild 1.21 zeigt die geometrischen Zusammenhänge für eine Kopfrücknahme, die sinngemäß

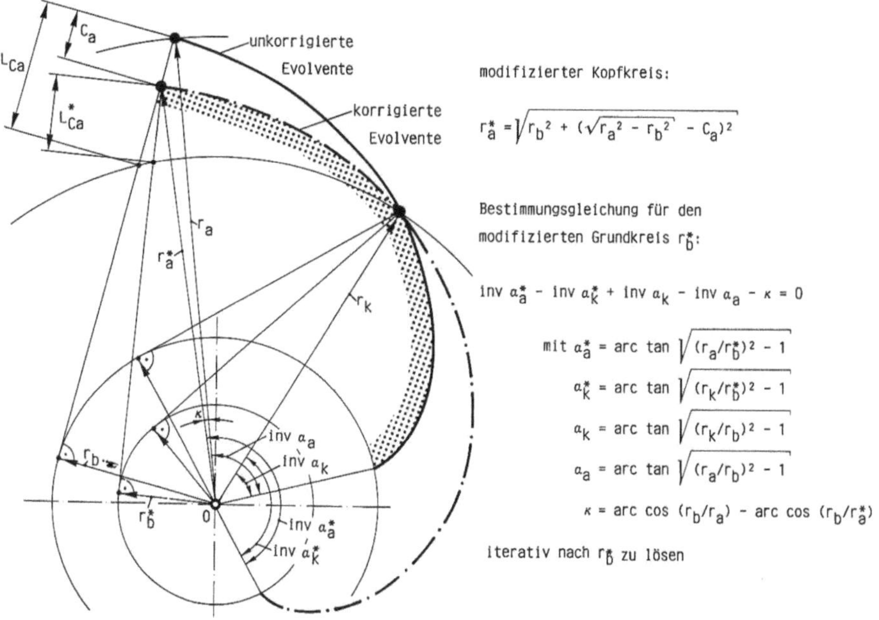

$$r_a^* = \sqrt{r_b^2 + (\sqrt{r_a^2 - r_b^2} - C_a)^2}$$

$$\mathrm{inv}\,\alpha_a^* - \mathrm{inv}\,\alpha_k^* + \mathrm{inv}\,\alpha_k - \mathrm{inv}\,\alpha_a - \kappa = 0$$

$$\alpha_a^* = \arctan\sqrt{(r_a/r_b^*)^2 - 1}$$

$$\alpha_k^* = \arctan\sqrt{(r_k/r_b^*)^2 - 1}$$

$$\alpha_k = \arctan\sqrt{(r_k/r_b)^2 - 1}$$

$$\alpha_a = \arctan\sqrt{(r_a/r_b)^2 - 1}$$

$$\kappa = \arccos(r_b/r_a) - \arccos(r_b/r_a^*)$$

Bild 1.21. Bestimmung der Grundkreismodifikation für evolventische Flankenrücknahmen

auch für Korrekturen am Zahnfuß gelten. Die Bestimmungsgleichung für den modifizierten Grundkreisdurchmesser r_b^* läßt keine geschlossene Lösung zu, eine Newton-Iteration führt jedoch sehr schnell zu hinreichend genauen Ergebnissen [1.8].

Zur Fertigung evolventischer Kopf- und Fußrücknahmen kommen einerseits Werkzeuge mit „geknicktem" Werkzeug-Bezugsprofil (Bild 1.22) zum Einsatz. Die Korrekturevolvente entsteht hier durch den abschnittsweise modifizierten Werkzeug-Bezugsprofilwinkel α_{p0}. Andererseits kann die Korrektur auch durch Nachverzahnen mit unmodifiziertem Werkzeug und geändertem Erzeugungs-Wälzkreisdurchmesser gefertigt werden [1.6].

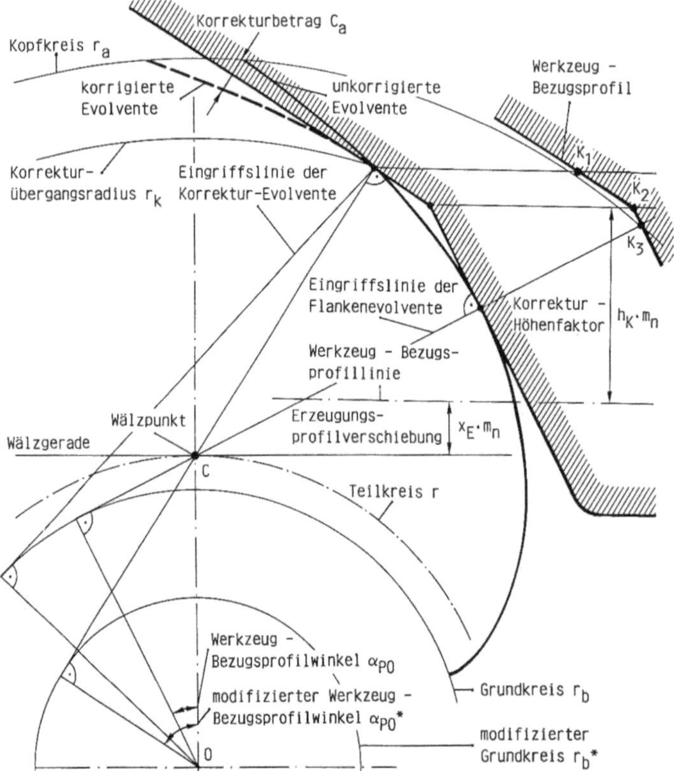

Bild 1.22. Fertigung evolventischer Zahnflankenrücknahmen mit geknicktem Werkzeug-Bezugsprofil

Eine weitere Möglichkeit der Profilkorrektur, die stetig differenzierbar in das evolventische Ursprungsprofil übergeht, entsteht durch höhenballig ausgeführte Werkzeug-Bezugsprofile (Bild 1.23). Eine kreisförmige Höhenballigkeit bildet sich im Evolventen-Abwälzdiagramm als Ellipse ab, die tangential in den unkorrigierten Flankenbereich übergeht. Die Korrektur des Werkzeuges wird durch den Krüm-

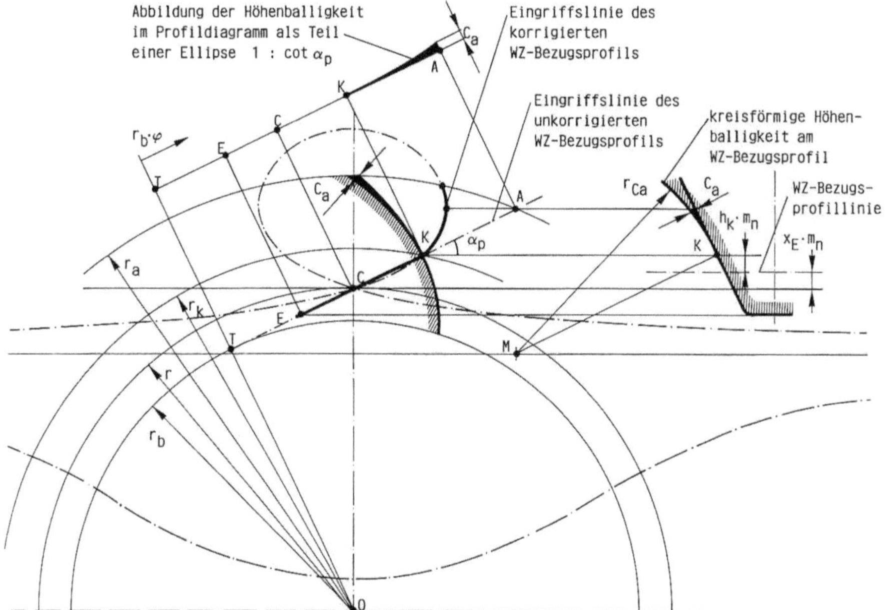

Bild 1.23. Fertigung von Zahnflanken-Rücknahmen mit höhenballig ausgeführten Werkzeug-Bezugsprofilen

mungsradius r_{ca} und die Lage des Mittelpunktes M beschrieben. Die Eingriffslinie ist im Bereich der Modifikationen Teil der gekrümmten, in Bild 1.23 strichpunktiert gezeichneten Kurve [1.11].

Korrekturen in Eingriffsrichtung

Korrekturen in Zahnbreiten- und Zahnhöhenrichtung werden oft kombiniert, um sowohl das Lauf- als auch das Beanspruchungsverhalten von Zylinderradgetrieben günstig zu beeinflussen. Die Folge der Zahnhöhenkorrektur ist dabei eine Herabsetzung der Profilüberdeckung. Bei breitenkorrigierten Schrägverzahnungen wird zusätzlich die Sprungüberdeckung verringert (vgl. Abschn. 3.2.4.2). Die Forderung nach einem Mindestüberdeckungsgrad von $\varepsilon_\gamma = 1{,}0$ begrenzt somit die ausführbaren Korrekturlängen nach oben. Eine lange Profilkorrektur gewährleistet jedoch geringe lokale Übersetzungsabweichungen und günstige Normalenverhältnisse am Eingriffsbeginn [1.12].

Für Schrägverzahnungen bietet sich demnach eine Korrektur in Eingriffsrichtung an, wobei die größte Flankenrücknahme C_a (bzw. C_f bei Fußkorrekturen) am theoretisch punktförmigen Ein-/Austritt liegt und der Übergang zum unkorrigierten Flankenbereich entlang einer Berührlinie (Erzeugenden) verläuft. Bild 1.24 zeigt dies am Beispiel einer evolventischen Kopfrücknahme. Der korrigierte Flankenbereich ist eine Evolventen-Schraubfläche, die durch einen verkleinerten Grundkreis r_b^* bestimmt wird. Die Erzeugenden sind zusätzlich in der Grundkreis-Tangentialebene

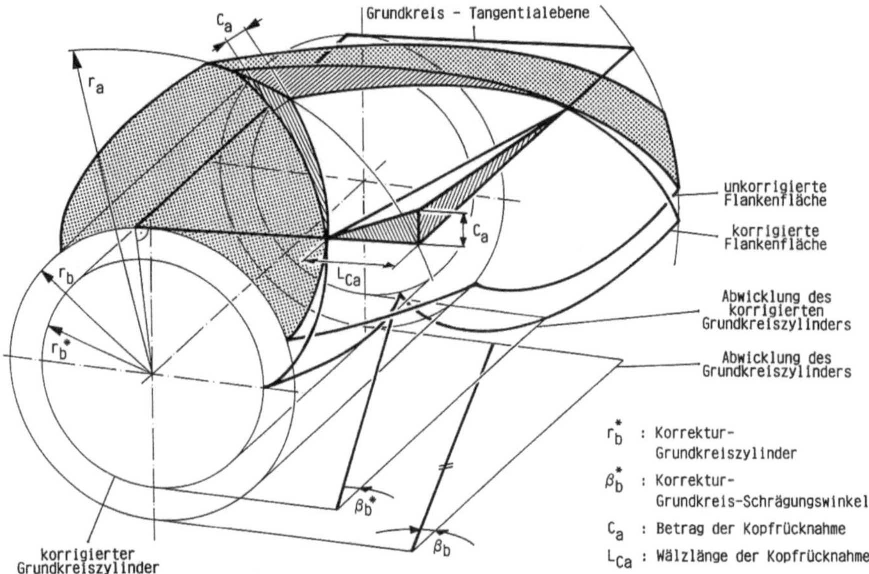

Bild 1.24. Evolventische Flankenrücknahme in Eingriffsrichtung an einer Zylinderrad-Schrägverzahnung

um einen Zusatzschrägungswinkel $\Delta\beta_b$ gedreht, so daß die korrigierte und unkorrigierte Evolventen-Schraubfläche sich in einer Berührlinie durchdringen.

1.4.1.2 Dreidimensionale Zahnflankenkorrekturen

Die bisher beschriebenen, geometrisch einfacheren Zahnflankenkorrekturen können bei Schrägverzahnungen oft nur begrenzt an die Verzahnungsgeometrie und die Eingriffsbedingungen angepaßt werden. Weiterhin besitzen sie in vielen Fällen nicht die notwendige Anzahl von Freiheitsgraden, um die im Zahneingriff entstehende Parameteranregung (vgl. Abschn. 3.2.3.2) durch die wechselnde Gesamt-Zahnfedersteifigkeit gezielt beeinflussen und abschwächen zu können[1.17].

3-D-Zahnflankenkorrekturen sind durch veränderliche Korrekturprofile in Zahnhöhen- und Zahnbreitenrichtung charakterisiert. Ihre Auslegung erfordert die vollständige Erfassung des dreidimensionalen Last-Verformungszustandes im Zahneingriff.

Aus der genannten Zielsetzung eines umfassend verbesserten Dynamik- und Tragfähigkeitsverhaltens lassen sich für die Gestaltung dreidimensionaler Korrekturen folgende charakteristische Merkmale ableiten :

- Die Topografie der korrigierten Fläche läßt sich mit Funktionen stellen, die durch zweifache Diffenzierbarkeit günstige dynamische Abwälzbedingungen auf den Zahnflanken garantieren und zudem auch fertigungstechnisch realisierbar sind.
- Die Topografie verläuft am Einlauf möglichst parallel zum evolventischen Ursprungsprofil. Dies bewirkt im Idealfall keine Eintrittsstörungen infolge des

stoßgeschwindigkeitsbestimmenden Normalenfehlerwinkels beim Zahneingriff, sofern der Rücknahmebetrag auf der Flanke der Summe aus last- und fertigungsbedingter Teilungsabweichung entspricht.

- Der Betrag der Flankenrücknahme am Einlauf ist so festzulegen, daß der Zahneintritt auf sehr niedrigem Lastniveau geschieht und die anschließende Lastaufnahme des Zahnpaares „weich" erfolgt.

- In Flankenmitte liegt ein unkorrigierter Bereich vor, der sich im Stirnschnitt über eine Eingriffsteilung erstreckt. Da sich hierbei immer mindestens ein unkorrigierter Berührlinienabschnitt im Eingriff befindet, läuft die Verzahnung selbst im lastfreien Fall kinematisch störungsfrei und dynamisch stabil.

Dem Berechnungsverfahren für 3-D-Zahnflankenkorrekturen liegt ein Topografie-Ansatz nach Bild 1.25 zugrunde, der alle genannten Anforderungen erfüllt [1.17].

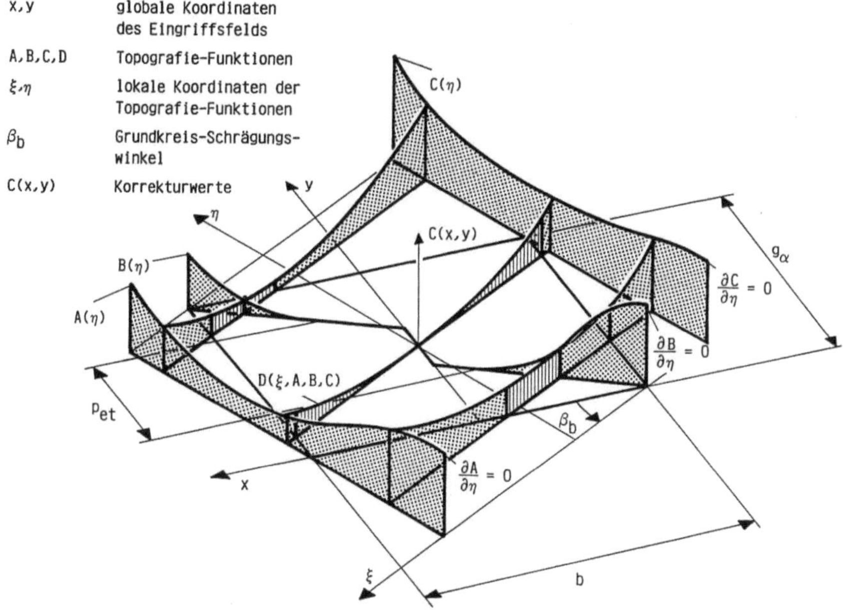

Bild 1.25. Prinzipieller Aufbau eines Topografie-Ansatzes zur Auslegung dreidimensionaler Zahnflankenkorrekturen

Die Korrekturverteilung über der Eingriffsebene wird durch mehrere, miteinander verknüpfte Teilfunktionen beschrieben, die über ein lokales, um den Grundkreisschrägungswinkel β_b gedrehtes Koordinatensystem definiert sind. Die Teilfunktionen werden durch die Komponenten eines Parametervektors {H} [1.17] vollständig beschrieben, in dem die Polynomkoeffizienten der gesamten Korrekturfläche zusammengefaßt sind. Diese Topografie-Parameter stellen bei der rechnerischen Optimierung die maßgeblichen Variablen dar.

Aufgabe der Auslegung einer Zahnflankenkorrektur muß es sein, die Korrekturtopografie hinsichtlich einer günstigen Belastungscharakteristik sowie einer Verminderung der Parameteranregung und des last- oder fertigungsbedingten Eintrittsstoßes zu optimieren. Um die nötigen Ansatzpunkte für diesen Prozeß zu erhalten, wird auf die Grundlagen der Zahnkontaktanalyse unter Last zurückgegriffen (vgl. Abschn. 1.2.2.2).

Das kontinuierliche Last-Deformationsproblem des Zahneingriffs wird durch ein System mit n diskreten Berührpunktpaaren substituiert. Zu jedem Berührpunktpaar i gehören hierin die Verschiebungseinflußzahlen α_{ij} (Nachgiebigkeiten), weiterhin die Kontaktkraft F_i und der Kontaktabstand s_i (Verzahnungsabweichung, Korrekturbetrag). Die Zusammenfassung der Verschiebungseinflußzahlen zu einer Matrix $[\alpha]$ sowie der Belastungen und Kontaktabstände zu Vektoren $\{F\}$ und $\{s\}$ ergibt ein lineares Gleichungssystem, das in Abschn. 1.2.2.2 bereits ausführlich beschrieben wurde.

Die Verschiebungseinflußzahlen α stammen aus FE-Berechnungen des Zahneingriffs unter Berücksichtigung der Nachgiebigkeiten des Welle-Lagersystems. Die Kontaktabstände ergeben sich aus der Auswertung der vorgegebenen Korrekturfläche an den Berührpunkten. Die Starrkörperverdrehung und die Flankenbelastungen resultieren aus den sich einstellenden Last-Deformationsverhältnissen im Zahneingriff der korrigierten Verzahnung und sind als Lösung des Gleichungssystems Ergebnisse der rechnerischen Zahnkontaktanalyse.

Bild 1.26 zeigt den Ablauf des Auslegungsverfahrens, in dem diese Korrekturparameter variiert werden und die Auswirkungen auf die genannten Zielsetzungen

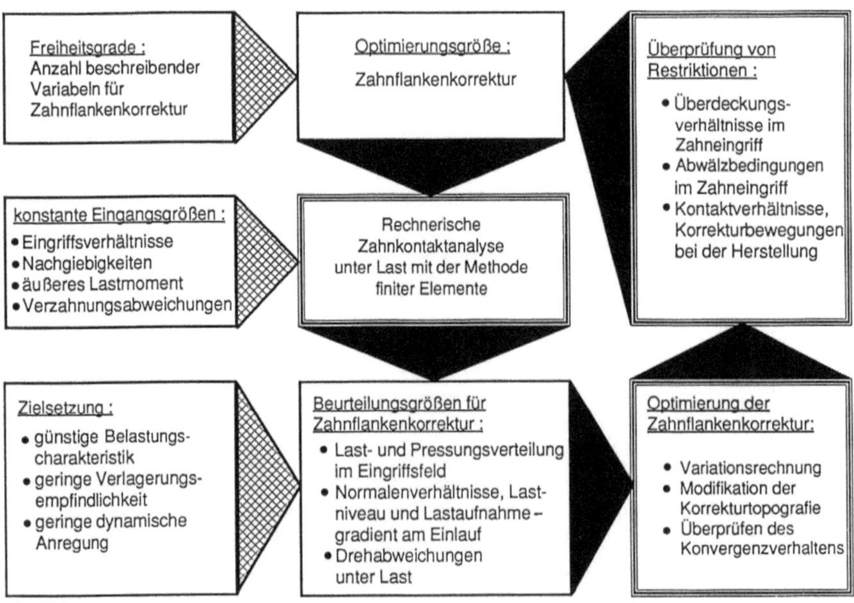

Bild 1.26. Struktur eines Optimierungsverfahrens für Zahnflankenkorrekturen

bezüglich des Lauf- und Beanspruchungsverhaltens beurteilt werden. Auf der Grundlage dieser Variationsrechnung wird die Korrektur modifiziert, wobei die Einhaltung vorgegebener Restriktionen überprüft und gesichert werden muß. Diese Restriktionen beziehen sich auf die Überdeckungs- und Normalenverhältnisse im Zahneingriff sowie auf die fertigungstechnische Realisierbarkeit (vgl. Abschn. 3.2.4.2).

Zur Beurteilung der Belastungscharakteristik und der Lastaufnahme am Zahneintritt werden die berechneten Kraftverteilungen mit „idealen", vorgegebenen Kraftverteilungen verglichen und die Abweichungsquadrate iterativ minimiert (Gauß-Newton-Verfahren). Bild 1.27 zeigt zwei Möglichkeiten solcher Vorgaben für Berührpunktkräfte, die über der Eingriffsebene aufgetragen sind.

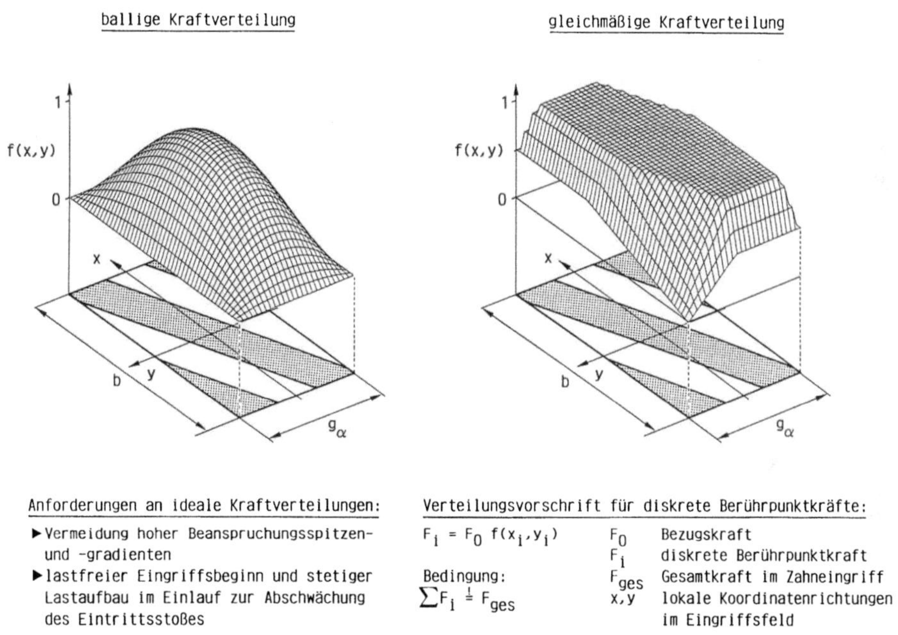

Bild 1.27. Vorgabe von idealen Kraftverteilungen für die Optimierung von Zahnflankenkorrekturen

Zur Abschwächung der Parametererregung ist es erforderlich, die Schwankungen der lastbedingten Drehübertragungsabweichung zu vermindern. In numerischer Hinsicht bedeutet dies, daß die Schwankungsbreite der Gesamt-Zahnfedersteifigkeit während des Durchwälzens minimiert werden muß.

Läßt man die Verzahnungs-Grundgeometrie unverändert, verbleiben noch zwei prinzipielle Möglichkeiten zur Modifikation der Zahnpaar- und somit der Gesamt-Zahnfedersteifigkeiten.

Erstens bewirkt ein Rücknahmebetrag, der über der gesamten Berührlinienlänge konstant ist, einen zusätzlichen, lastfreien Verschiebungsbetrag und eine Entlastung des betreffenden Zahnpaares. Diese Lastanteile werden auf die anderen, gleichzeitig im Eingriff befindlichen Zahnpaare verlagert und führen insgesamt zu größeren Starrkörperverdrehungen der beiden Zahnräder relativ zueinander. Mit dem unveränderten Gesamtlastmoment der Verzahnung folgt hieraus eine veränderte Gesamt-Zahnfedersteifigkeit.

Die zweite Möglichkeit zur Beeinflussung der Zahnpaar-Federsteifigkeiten besteht in der Vergrößerung oder Verkleinerung der Berührlinien-Balligkeit, also des über der Berührlinienlänge veränderlichen Anteils der Kontaktabstände. Ballige Kontaktkörper weisen mit zunehmender Abplattung unter Last eine breiter werdende Kontaktzone und eine progressive Kontaktsteifigkeit auf. Eine Veränderung der relativen Flankenkrümmungen wirkt sich demnach über die Zahnpaar-Federsteifigkeiten ebenfalls auf die Gesamt-Zahnfedersteifigkeit aus.

Zur numerischen Optimierung der Korrekturtopografie hinsichtlich eines dynamisch günstigen, minimalen Wechselanteils des Gesamt-Zahnfedersteifigkeitsverlaufes hat sich das erweiterte Gradienten-Verfahren nach Booth [1.2] als geeignet erwiesen.

Die optimierte Zahnflankenkorrektur muß anschließend auf ihre fertigungstechnische Herstellbarkeit überprüft werden. Hierzu dient eine rechnerische Simulation der Herstellung (Schleifbearbeitung) flankenkorrigierter Zylinderräder. Dabei werden die Kontaktbedingungen zwischen Schleifwerkzeug und Werkradflanke überprüft und die Maschineneinstell- und Steuerdaten der Korrekturbewegungen ermittelt [1.18]. Durch diese Vorgehensweise wird die Realisierbarkeit der vorgestellten Auslegungsstrategie für Zahnflankenkorrekturen gesichert.

1.4.1.3 Beispiele für zahnflankenkorrigierte Zylinderräder

Drei Auslegungsbeispiele sollen im weiteren die Möglichkeiten unterschiedlich aufwendiger Zahnflankenkorrekturen und deren Auswirkungen auf das Lauf- und Beanspruchungsverhalten verdeutlichen.

Profilkorrigierte Geradverzahnung

Bild 1.28 zeigt die Last-Deformationsverhältnisse im Eingriff einer Geradverzahnung, wie sie mit der Methode Finiter Elemente (FEM) berechnet wurden (vgl. Abschn. 1.2.2). Sowohl am Eingriffsbeginn als auch am Eingriffsende wurde je eine evolventische Profilrücknahme vorgenommen. Dabei ergeben sich die Wälzlängen der langen Korrekturen aus der Distanz zwischen dem inneren/ äußeren Einzeleingriffspunkt (Punkte B und D) und dem Eingriffsbeginn bzw. dem Eingriffsende (Punkte A und E). Die kurzen Korrekturen erstrecken sich genau über die halbe Wälzstreckendistanz. Bei beiden Korrekturformen ergibt sich ein trapezförmiger Verlauf der Berührlinienlasten, der keine Sprünge mehr beim Wechsel der Eingriffsgebiete aufweist. Das Einzeleingriffsgebiet mit den größten auftretenden Zahnlasten und Pressungen bleibt jedoch unkorrigiert, so daß dort die maximal auftretenden Beanspruchungen durch die Kopf- und Fußrücknahmen nicht beeinflußt werden.

Lange und kurze Profilkorrekturen unterscheiden sich lediglich durch ihre Differenzwinkel der Flankennormalen (vgl. Bild 3.45, Abschn. 3.2.4.2) und durch ihre Auswirkungen auf das Drehübertragungsverhalten unter Last. Bei Verwendung von kurzen Kopf- und Fußrücknahmen verbleibt ein unkorrigierter Bereich, dessen

Wälzlänge genau einer Stirneingriffsteilung entspricht. Man gewinnt den Vorteil eines kinematisch störungsfreien Betriebs in jedem Lastbereich. Die in dynamischer Hinsicht ungünstigen Spitzen des Gesamt-Zahnfedersteifigkeitsverlaufes im Doppeleingriffsgebiet der kurz korrigierten Verzahnung können nur durch verlängerte Korrekturen abgebaut werden. Die Folge einer solchen Vergrößerung der Korrekturwälzlängen bis zu den Einzeleingriffspunkten B und D ist jedoch ein ungünstig zunehmender Wechselanteil der Drehabweichung im Teillastbereich. Dies zeigt der untere Teil von Bild 1.28. Zahlreiche praktische Erfahrungen bezüglich der Geräuschemission korrigierter Geradverzahnungen bestätigen dies [1.16]. Die Wahl einer optimalen Korrekturlänge hängt demnach stark vom Anwendungsfall und von den zu erwartenden Betriebsbedingungen ab.

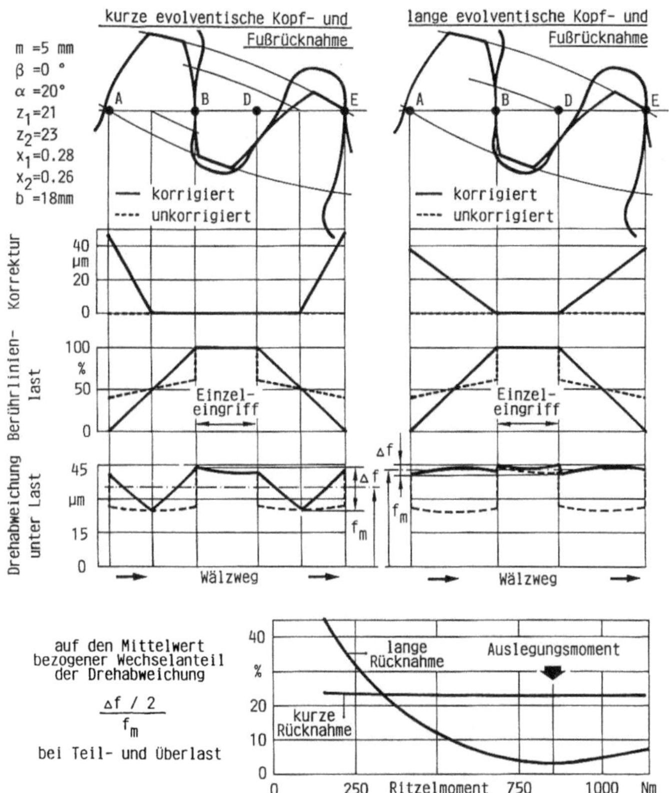

Bild 1.28. Last- und Deformationsverhältnisse im Eingriff einer profilkorrigierten Geradverzahnung

Profil- und breitenkorrigierte Schrägverzahnung

Die in Kap 1.4.1.2 vorgestellte Auslegungsstrategie wurde auf die Profil- und Breitenkorrektur eines schrägverzahnten Leistungsgetriebes angewendet. Dabei handelt

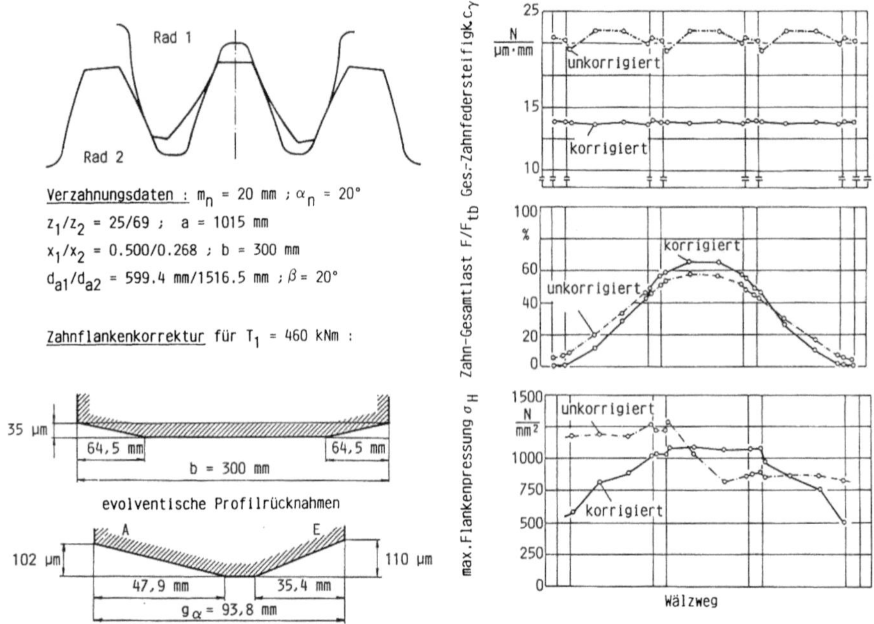

Bild 1.29. Profil- und breitenkorrigierte Schrägverzahnung

es sich um eine Endrücknahme der Flankenlinien sowie um evolventische Kopf- und Fußrücknahmen (vgl. Abschn. 1.4.1.1). Der unkorrigierte Bereich in Flankenmitte ist so bemessen, daß ein minimaler Gesamt-Überdeckungsgrad von ε_γ = 1,10 gesichert ist. Die Rücknahmewerte und Korrekturlängen gehen aus dem linken Teil von Bild 1.29 hervor.

Die rechnerische Zahnkontaktanalyse unter Last (vgl. Abschn. 1.2.2) liefert die Verläufe der Gesamt-Zahnfedersteifigkeit, der Zahn-Gesamtlast und der maximalen Hertz'schen Zahnflankenpressung über den Wälzweg, wie im rechten Bildteil gezeigt. Die senkrechten Linien markieren den Übergang von Dreifach- und Vierfacheingriffsgebiet. Die folgenden Merkmale unterscheiden die korrigierte von der unkorrigierten Verzahnung:

- Deutlich verminderte Schwankungsbreite der Gesamt-Zahnfedersteifigkeit (dadurch verringerte Parametererregung),
- geringeres Lastniveau und kleinerer Lastaufnahmegradient am Einlauf (dadurch abgeschwächter Eintrittsstoß) und
- ausgewogene Pressungsverteilung mit niedrigeren Maximalwerten (dadurch günstigeres Tragfähigkeitsverhalten).

Durch diese Korrekturoptimierung, die bereits im Auslegungsstadium der Verzahnung durchgeführt werden kann, lassen sich langwierige und kostenintensive empirische Auslegungsversuche, die zudem einen gewissen Erfahrungsschatz voraussetzen, vollständig vermeiden oder zumindest stark reduzieren.

3-D-korrigierte Schrägverzahnung

Im folgenden wird die Auslegung und Nachrechnung einer dreidimensionalen Zahnflankenkorrektur am Beispiel einer Schrägverzahnung vorgestellt, die in einem üblichen Serien-Leistungsgetriebe verwendet wird. Die Verzahnungsdaten sowie die Zahnflankengeometrie gehen aus Bild 1.30 hervor. Die Korrekturtopografie wurde mit dem oben beschriebenen Optimierungsverfahren ausgelegt (vgl. Abschn. 1.4.1.2). Sie basiert auf dem in Bild 1.25 gezeigten Ansatz.

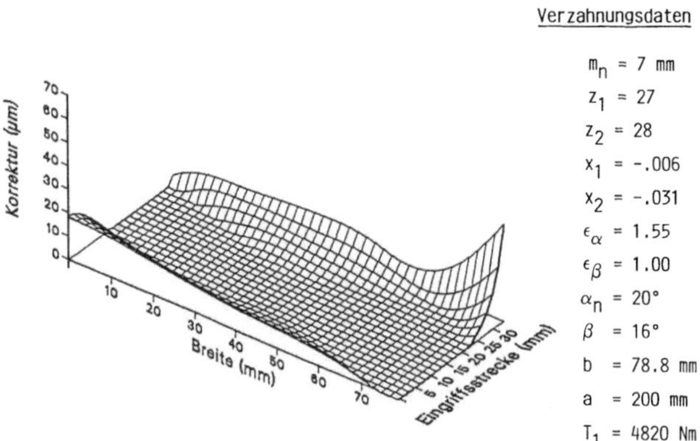

Bild 1.30. Dreidimensionale Zahnflankenkorrektur für eine Zylinderrad-Schrägverzahnung

In der räumlichen Darstellung der Korrekturverteilung über die Eingriffsebene ist der tangentiale Einlauf deutlich zu erkennen, ebenfalls der unkorrigierte Bereich, der sich im Stirnschnitt über etwas mehr als eine Eingriffsteilung erstreckt. Der maximale Korrekturbetrag für ein Ritzeldrehmoment von T_1 = 4820 Nm beträgt ca. 40 µm.

Die Ergebnisse der rechnerischen Zahnkontaktanalyse für die korrigierte und die unkorrigierte Verzahnung zeigt Bild 1.31 im Vergleich. Im oberen Bildteil ist bei den Berührlinienlasten für die unkorrigierte Verzahnung deutlich der trapezförmige Verlauf, welcher der Zu- und Abnahme der Berührlinienlänge entspricht, zu erkennen. Der Vergleich mit der 3-D-korrigierten Verzahnung verdeutlicht die Wirkungsweise einer drehfehlerkompensierenden Zahnflankenkorrektur. Durch die Flankenrücknahmen wird die Lastverteilung zwischen den im Eingriff befindlichen Zähnen so verändert, daß während des Durchwälzens ein möglichst konstanter Verlauf der Starrkörperverdrehungen entsteht, die von den elastischen Deformationen herrühren. Im gezeigten Fall führt dies im wesentlichen zu Verlagerungen von Belastungsanteilen innerhalb des Dreifacheingriffsgebietes in die Flankenmitte. Die Pressungserhöhung, die hieraus entsteht, ist jedoch nur gering, da sich die Pressung nur proportional zur Wurzel der Linienlast verhält. Das zeigt auch der Verlauf der maximalen Berührlinienpressungen. Die Absenkung der Maximalpressungen am Eingriffsbeginn und -ende ist aufgrund der Flankenrücknahmen an den Orten zu erklären, an denen Berührlinien am Zahnfuß des Ritzels oder Rades auslaufen. Im unkorrigierten

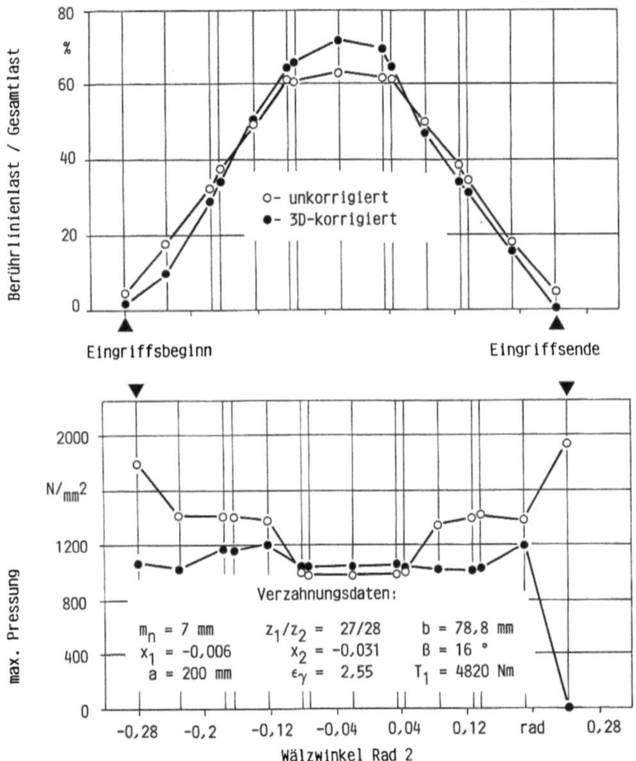

Bild 1.31. Berührlinienlasten und Flankenpressungen einer dreidimensional korrigierten Zylinderrad-Schräg-verzahnung

Fall liegen hier Pressungsspitzen vor, die durch die Korrektur wirkungsvoll abgebaut werden.

Weiterhin ist am Zahneintritt die Absenkung des Lastniveaus und der kleinere Gradient der Berührlinienlasten zu erkennen. Beides wirkt sich anregungsmindernd auf den lastbedingten Eintrittsstoß aus.

Nächstfolgend sollen die dynamischen Lastüberhöhungen infolge der Schwingungsanregung durch die zeitliche Modulation der Gesamt-Zahnfedersteifigkeit abgeschätzt werden. Dazu wird das System eines einstufigen Zylinderradgetriebes auf ein einfaches, dynamisches Ersatzsystem reduziert, dessen Schwingungsverhalten während eines Getriebehochlaufs in zeitdiskreten Schritten simuliert wird (vgl. Abschn. 3.3). Der periodische Verlauf der Gesamt-Zahnfedersteifigkeit wird dabei durch eine endliche Anzahl von Fourier-Gliedern approximiert.

Bild 1.32 dokumentiert, daß die Zahnfedersteifigkeits-Amplituden bei einfacher und doppelter Zahneingriffsfrequenz im korrigierten Fall deutlich niedriger ausfallen. Das bewirkt eine Absenkung der Resonanzüberhöhung bei einfacher und halber Resonanzdrehzahl. Der maximale Dynamikfaktor K_V verringert sich von 1,17 auf 1,06.

Als Kennwert für die Intensität der Parametererregung durch die wechselnde Gesamt-Zahnfedersteifigkeit eignet sich deren Schwankungsbreite. Sie ist auf den

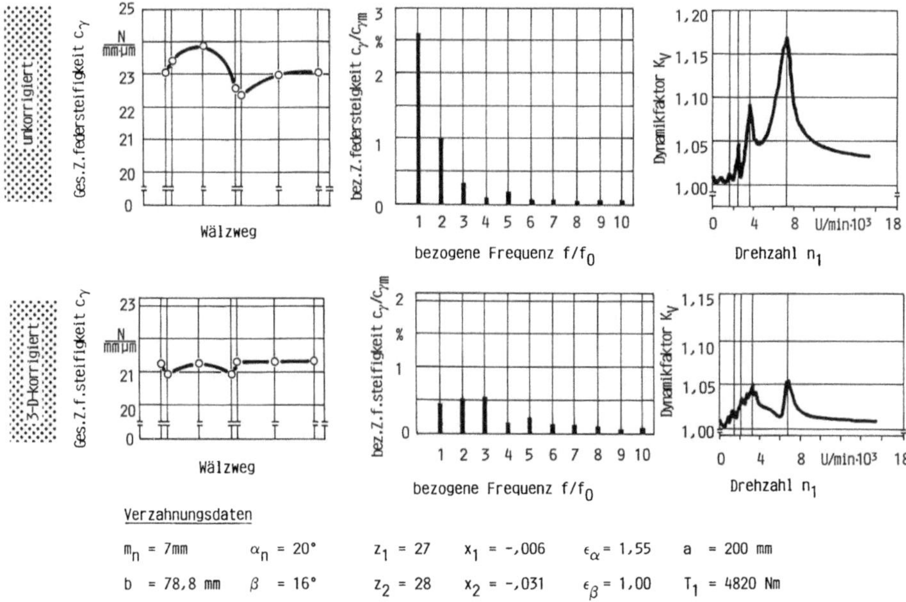

Verzahnungsdaten

m_n = 7mm α_n = 20° z_1 = 27 x_1 = -,006 ϵ_α = 1,55   a = 200 mm

b = 78,8 mm β = 16° z_2 = 28 x_2 = -,031 ϵ_β = 1,00 T_1 = 4820 Nm

Bild 1.32. Schwingungsanregung durch wechselnde Zahnfedersteifigkeiten im Eingriff einer dreidimensional korrigierten und einer unkorrigierten Zylinderrad-Schrägverzahnung

Mittelwert bezogen und berechnet sich aus Maximal- und Minimalwert. Sie konnte von 3,3 % auf 0,9 % verringert werden, während das Steifigkeitsniveau bezogen auf die Ausgangswerte insgesamt abgesenkt wurde. Dies ist durch den progressiven Verlauf der Kontaktsteifigkeit balliger Körper zu erklären.

Darüber hinaus konnte an weiteren 3-D-korrigierten Schrägverzahnungen gezeigt werden, daß die positiven Eigenschaften einer derartigen Korrektur auch bei Lastmomenten, die vom Auslegungsmoment abweichen, oder bei Überlagerungen von Verzahnungsabweichungen der Qualitätsstufen 4 und 6 [1.20] weitestgehend erhalten bleiben [1.17].

1.4.2 Tragbildoptimierung an Kegelrädern durch gezielte Korrekturen der Verzahnmaschineneinstellung

Kontinuierliche Verzahnungskorrekturen, die von der Flankenmitte aus nach allen Richtungen vorgenommen werden, bezeichnet man als Balligkeit. In erster Näherung lassen sich diese Korrekturen in einer kreis- oder parabelförmigen Längs- und Höhenballigkeit beschreiben. Eine besondere Bedeutung in bezug auf diese beiden Krümmungen hat die Richtung der Berührlinien. Verschiedene Berührlinienrichtungen liefern in Verbindung mit einer gleichen Längs- und Höhenballigkeit völlig unterschiedlich wirksame Flankenkorrekturen.

Durch die kinematische Formgebung in Kegelradverzahnmaschinen entstehen beim Wälzprozeß stets Flankenoberflächen, die eine zweifach stetige Differenzier-

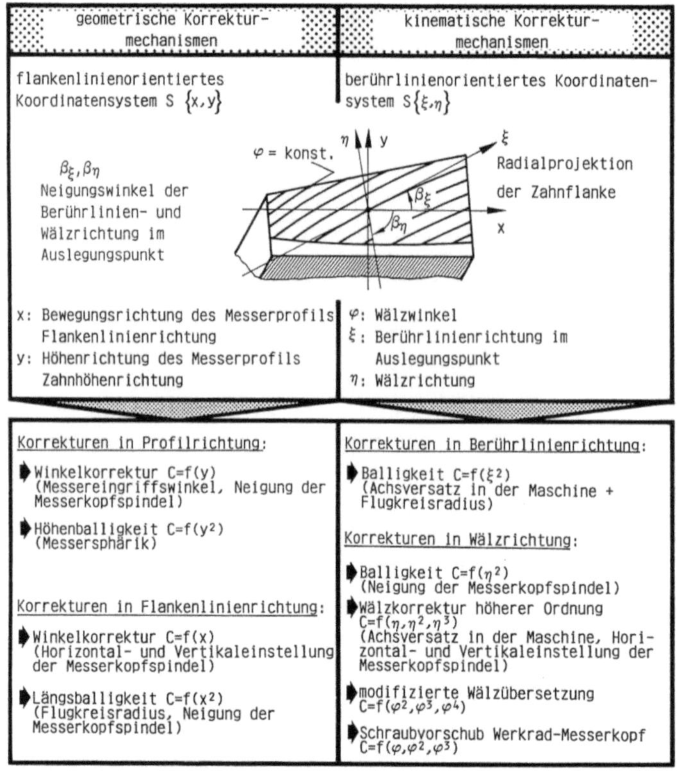

Bild 1.33. Einteilung prinzipieller Korrekturmechanismen für die Zahnflankengeometrie von Kegelradgetrieben

barkeit erfüllen. Die nutzbare Zahnflanke endet in dem Bereich, in dem diese Bedingung nicht mehr erfüllt wird. Dies ist z.B. bei Flankenverschneidungen und Unterschnitt der Fall.

Beschränkt man sich nun bei der Betrachtung auf das relative „Zusammenspiel" der beiden abwälzenden Flanken, so wird das Wälzen in der Verzahnmaschine gleichsam aufgehoben, und es kann an den Kontaktabständen z.B ein Protuberanzknick wiedererkannt werden. Die in der Ease-Off-Topografie über dem Tellerradflankenbereich aufgetragenen Kontaktabstände zeigen somit die Korrekturen oder verfahrensbedingte Abweichungen der Erzeugerräder vom ursprünglichen Erzeugerrad. Kegelradverzahnmaschinen verfügen über eine Vielzahl von Korrekturmechanismen, um die Ease-Off-Topografie gezielt zu beeinflussen. Man unterscheidet dabei grundsätzlich geometrische und kinematische Korrekturen. Bild 1.33 gibt hierzu einen Überblick.

Geometrische Flankenkorrekturen

Einfache Veränderungen des Ease-Offs werden durch geometrische Änderungen der Messerprofile, Messerkopfradien oder Maschineneinstellungen erzielt. Diese Para-

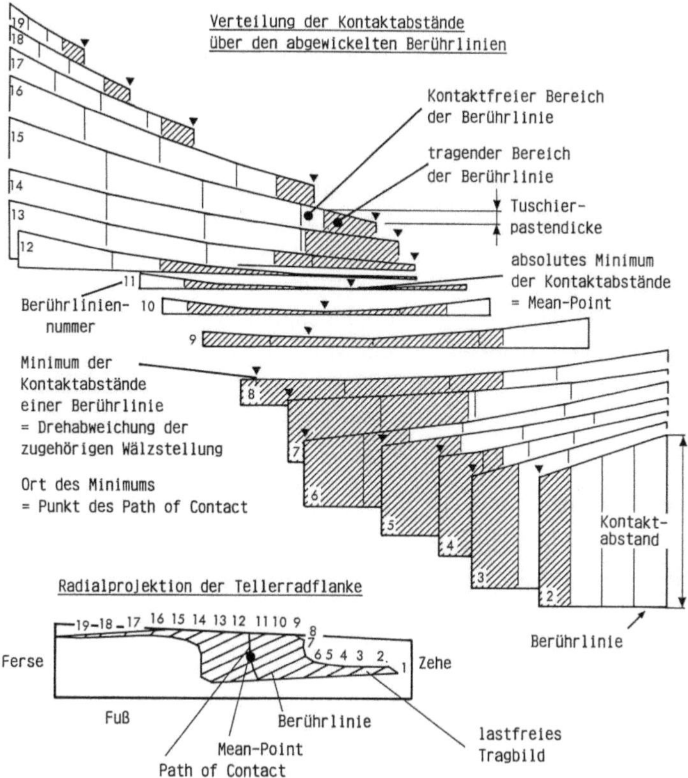

Bild 1.34. Relative Kontaktlagen der Berührlinien zwischen Ritzel- und Radflanke beim Durchwälzen

metergruppe führt zu Veränderungen der Erzeugerradgeometrie. Die Maßnahme, die zu einer derart geänderten Flankenkorrektur geführt hat, kann anhand der Topografie praktisch direkt, sowohl qualitativ als auch quantitativ erkannt werden. Im wesentlichen werden hierdurch die Flankenrichtung, die Profilrichtung sowie die Längs- und Höhenballigkeit beeinflußt.

Für die Verzahnungsauslegung ist die Balligkeit entlang der Berührlinien und die Balligkeit senkrecht dazu bzw. in Path of Contact-Richtung relevant. Abhängig von der Berührlinienlänge wird eine Balligkeit angestrebt, welche bezüglich der Hertz'schen Pressung und des Verlagerungsverhaltens gute Resultate gewährleistet. Die erforderlichen Korrekturen in Path of Contact-Richtung leiten sich ebenfalls aus dem Verlagerungsverhalten des gesamten Getriebes und darüber hinaus aus der Minimierung des Eintrittsstoßes ab. Die daraus resultierende Orientierung der Hauptkrümmungsrichtungen des Ease-Offs liegen in der Berührlinien- bzw. Path of Contact-Richtung. Die bisher behandelten geometrischen Erzeugerradkorrekturen bieten nicht die Möglichkeit, von der Zahnlängs- bzw. Zahnhöhenrichtung als Hauptkrümmungsrichtungen abzuweichen. Die so entstehenden Flankenkorrekturen stellen deshalb stets einen Kompromiß an die kinematischen und festigkeitsbezogenen Erfordernisse dar.

Der Path of Contact entsteht durch die Aneinanderreihung der Punkte der Berührlinien, die beim lastfreien Durchwälzen Kontakt haben. Betrachtet man die Kontaktabstände über den Berührlinien so, wie sie aus der Ease-Off-Topografie hervorgehen (Bild 1.34), so ist der Kontaktpunkt durch den minimalen Kontaktabstand gekennzeichnet. Der minimale Kontaktabstand einer Berührlinie ist maßgeblich für die Einflankenwälzabweichung der entsprechenden Wälzstellung. Die schräg liegenden Berührlinien führen in Verbindung mit einer symmetrischen Längs- und Höhenballigkeit zu den typischen Berührlinienkorrekturen aus Bild 1.34.

Der Ein- und Auslauf findet demnach an den Flankengrenzen (Kopf, Fuß) statt, während sich nur in der mittleren Flankenzone ein Minimum innerhalb der Flanke ergibt [1.14]. Um die Verwindung, die in den Kontaktabständen von Bild 1.34 zu erkennen ist, aufzuheben, muß die Ease-Off-Topografie eine Verwindung mit gegenläufiger Tendenz erhalten.

Kinematische Flankenkorrekturen

Gezielte Modifikationen der Erzeugungskinematik in der Kegelrad-Verzahnmaschine können ebenfalls zur Korrektur der Kontaktgeometrie eingesetzt werden. Hierzu

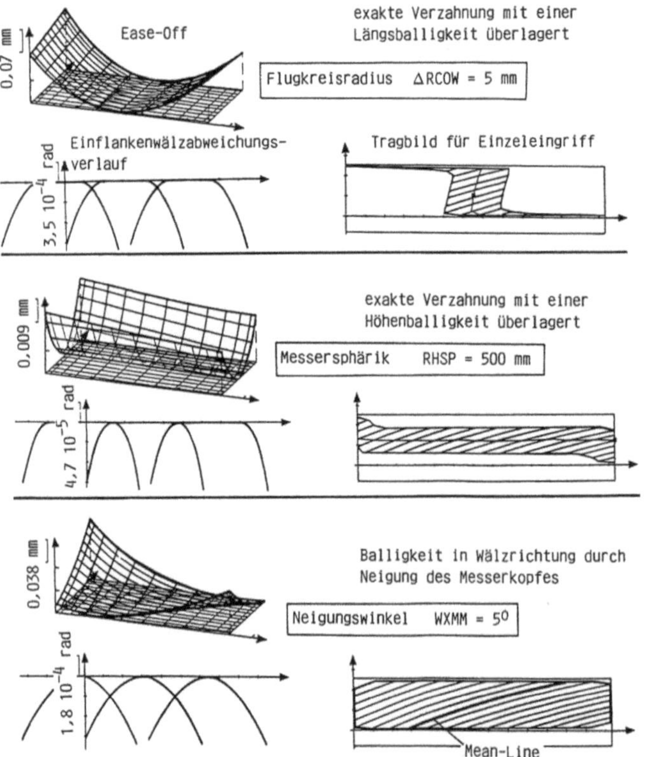

Bild 1.35. Grundelemente zur Ease-Off-Gestaltung, Längs-, Höhen- und Wälzballigkeit

zählt man variierte Wälzübersetzungen (Modified-Roll) [1.5], nichtlineare Zusatzbewegungen (Helical- und Vertical-Motion) [1.5] und kegelige Erzeugerräder (Tilt) [1.5]. Die Ease-Off-Topografie in Bild 1.35 unten ist durch ein kegeliges Erzeugerrad entstanden. Es handelt sich um eine reine Wälzballigkeit; die Berührlinien des Tuschierpastentragbildes sind ebenso wie bei der unkorrigierten Verzahnung in voller Länge zu sehen. Das Tragbild bedeckt den gesamten aktiven Flankenbereich (Bild 1.35, rechts unten). In der Verzahnmaschine wird das kegelige Erzeugerrad durch eine Neigung des Messerkopfs bezogen auf die Wälztrommelachse erreicht. Eine identische Flankenkorrektur erhält man durch ein modifiziertes, nicht konstantes Übersetzungsverhältnis.

Gestaltung der Ease-Off-Topografie

Für hochentwickelte und genau dem jeweiligen Verwendungszweck angepaßte Kegelradsätze empfiehlt es sich, die Auslegung eines optimalen Ease-Offs anhand der belastungsbedingten Deformationen und des Verformungsverhaltens vorzunehmen. Die so entstandene Korrekturtopografie kann in jedem Punkt durch zwei Krümmungszylinder mit bestimmten Orientierungen [1.1, 1.15] beschrieben werden.

In den vorherigen Abschnitten wurde klargemacht, daß durch die kinematische Erzeugung der Kegelradflanken (Messerkopfverfahren mit Wälzen eines oder beider Getriebeglieder) – wenn von Knicken in den Messerkanten abgesehen wird – stets zweifach stetig differenzierbare, also glatte und knickfreie Korrekturfunktionen entstehen.

Die Gestaltung bzw. Vorgabe der Ease-Off-Topografie hat also sinnvollerweise im Rahmen dieser Bedingungen zu geschehen. Der Ease-Off muß auch im Zusammenhang mit den Grobgeometrieparametern (insbesondere Spiralwinkel und Zahnlängskrümmung) gesehen werden. Diese sind zwar in der Korrekturfläche nicht zu erkennen, sie haben jedoch ebenfalls Einfluß auf das Verlagerungsverhalten.

Variation von Längs-, Höhen- und Wälzballigkeit

Der abschließende Abschnitt stellt Berechnungsbeispiele (Kontaktanalyse und FE-Festigkeitsberechnung) zu den wichtigsten der hier behandelten Tragbildgrundtypen vor; den Berechnungen liegt eine achsversetzte, gewälzte Gleason-Verzahnung zugrunde (Achsversatz: a = 35 mm, Zähnezahlen: z_1/z_2 = 7/36, Achswinkel: $\sum$ = 90°; Spiralwinkel: β_{m1}/β_{m2} = 49°/29° , Tellerraddurchmesser: d_2 = 300 mm). Um bestimmte Tragbildformen zu erzielen, wurden die Verzahnmaschineneinstellungen für ein waagerechtes, schlankes Tragbild (Bild 1.36, links) und für ein Tragbild mit senkrecht zur Kopfkante verlaufendem Path of Contact (Bild 1.36, Mitte) errechnet. Die ursprüngliche Maschineneinstellung lieferte ein Tragbild, wie es die rechte Bildsequenz in Bild 1.36 zeigt.

Beispiel B in Bild 1.36 gibt die klassische Tragbildauslegung wieder. Der aktive Bereich des Path of Contact läuft in der Flankenmitte von der Kopfkante zum Fuß senkrecht über die Flanke. Der Zahn wird im Bereich seiner größten Steifigkeit belastet. Bei Achsverlagerungen im Betrieb bleibt dem Tragbild auf der Flanke genügend Platz, um sich in Zahnlängsrichtung zu verschieben. Bei einer zu erwartenden Verschiebung des Tragbildes in Richtung zur Zahnferse (großer Durchmesser) kann leicht eine Vorkorrektur der Tragbildlage zur Zahnzehe hin (kleiner Durchmesser)

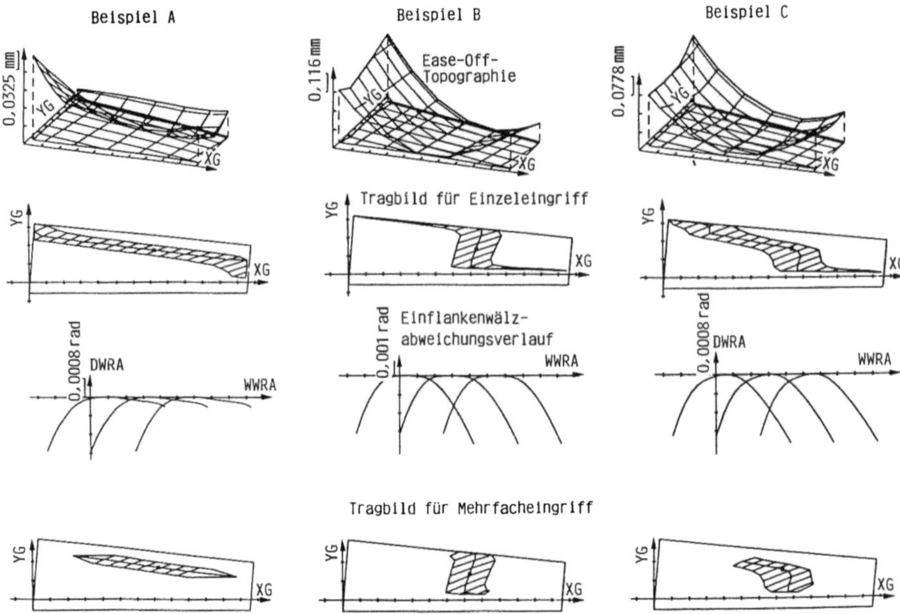

Bild 1.36. Unterschiedliche Kontaktgeometrien durch Variation von Längs-, Höhen- und Wälzballigkeit

vorgenommen werden. Von Nachteil ist bei dieser Auslegung, daß bereits bei kleinen Belastungen Pressungsspitzen an den Kopfkanten von Ritzel und Radflanke auftreten.

Eine Tragbildwahl nach Beispiel A in Bild 1.36 wurde bislang nur angewendet, wenn das Verhältnis von Zahnhöhe zu Zahnbreite einen sehr kleinen Wert, z.B. $h/b = 0,1$, hatte. In diesem Fall empfiehlt es sich, bei gleicher Längs- und Höhenballigkeit eine Wälzballigkeit einzuführen, um einen möglichst großen Flankenbereich auszunutzen. Der Vorteil dieser Verzahnung ist darin zu sehen, daß sich die Berührlinien auch bei Nennlast nicht bis zu den Kopfkanten von Rad und Ritzel ausbreiten, und daher geringere maximale Pressungen zu erwarten sind.

Der Einflankenwälzabweichungsverlauf von Beispiel A zeigt in weiten Bereichen wesentlich geringere Werte als der von Beispiel B oder C. Jedoch ist hier aufgrund der geringen relativen Flankenkrümmungen in Zahnlängsrichtung die größte Verlagerungsempfindlichkeit zu erwarten.

Das Anwendungsgebiet der schlanken Zahnformen, die ein waagerechtes Tragbild erforderlich machen, sind meistenteils „feinzahnige" Großverzahnungen, die als Stationärgetriebe in massiven Gehäusen eingebaut sind und bei denen nur mit geringen Achsverlagerungen zu rechnen ist.

Heute wird zunehmend versucht, einen Kompromiß zwischen den Varianten A und B zu wählen, um Kantentragen zu vermeiden und dennoch Verlagerungsreserven in Zahnlängsrichtung zu haben. Die Verzahnung C in Bild 1.36 zeigt einen solchen Kompromiß. Die Verzahnmaschineneinstellung unterscheidet sich von Verzahnung B im wesentlichen durch eine geringe Protuberanz im Ritzelmesser (Protuberanzwinkel $\alpha_{PR} = 1°$).

Um an den Verzahnungen A und B die tatsächlichen Verhältnisse unter Last zu beurteilen, wurden die Verzahnungsbeanspruchungen mit der „Programmkette Kegelradberechnung" für zwei Laststufen (Raddrehmoment: $T_1 = 500$ Nm, $T_2 = 2000$ Nm) berechnet. Bild 1.37 zeigt die Lasttragbilder der Tellerradflanken. Über den aktiven Berührlinienabschnitten sind die Pressungsverteilungen aufgetragen.

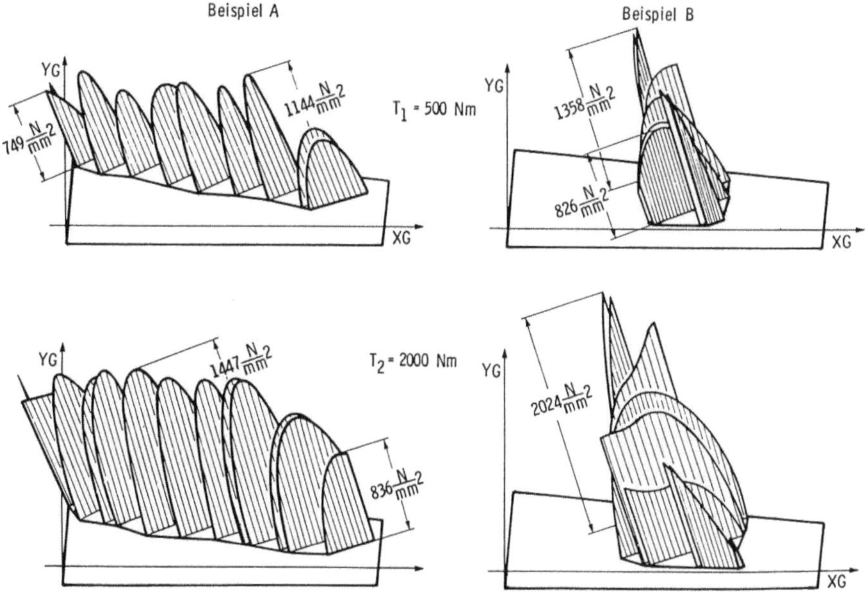

Bild 1.37. Pressungsverteilung über dem aktiven Berührlinienbereich

Beispiel A zeigt auch bei der höheren Belastung einen parabelförmigen Verlauf der Pressungen über fast allen Berührlinien. Beispiel B hat bei beiden Laststufen die erwarteten Pressungsspitzen beim Einlauf an der Tellerradkopfkante und beim Auslauf an der Ritzelkopfkante.

Die Berechnungsprogramme werden künftig daraufhin entwickelt, weitere betriebsrelevante Parameter zu erfassen, um den Berechnungen eine möglichst große Annäherung an die realen Verhältnisse im Getriebe zu geben. Zu den betriebsrelevanten Parametern gehören neben der bislang schon möglichen Berücksichtigung der tatsächlichen Zahngeometrie, der Wellen- und Lagerdeformationen (einschließlich Gehäuseverformung) auch die Berücksichtigung der Oberflächenstruktur und der hydrodynamischen Kontaktbedingungen. Die derzeit schon weitreichende Aussagekraft der Berechnungen im Vergleich zu Standardrechnungen wird dadurch noch gesteigert. Mit ihr einher geht ein wachsender Nutzen dieser erweiterten Berechnungsverfahren für die Nachrechnungs- und Auslegungsphase. Darüber hinaus sind mit diesen Berechnungswerkzeugen weitere Parameterstudien durchführbar, welche Trends und allgemeingültige Zusammenhänge aufzeigen, die dem Konstrukteur in Form von Konstruktionsrichtlinien für die Vorauslegung zur Verfügung gestellt werden können.

2 Einfluß von Werkstoff, Wärmebehandlung und Fertigbearbeitung auf die Zahnflanken- und Zahnfußtragfähigkeit

Von G. Bartsch, P. Fritsch, R. Heinze, H. Krick, H. Leube, K. Schlötermann, J. Volger und M. Weck

Die Ermittlung der Tragfähigkeiten spielt bei der Auslegung von wälzbeanspruchten Bauteilen eine zentrale Rolle.

Bis heute existieren keine geschlossenen Berechnungsansätze, die eine exakte Bestimmung der Tragfähigkeit zulassen. Dies bedeutet, daß bauteilspezifische Beanspruchungskennwerte auf experimentellem Wege an definiert gestalteten Prüfkörpern ermittelt werden müssen. Diese gehen dann als Basisauslegungsgrößen in gängige Berechnungsmethoden ein [2.67], mit Hilfe derer die Bauteilfestigkeiten für andere Geometrien und Betriebsbedingungen abgeschätzt werden können.

Für eine sichere Auslegung einer Verzahnung muß die örtliche Bauteilfestigkeit über den im Betrieb auftretenden Beanspruchungen liegen. Die Haupteinflußgrößen, die berücksichtigt werden müssen, sind in Bild 2.1 aufgelistet. Der Werkstoffzustand und die Oberflächengestalt werden durch Wärmebehandlung und Bearbeitung der Bauteile bestimmt. Die Belastung sowie die tribologischen Randbedingungen ergeben sich aus dem geplanten Einsatz des Getriebes. Den Lastspannungen, die aus diesen Betriebsbedingungen resultieren, steht die Bauteilfestigkeit gegenüber. Wenn die Bauteilfestigkeit nicht hinreichend groß ist, kommt es zur Ermüdung der Verzahnung und dadurch bedingt zum vorzeitigen Ausfall des Getriebes. Als wesentliche Ermüdungserscheinungen seien hier Grübchenbildung, Zahnfußbruch und Verschleiß genannt. Weiterhin muß im Betrieb der Verzahnung das Fressen sicher vermieden werden. Dies läßt sich durch eine geeignete Auslegung der Verzahnungsgeometrie und/oder des Schmierstoffes bzw. der Additivierung verhindern. Da es sich hierbei nicht um einen Ermüdungsschaden handelt, wird im folgenden auf das Fressen nicht näher eingegangen. Eine Berechnung erfolgt in der Praxis in Anlehnung an DIN 3990 Teil 4 [2.67].

Da die Betriebsbedingungen meistens durch den vorgesehenen Einsatz vorgegeben sind, muß der Konstrukteur Werkstoffzustand und Oberflächengestalt der Wälzpaarungen beanspruchungsgerecht gestalten. Dies geschieht durch die Auswahl geeigneter Wärmebehandlungs- und Fertigungsverfahren zur Herstellung der Zahnräder. Die DIN 3990 [2.67] gibt in Abhängigkeit von der Geometrie, des Werkstoffzustandes und den Betriebsbedingungen Berechnungsgrundlagen zur Bestimmung der Tragfähigkeit der jeweiligen Verzahnung an. Die bauteilspezifische Festigkeit wird durch Kennfelder für die Zahnflanken- und Zahnfußfestigkeiten in Abhängig-

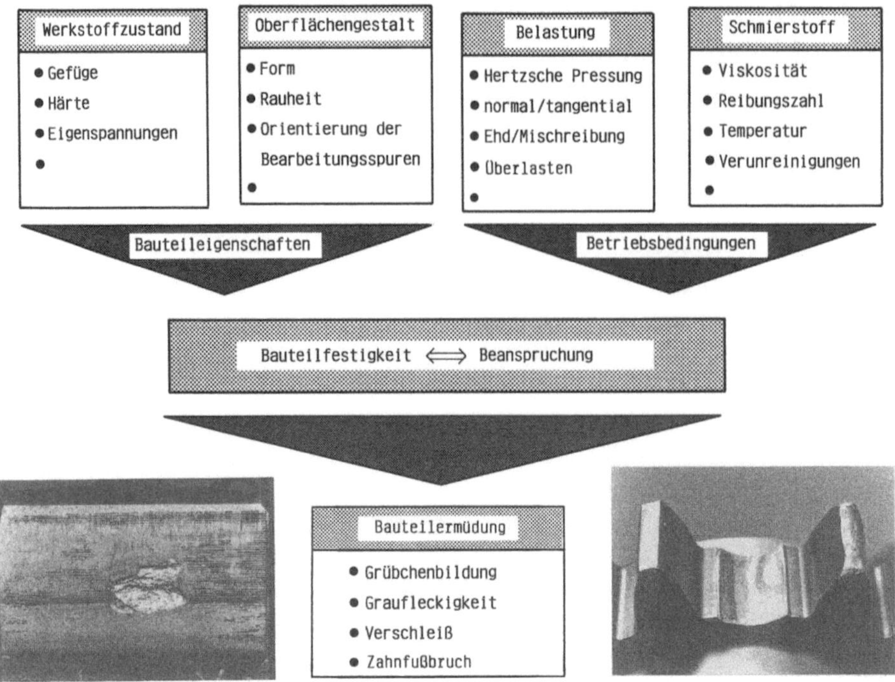

Bild 2.1. Einflußparameter für Ermüdungsschäden von Verzahnungen

keit von Werkstoff und Wärmebehandlung abgeschätzt [2.67]. Aus den Betriebsbedingungen und aus der Bauteilgeometrie resultierende Einflußgrößen werden hierbei durch Korrekturfaktoren berücksichtigt.

Aufgrund der fortschreitenden Entwicklung sowohl bei der Wärmebehandlung als auch bei den Fertigungsverfahren ist eine Ermittlung der spezifischen Festigkeitskennwerte und eine differenzierte Anpassung der Einflußfaktoren notwendig. Dafür nötige Kennwerte werden mit Hilfe von Prüfstandsversuchen [2.15] ermittelt. Anhand dieser Tragfähigkeitskennwerte können geeignete Werkstoff/Wärmebehandlungs-Kombinationen sowie Fertigbearbeitungsverfahren zur Erzielung der erforderlichen Bauteilfestigkeit ausgewählt werden. Mit modernen Wärmebehandlungsanlagen und durch rechnergestützte Prozeßsteuerung lassen sich Härteverläufe erzielen, die an unterschiedliche Aufgabenstellungen angepaßt sind und definierte Randhärtewerte und Härtetiefen aufweisen. Abschätzungen zur Auswahl der geeigneten Härtetiefenverläufe sind für Einsatzstähle z.B. [2.71, 2.57] zu entnehmen.

Ausgehend von einigen grundlegenden Betrachtungen zur Zahnflanken- und Zahnfußbeanspruchung werden in Abschnitt 2.2 Ergebnisse aus Prüfstandsversuchen vorgestellt, die den Einfluß von Werkstoff und Wärmebehandlung auf die Bauteilfestigkeit aufzeigen. Es werden Zahnflanken- und Zahnfußtragfähigkeiten von Zahnrädern aus unterschiedlichen Werkstoffen, die mit den Wärmebehandlungsverfahren Einsatzhärten und Nitrieren randschichtgehärtet wurden, vergleichend gegenübergestellt. Als ein Fertigbearbeitungsverfahren, das die Randschicht beeinflußt, wird in Abschnitt 2.3 das Kaltwalzen vorgestellt. Hierbei handelt es sich um eine interessante Alternative zu den konventionellen Verfahren. Neben der durch das Walzen erzielten Verfestigung des randnahen Werkstoffes führt die Glättung der Oberfläche in Hinblick auf die Wälzbeanspruchung zu günstigen Kontaktbedingungen. Um den Einfluß dieses Bearbeitungsverfahrens auf die Tragfähigkeiten aufzuzeigen, werden die beim Kaltwalzen erreichbaren Festigkeiten mit denen von gefrästen und geschliffenen Verzahnungen verglichen.

2.1 Grundlegende Betrachtungen zur beanspruchungsgerechten Verzahnungsauslegung

Der direkte Vergleich zwischen Festigkeitsangebot und Vergleichsspannung erlaubt die Beurteilung der vorliegenden Bauteilfestigkeit hinsichtlich der zu erwartenden Beanspruchung. Hierbei ist zu beachten, daß im gesamten Tiefenbereich die Vergleichsspannung die örtliche Festigkeit nicht überschreiten darf. Da ein proportionaler Zusammenhang zwischen Härte und $\sigma_{0,2}$-Grenze (Streckgrenze) besteht, kann aus dem Härteverlauf die lokale Werkstoffestigkeit ermittelt werden [2.5]. Die Beanspruchung über die Werkstofftiefe wird in Form eines Vergleichsspannungsverlaufes angenommen, der z.B. nach der Gestaltänderungs-Energie-Hypothese berechnet wird [2.10].

Bild 2.2 zeigt die σ_v-Verläufe für Wälzkörper mit verschiedenen Krümmungsradien bei unterschiedlichen Hertz'schen Pressungen.

Ausgehend von einem Spannungsverlauf σ_{v1}, der sich für Rollen mit r = 50 mm bei einer Belastung von σ_H = 1500 N/mm^2 ergibt, zeigen die Kurvenscharen, in welche Richtung sich die einzelnen Kurvenpunkte mit zunehmender Belastung bzw. wachsendem Durchmesser verschieben.

Durch Vergrößerung der Belastung (σ_{H2} = 2000 N/mm^2) steigt die Vergleichsspannung σ_{V2} an, wobei sich das Spannungsmaximum zusätzlich entlang der eingezeichneten Geraden in Bereiche größerer Tiefen verschiebt. Eine Vergrößerung des Krümmungsradius (r = 100 mm) führt bei gleicher maximaler Pressung zu einem geringeren Spannungsmaximum $\sigma_{V3,max}$, das sich jedoch in größere Werkstofftiefen verlagert. Sowohl durch die Erhöhung der Hertz'schen Pressung wie auch durch Vergrößerung der Krümmungsradien wird der in Bild 2.2 eingezeichnete Festigkeitsverlauf (Härte) in bestimmten Werkstofftiefen überschritten. In diesen Bereichen ist eine Materialermüdung mit Schadensfolge zu erwarten. Dies bedeutet, daß man mit steigendem Krümmungsradius der Wälzkörper die Einsatzhärtetiefe entsprechend vergrößern muß. Eine bloße Betrachtung der Maximalwerte von Festigkeit und Beanspruchung ist nicht ausreichend.

Für einen konstanten Bauteilkrümmungsradius zeigt Bild 2.3, wie mit größer werdender Maximal-Pressung die Einsatzhärtungstiefe geändert werden muß, damit eine Schädigung vermieden werden kann. In diesem dreidimensionalen Diagramm ist die Vergleichsspannung über dem Randabstand und der Hertz'schen Pressung aufgetragen.

Für eine Pressung von σ_H = 1550 N/mm^2 ergibt sich aus dem eingezeichneten Vergleichsspannungsverlauf der entsprechende Härteverlauf, der für eine betriebssi-

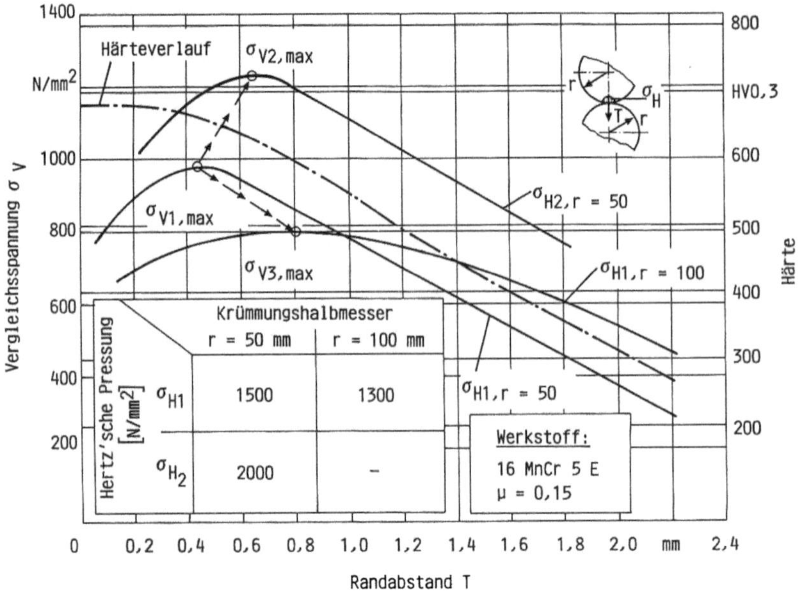

Bild 2.2. Einfluß der maximalen Pressung und der Oberflächenkrümmung auf den Verlauf der Vergleichsspannung in der Bauteilrandschicht

chere Auslegung notwendig ist. Die Randhärte kann dabei in gewissen Grenzen variiert werden. Dies konnte durch Versuche bestätigt werden [2.57].

Mit zunehmender Pressung wird die Spannungsverlaufskurve zu größeren Werten und in Bereiche größerer Tiefen verschoben. In gleichem Maße, wie sich die Spannungsebene mit steigender Pressung in der angegebenen Richtung verschiebt, muß der Verlauf des Festigkeitsangebotes geändert werden. Bei der höheren Hertz'schen Pressung (σ_H = 1850 N/mm²) erkennt man, daß einer weiteren Steigerung der Pressung Grenzen gesetzt sind, denn hier kommt es bereits in einer Tiefe von T = 0,6 mm zu einer Berührung der beiden Kurven. Eine bloße Vergrößerung der Einsatzhärtungstiefe würde hier keine Beanspruchungserhöhung mehr zulassen.

Die in das Diagramm eingezeichneten Pfeile kennzeichnen die Einsatzhärtetiefe Eht_{550}, die in der Praxis ein Maß für den erforderlichen Härteverlauf darstellt. So reicht eine Einsatzhärtetiefe von Eht_{550} = 0,7 mm aus, um eine Pressung von σ_H = 1550 N/mm² zu ertragen, für eine Pressung von σ_H = 1850 N/mm² ist dagegen eine Einsatzhärtungstiefe von 1,4 mm notwendig. Diese Zusammenhänge können auch anhand von Tragfähigkeitsversuchen bestätigt werden [2.57].

Eine Härtetiefenvergrößerung ist sowohl aus wirtschaftlichen Gründen (z.B. beim Nitrieren) wie auch aus metallurgischer Sicht (z.B. beim Einsatzhärten) durch evtl. Überkohlung der Randschicht aufgrund zu langer Härtezeiten nicht unbegrenzt realisierbar. Weiterhin sind möglichst kurze Härtezeiten anzustreben, um die Härteverzüge klein zu halten.

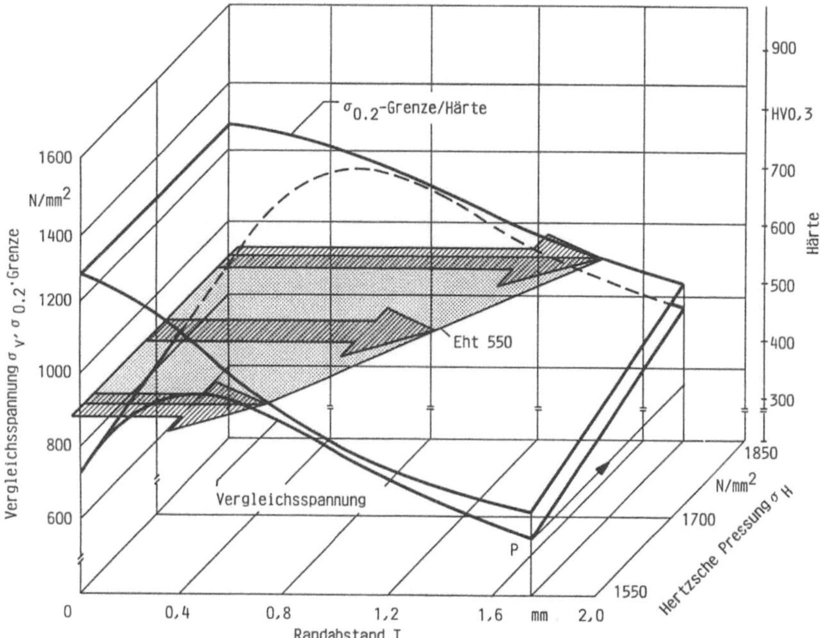

Bild 2.3. Zusammenhang zwischen Vergleichsspannung, Hertz'scher Pressung und Härteverlauf

Trotz Berücksichtigung der o.g. Zusammenhänge bei der Auslegung und Wärmebehandlung der Zahnräder werden in der Praxis gerade bei niedrigen spezifischen Belastungen vorzeitige Ausfälle festgestellt, die nur durch eine Schadensinitiierung ausgehend von der Oberfläche bzw. der oberflächennahen Randschichten zu erklären sind [2.19]. So treten z.B. bei einsatzgehärteten Zahnrädern als eine Form der Ermüdung der äußeren Randschicht Mikrorisse und kleinere Ausbrüche auf, die aufgrund ihres optischen Erscheinungsbildes als Graufleckigkeit bezeichnet werden [2.37, 2.53].

Diese Schadensfälle können nicht durch das beschriebene Beanspruchungsmodell allein erfaßt werden. Dies ist darauf zurückzuführen, daß gegenüber der Praxis die Annahme eines reinen Hertz'schen Kontaktes eine erhebliche Vereinfachung darstellt. Die Folge sind Vergleichsspannungsverläufe, welche die wahren Beanspruchungsverhältnisse vor allem im Bereich der äußeren Randschicht nur unvollkommen annähern. Das Bild 2.4 zeigt einige dieser Einflußgrößen, die im Hertz'schen Beanspruchungsansatz nicht enthalten sind, sowie deren Auswirkung auf die Werkstoffanstrengung in der äußersten Randschicht. Es muß berücksichtigt werden, daß sich in der Realität der Beanspruchungszustand aus einer Überlagerung aller genannten Einflußgrößen zusammensetzt. Desweiteren muß auf die gegenseitige Beeinflußung einiger Größen hingewiesen werden. Eine exakte Berechnung des realen Beanspruchungszustandes gestaltet sich deshalb in der Regel äußerst schwierig. Weitere nicht in Bild 2.4 aufgeführte Einflußgrößen sind die Art des Schmierstoffes

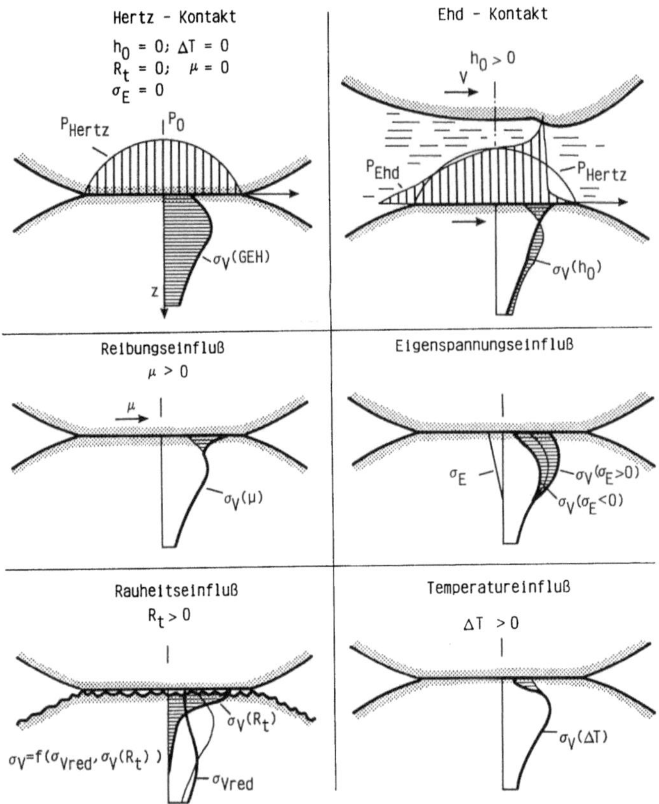

Bild 2.4. Überlagerter Beanspruchungszustand im Wälzkontakt von Zahnflanken nach [2.21]

sowie die chemisch-physikalischen Wechselwirkungen zwischen Schmierstoffele-
menten und Bauteilrandschicht [2.21,2.44,2.53].

Eine der wesentlichen, fertigungstechnisch bedingten Einflußgrößen ist die Ober-
flächenfeingestalt. [2.36] weist mit Hilfe von spannungsoptischen Untersuchungen
die aus den Rauheitskontakten resultierenden Spannungsfelder im oberflächennahen
Bereich nach. Diese Spannungsfelder entstehen im Betrieb bei metallischer Berührung der Rauheitserhebungen, wie sie bei unzureichender Schmierspalthöhe auftreten. Durch diese lokalen Spannungsüberhöhungen kann das Verschleiß- und Tragfähigkeitsverhalten von Verzahnungen entscheidend beeinflußt werden.

Bild 2.5 gibt beispielhaft die dauerfest ertragenen Hertz'schen Pressungen unterschiedlich hartfertigbearbeiteter Zahnräder wieder. Die mit den verschiedenen Feinbearbeitungsverfahren erzeugten Oberflächenstrukturen unterscheiden sich hinsichtlich Rauheit, Form und Orientierung der Feingestalt. Die Varianten lassen sich
anhand der aufgeführten Rauheitskennwerte eindeutig unterscheiden und hinsichtlich ihres tribologischen Verhaltens charakterisieren. Bei ansonsten weitgehend konstant gehaltenen Betriebsbedingungen und Ausgangszuständen bzgl. Werkstoff und

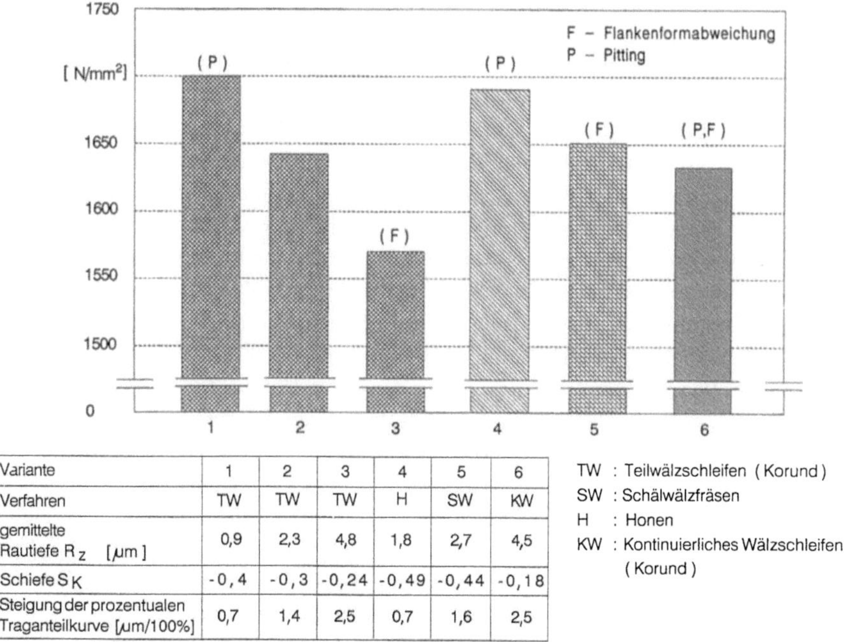

Variante	1	2	3	4	5	6
Verfahren	TW	TW	TW	H	SW	KW
gemittelte Rautiefe R_z [µm]	0,9	2,3	4,8	1,8	2,7	4,5
Schiefe S_K	-0,4	-0,3	-0,24	-0,49	-0,44	-0,18
Steigung der prozentualen Traganteilkurve [µm/100%]	0,7	1,4	2,5	0,7	1,6	2,5

TW : Teilwälzschleifen (Korund)
SW : Schälwälzfräsen
H : Honen
KW : Kontinuierliches Wälzschleifen (Korund)

Bild 2.5. Einfluß unterschiedlich feinbearbeiteter Oberflächen auf die Zahnflankendauerfestigkeit (50 % Ausfallwahrscheinlichkeit)

Makrogeometrie ergeben sich deutlich differierende Tragfähigkeitswerte. Zur Bewertung der Zahnflankentragfähigkeit wurden zwei Ausfallkriterien (Index P: Grübchenbildung mit Einzelzahnverschleiß $V_{EZ} > 4\,\%$, Index F: verschleißbedingte Profilformabweichungen mit $f_f > 20$ µm) herangezogen. Bei größeren Ausgangsrauhtiefen ($R_z > 3$ µm) tritt die Grübchenbildung hinter dem primär durch die Oberflächenbeschaffenheit bestimmten Verschleiß als lebensdauerbestimmendes Kriterium zurück.

Die Zahnfußtragfähigkeit gehärteter Zahnräder wird in erster Linie von der Verzahnungsgeometrie, dem Zahnradwerkstoff, der Gefügeausbildung, dem Härteverlauf sowie von der Geometrie der Zahnfußausrundung und des Zahngrundes bestimmt. Besonders die beiden letztgenannten Einflußgrößen spielen eine zentrale Rolle für die Höhe der Zahnfußbeanspruchung. Kleine Fußausrundungen haben beispielsweise wegen ihrer Kerbwirkung große Spannungsüberhöhungen zur Folge. Sie können teilweise sogar so hohe Härteeigenspannungen bewirken, daß schon am unbelasteten Zahnrad Risse im Zahnfuß entstehen. Durch die Feinbearbeitung erzeugte Bearbeitungskerben sowie Riefen im Zahngrund verursachen ebenfalls eine Erhöhung der Spannungen im Zahnfuß. Da die Zahnfußausrundung nach der Wärmebehandlung in der Regel nicht mehr nachbearbeitet wird, ist eine Randoxidation möglichst zu vermeiden, da sie zu einer erhöhten Rißempfindlichkeit in der äußeren Randschicht führt.

Desweiteren muß der Einfluß der Fertigungsgenauigkeit (d.h. von Verzahnungsabweichungen, dabei besonders von Eingriffsteilungs-, Flankenform- sowie Zahn-
richtungsfehlern) berücksichtigt werden. Durch die genannten Einflußgrößen wird
die Zahnfußtragfähigkeit z.T. erheblich gemindert.

Das Bild 2.6 zeigt die mit unterschiedlichen Methoden ermittelten Spannungsver-
teilungen im Stirnschnitt von Verzahnungen. Im Zahnfußbereich treten die maximalen Spannungen an der Oberfläche der Zahnfußausrundungen auf. Diese Hauptspan-
nungen können sowohl spannungsoptisch wie auch mit der Methode der finiten Elemente ermittelt werden. Im rechten Teil des Bildes 2.6 sind die an der Oberfläche
mit DMS-Ketten gemessenen und nach der Methode der finiten Elemente berechneten Tangentialspannungen für die Zug- und die Druckseite der Zahnfußausrundung
vergleichend gegenübergestellt. Beide Methoden liefern vergleichbare Ergebnisse.
Die maximalen Spannungen treten jeweils in der Nähe der 30°-Tangente auf. Die auf
der Rückflanke auftretenden Spannungen fallen dabei betragsmäßig größer aus,
führen aber nicht zur Schädigung in Form von Brüchen, da hier eine Druckbeanspru-
chung des Werkstoffes vorliegt.

Die in der Praxis beobachteten Schäden (Risse) gehen von dem Ort maximaler
Tangentialspannungen aus. Dies ist unter der Annahme eines eigenspannungsfreien
Ausgangszustandes etwa der 30°-Tangentenpunkt der Zahnfußausrundung. Zusätzlich eingebrachte Spannungen, wie sie zum Beispiel beim Aufschrumpfen eines
Zahnrades erzeugt werden, überlagern sich den Lastspannungen und führen im allgemeinen zu einer Verlagerung des Spannungsmaximums bzw. des Schadensaus-
gangsortes [2.16].

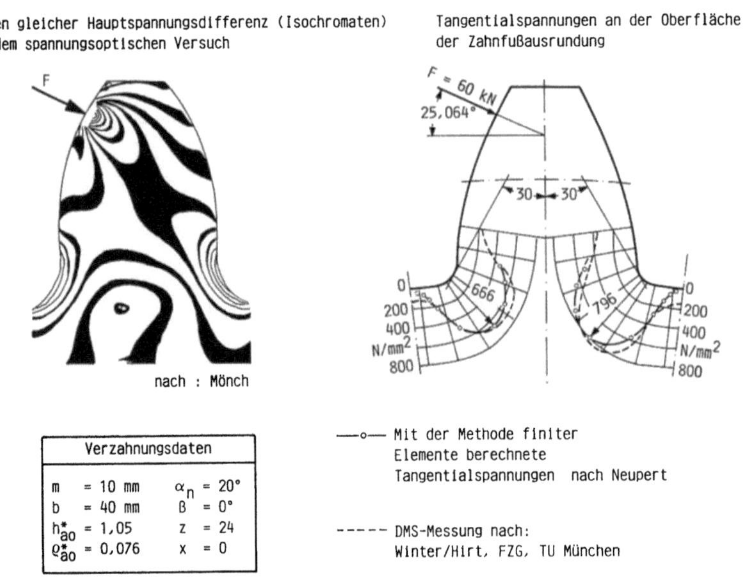

Bild 2.6. Vergleich von spannungsoptisch ermittelten, gemessenen und berechneten Lastspannungsverläu-
fen im Stirnschnitt von Verzahnungen

In der Praxis werden für die Verzahnungsauslegung bezüglich der Zahnfußfestigkeit die Biegenennspannungen berechnet, die bei Kraftangriff im äußeren Einzeleingriffspunkt in der Zahnfußausrundung entstehen. Diese werden mit experimentell ermittelten Kennwerten, beispielsweise aus den Festigkeitskennfeldern in DIN 3990 [2.67], verglichen, um so die Sicherheit gegen Zahnfußbruch beurteilen zu können. Der Einfluß der Geometrie, der Bearbeitungskerben im Zahnfuß sowie der Betriebsbedingungen wird durch entsprechende Korrekturfaktoren berücksichtigt.

Die Zahnfußfestigkeitskennwerte werden in der Praxis in Analogieversuchen mit Resonanz- oder Hydraulikpulsatoren ermittelt [2.49]. Mit diesen Prüfvorrichtungen lassen sich realitätsnahe Beanspruchungskollektive erzeugen (Bild 2.7).

Im realen Betrieb ruft die sich über den Wälzweg ändernde Belastung eine schwellende Beanspruchung des Zahnfußes hervor. Der daraus resultierende zeitliche Spannungsverlauf an der Oberfläche der Zahnfußausrundung kann mit Hilfe von DMS meßtechnisch erfaßt werden. In Bild 2.7 ist oben links eine Reihe solcher Spannungsverläufe qualitativ aufgetragen. Das über dem Wälzweg kontinuierliche Ansteigen und Abfallen der Spannung entspricht der im Dauerfestigkeitsschaubild nach Smith [2.52] definierten Biegeschwellbeanspruchung σ_{bSch} (s. Bild 2.7 rechts). Diese Schwellbeanspruchung wird im Pulsatorversuch als Biegewechselbeanspruchung mit einer vernachlässigbaren [2.49], aber zur Erzielung einer definierten Bauteilanlage notwendigen Unterspannung simuliert. Der sinusförmige Verlauf der Wechselspannung ist unten links dargestellt.

Die Überlastfestigkeit der Verzahnungen gegen Zahnfußbruch, die primär vom Werkstoff- und dessen Wärmebehandlungszustand bestimmt wird, kann mit Hilfe der Kerbschlagbiegeprüfung [2.6, 2.22] abgeschätzt werden. Hierzu können sowohl

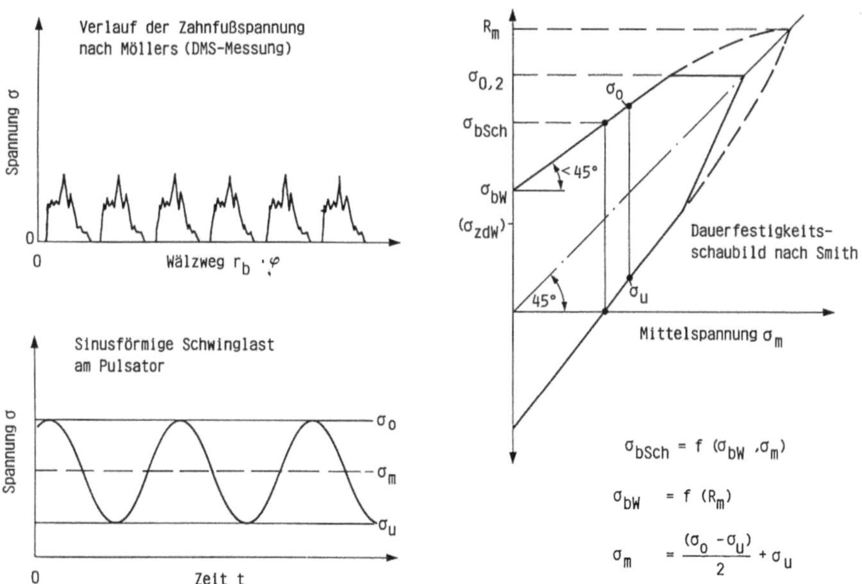

$$\sigma_{bSch} = f\ (\sigma_{bW},\sigma_m)$$
$$\sigma_{bW} = f\ (R_m)$$
$$\sigma_m = \frac{(\sigma_0 - \sigma_u)}{2} + \sigma_u$$

Bild 2.7. Spannungscharakteristik im dynamisch beanspruchten Zahnfuß

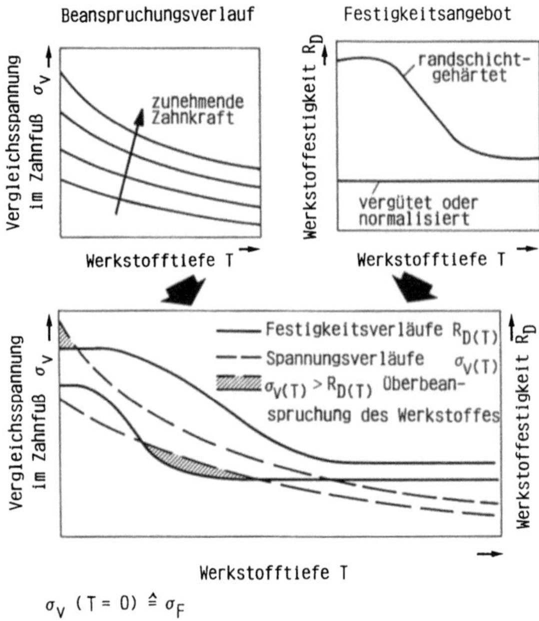

Bild 2.8. Gegenüberstellung von Werkstoffbeanspruchung und -festigkeitsangebot im Zahnfuß

die kompletten Zahnräder [2.56] als auch geeignete Analogieproben verwendet werden.

Das Bild 2.8 zeigt ein dem bereits beschriebenen Wälzbeanspruchungsmodell (Bild 2.2) äquivalentes Zahnfußbeanspruchungsmodell. Auch hier werden die Lastspannungen den Werkstoffestigkeiten gegenübergestellt. Im Bereich der Zahnfußausrundung treten die maximalen Spannungen immer an der Oberfläche auf. Jedoch ist auch hier eine Bauteilüberbeanspruchung in höheren Werkstofftiefen möglich, wie dies anhand der schraffierten Bereiche ($\sigma_{V(T)} > R_{D(T)}$) in Bild 2.8 deutlich wird. Dies ist besonders dann möglich, wenn verfahrensbedingt nur sehr geringe Einhärtetiefen erzielt werden können, wie z.B. beim Nitrieren. Bei der Einsatzhärtung sind die in Hinblick auf die Wälzbeanspruchung ausgewählten Einhärtetiefen im allgemeinen hinreichend groß und bieten bezüglich des Zahnfußfestigkeitsangebotes in höheren Werkstofftiefen sehr hohe Sicherheiten.

2.2 Einfluß von Werkstoff und Wärmebehandlung auf das Beanspruchungsverhalten gehärteter Verzahnungen

Durch eine geeignete Werkstoff- und Wärmebehandlungswahl kann die Tragfähigkeit gegenüber vergüteten Verzahnungen erheblich gesteigert werden. Im vorliegenden Abschnitt werden die mit den Randschichthärteverfahren Einsatzhärten und Nitrieren erreichbaren Tragfähigkeiten für unterschiedliche Werkstoffe und entsprechend gewählten Wärmebehandlungsbedingungen vorgestellt.

Bei der Betrachtung der erzielbaren Bauteilfestigkeiten sollten auch die verfahrensspezifischen Randbedingungen mitberücksichtigt werden. So wirkt sich beim Nitrieren die gegenüber dem Einsatzhärten relativ lange Behandlungsdauer ungünstig auf die Wärmebehandlungskosten aus. Hingegen muß beim Einsatzhärten mit einem Härteverzug gerechnet werden, so daß eine anschließende Hartbearbeitung zur Sicherstellung der erforderlichen Verzahnungsqualität notwendig sein kann. Demgegenüber tritt beim Nitrieren lediglich eine äußerst geringe Volumenvergrößerung des Bauteils ohne nennenswerten Verzug auf. Dies bedeutet, daß die Zahnräder bereits im „weichen" Zustand auf ein toleriertes Endmaß fertigbearbeitet werden können. Ein weiterer Vorteil des Nitrierens liegt in der höheren Korrosionsbeständigkeit der Bauteile.

2.2.1 Tragfähigkeitsverhalten einsatzgehärteter Verzahnungen

Aufgrund der guten Tragfähigkeitseigenschaften einsatzgehärteter Verzahnungen werden diese vorwiegend im Leistungsgetriebebau verwendet. Einsatzstähle lassen die Übertragung hoher Momente bei relativ geringen Bauteilabmessungen zu.

Häufig kommen als Einsatzstähle die Werkstoffe 16 MnCr 5 und 17 CrNiMo 6 zur Anwendung; aber auch Werkstoffe mit einem höheren Nickelanteil finden Eingang in den Großgetriebebau. Hier ist der 18 NiCrMo 14 zu nennen. Je nach Wärmebehandlung liegen bei diesen Werkstoffen unterschiedliche Gefügestrukturen vor, welche sich auf die Tragfähigkeiten auswirken können [2.47, 2.48].

Um den Einfluß des verwendeten Werkstoffes, der Wärmebehandlung und des dabei erzeugten Gefüges beurteilen zu können, wurden die in Tabelle 2.1 abgebildeten Varianten hinsichtlich ihrer Werkstoffstruktur und der daraus resultierenden Tragfähigkeitseigenschaften untersucht [2.63].

Die Bauteilgeometrie, die Qualität der Räder und die Prüfbedingungen wurden dabei weitgehend konstant gehalten. Alle Räder einer Werkstoffgruppe wurden aus der gleichen Charge gefertigt. Die prinzipiellen Zeitverläufe bei der Wärmebehandlung der jeweiligen Varianten sind Bild 2.9 zu entnehmen. Die genaue Wahl der Zeit-Temperatur-Verläufe erfolgte entsprechend der jeweiligen Legierungszusammensetzung der Werkstoffe. Die einzelnen Wärmebehandlungsschritte wurden hinsichtlich eines möglichst guten Bauteilausgangszustandes, das heißt z. B. möglichst geringer Verzug, Vermeidung von Grobkornbildung etc., gewählt [2.66, 2.46].

Alle hier beschriebenen Varianten wurden jeweils in einer Ofenfahrt in einem über eine Sauerstoffsonde gesteuerten Mehrzweckkammerofen wärmebehandelt. Die Aufkohlung erfolgte unter Gasatmosphäre in zwei Stufen. Alle Räder wurden in Öl (60 °C) abgeschreckt und anschließend angelassen.

Tabelle 2.1. Einsatzgehärtete Verzahnungsvarianten : Variation von Werkstoff und Gefüge

Variante	Bezeichnung	Werkstoff			Wärmebehandlung	C_R [%]
		16 MnCr 5	17 CrNiMo 6	18 NiCrMo 14		
1	techn. reiner Martensit	X	X	X	Einfachhärtung	~ 0,6
2	Restaustenit+ Martensit	X	X	X	Direkthärtung nach Absenken auf Härtetemperatur	~ 0,9
3	Tiefkühlbe-handlung	X	X	X	Direkthärtung u. Tiefkühlbehand-lung	~ 0,9
4	techn. reiner Martensit	X			Doppelhärtung m. Zwischenglühen	~ 0,9

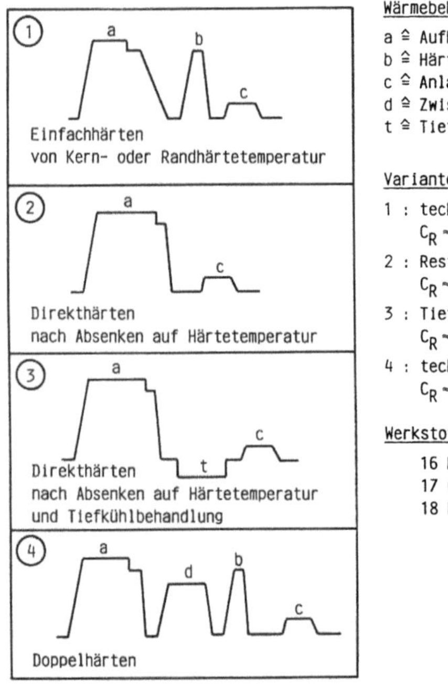

Bild 2.9. Wärmebehandlung der einsatzgehärteten Verzahnungsvarianten in Anlehnung an [2.69, 2.70]

Die Varianten 1 und 4 weisen ein technisch rein martensitisches Gefüge auf. Dieses Gefüge konnte in Verbindung mit dem höheren Randkohlenstoffgehalt nur bei dem Werkstoff 16 MnCr 5 erzielt werden (Variante 4). Zur Erzeugung eines hohen Restaustenitanteils wurde die Variante 2 direkt von der Randhärtetemperatur abgeschreckt. Diese Wärmebehandlung ist aufgrund der kürzeren Ofenzeiten relativ kostengünstig. Zur Reduzierung des hohen Restaustenitanteils wurde die auf gleiche Weise erzeugte Variante 3 vor dem Anlassen sechs Stunden lang bei –70 °C tiefgekühlt.

Nach der Wärmebehandlung wurden die Flanken der Räder geschliffen (Maag-0-Grad-Verfahren) und wiesen eine Ausgangsrauhtiefe von $R_z = 2 - 3$ µm auf. Weitere Informationen über die Werkstoffzusammensetzung sowie über die Bauteilgeometrie sind in [2.37] enthalten.

2.2.1.1 Werkstoffzustand der einsatzgehärteten Verzahnungen

Nachfolgend werden die mit der jeweiligen Wärmebehandlung erzeugten Werkstoffstrukturen der Varianten entsprechend Tabelle 2.1 beschrieben. Die Charakterisierung der Werkstoffstruktur erfolgt über konventionelle Härtemessungen, geätzte Querschliffe sowie über die Bestimmung des Kohlenstoffverlaufs und der röntgenographisch ermittelten Restaustenitgehalte.

Werkstoffstrukturen der Einsatzstähle

Die Bilder 2.10 bis 2.12 zeigen Gefügeschliffe, Härte- und Kohlenstoffverläufe für die einzelnen Varianten der drei Einsatzstähle 16 MnCr 5 E, 17 CrNiMo 6 E und 18 NiCrMo 14 E. Die Einhärtetiefe Eht_{550} beträgt bei allen Varianten 1,4 –1,5 mm.

– In den Gefügebildern ist deutlich der unterschiedlich hohe Restaustenitgehalt zu erkennen. Die Varianten 1, 3 und 4 zeigen ein martensitisches Gefüge mit geringen Anteilen von Restaustenit. Bei der Variante 1 mit einem Randkohlenstoffgehalt von $C_R = 0,6$ % C stellen sich Randhärten zwischen 730 HV 1 für den Stahl 18 NiCrMo 14 E und ca. 780 HV 1 für die Stähle 16 MnCr 5 E und 17 CrNiMo 6 E ein.

– Die Variante 2 zeigt für den jeweiligen Werkstoff die höchsten Restaustenitanteile und – damit verbunden – die geringsten Härtewerte. Die zusätzliche Tiefkühlbehandlung der Variante 3 bewirkt eine Reduzierung des Restaustenitanteils gegenüber der Variante 2, wie die Gefügebilder deutlich dokumentieren. Diese Restaustenitumwandlung bewirkt ein Ansteigen der Randhärten, die jetzt ungefähr denen der Variante 1 „technisch reiner Martensit" entsprechen.

– Aufgrund des höheren Legierungselementgehaltes zeigt der Stahl 18 NiCrMo 14 E die höchsten Restaustenitanteile, woraus die niedrigsten Randhärten für die jeweilige Wärmebehandlungsvariante resultieren. Die Erhöhung des Randkohlenstoffgehaltes auf $C_R \approx 0,9$ % C bei der technisch reinen martensitischen Variante 4 für den Werkstoff 16 MnCr 5 E bewirkt eine geringfügige Zunahme des Restaustenitgehaltes und dadurch bedingt ein Absinken der Randhärte gegenüber der Variante 1 ($C_R \approx 0,6$ % C).

Röntgenographisch ermittelte Restaustenitanteile

Zur genauen Ermittlung der Restaustenitanteile der untersuchten Varianten wurden röntgenographisch quantitative Phasenanalysen durchgeführt [2.3]. Alle Zahnräder wurden nach dem Fertigschleifen (Schleifaufmaß $\approx$ 0,3 mm) vermessen, so daß die für den Randabstand T = 0 mm angegebenen Werte den Restaustenitanteil an der

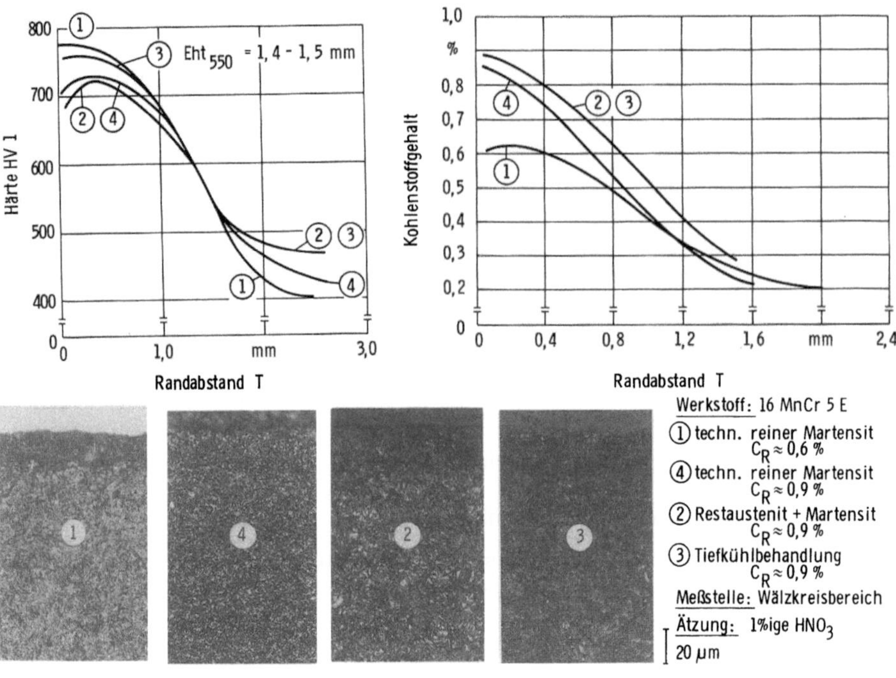

Bild 2.10. Beispielhafte Werkstoffstrukturen des Einsatzstahles 16 MnCr 5 E

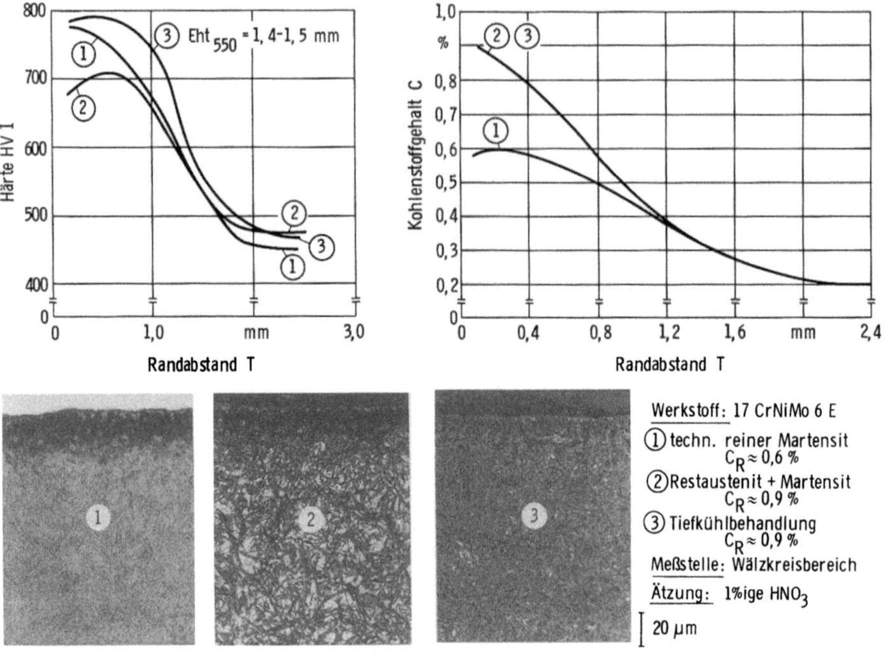

Bild 2.11. Beispielhafte Werkstoffstrukturen des Einsatzstahles 17 CrNiMo 6 E

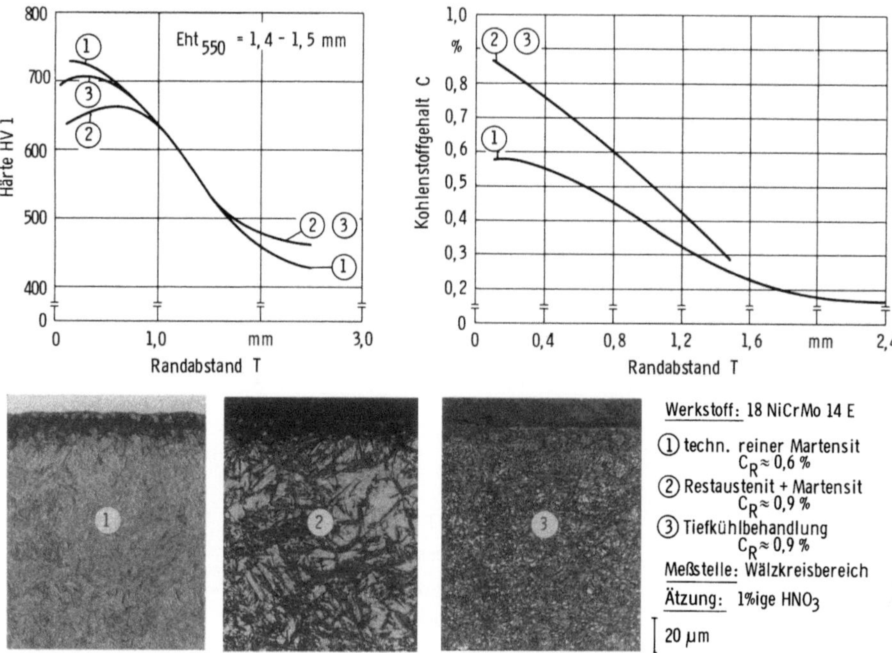

Bild 2.12. Beispielhafte Werkstoffstrukturen des Einsatzstahles 18 NiCrMo 14 E

geschliffenen Oberfläche – gemittelt über die Eindringtiefe des Röntgenstrahls von ca. 13 µm – repräsentieren. Die Ergebnisse der röntgenographischen Untersuchungen sind in den Bildern 2.13 bis 2.15 dokumentiert. Diese Messungen bestätigen die anhand der Gefügeschliffe getroffenen Aussagen.

Die geringsten Gehalte von 10 bis 18 % Restaustenit wurden jeweils bei den Varianten 3 „Tiefkühlbehandlung", die höchsten Anteile von 30 bis 50 % Restaustenit bei den Varianten 2 „Restaustenit + Martensit" festgestellt. Die Restaustenitgehalte der Variante 1 „technisch reiner Martensit" liegen zwischen 15 und 20 %, die der Variante 4 bei 23 % Restaustenit. Die niedrigsten Werte für die jeweilige Wärmebehandlungsvariante zeigt dabei der Werkstoff 16 MnCr 5 E. Der Cr-Ni-haltige Werkstoff 17 CrNiMo 6 E (1,5 % Ni) und der Werkstoff 18 NiCrMo 14 E (3,45 % Ni) zeigen mit zunehmendem Nickelanteil höhere Restaustenitgehalte.

2.2.1.2 Zahnfußtragfähigkeiten einsatzgehärteter Verzahnungen

Die im vorangegangenen Abschnitt beschriebenen Varianten sind in Pulsatorversuchen auf ihre Zahnfußtragfähigkeit untersucht worden. Bild 2.16 zeigt die Zahnfußdauerfestigkeiten für die Zylinderräder aus dem Werkstoff 16 MnCr 5 E in Abhängigkeit von dem bei der Wärmebehandlung erzielten Gefüge. Hohe Dauerfestigkeitswerte werden bei den „technisch rein martensitischen" Varianten 1 und 4 festgestellt, wobei die Variante 4 mit dem höheren Randkohlenstoffgehalt von

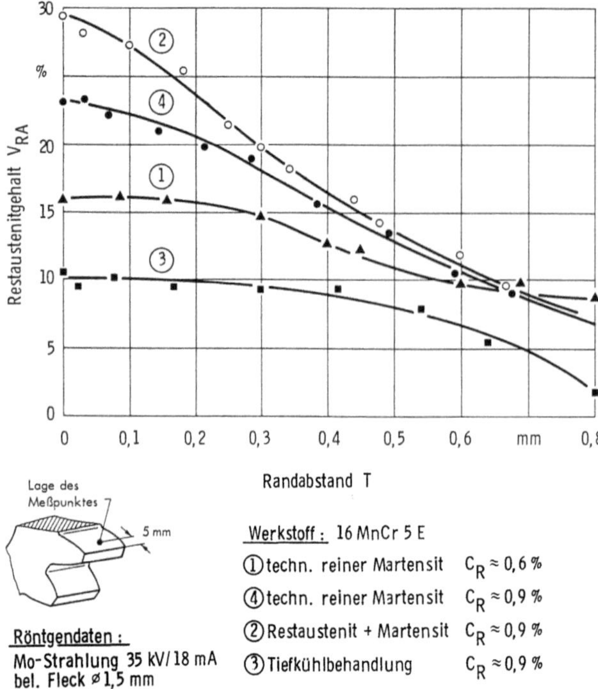

Bild 2.13. Restaustenitgehalte der Wärmebehandlungsvarianten des Einsatzstahles 16 MnCr 5 E

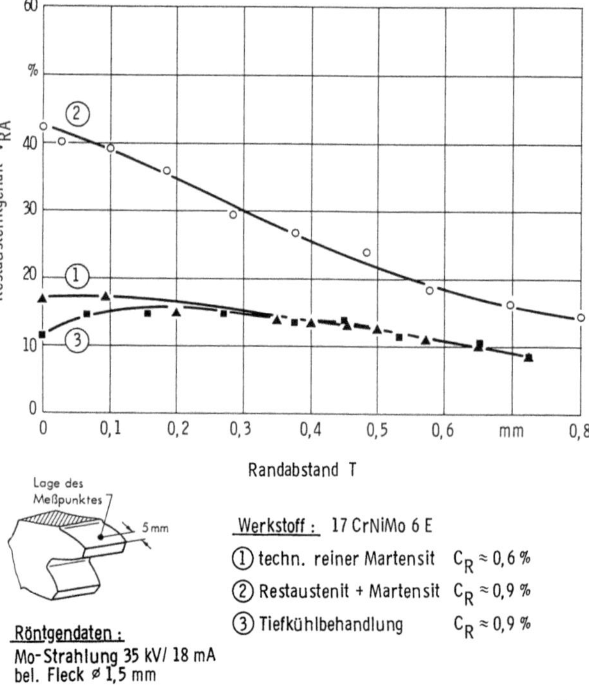

Bild 2.14. Restaustenitgehalte der Wärmebehandlungsvarianten des Einsatzstahles 17 CrNiMo 6 E

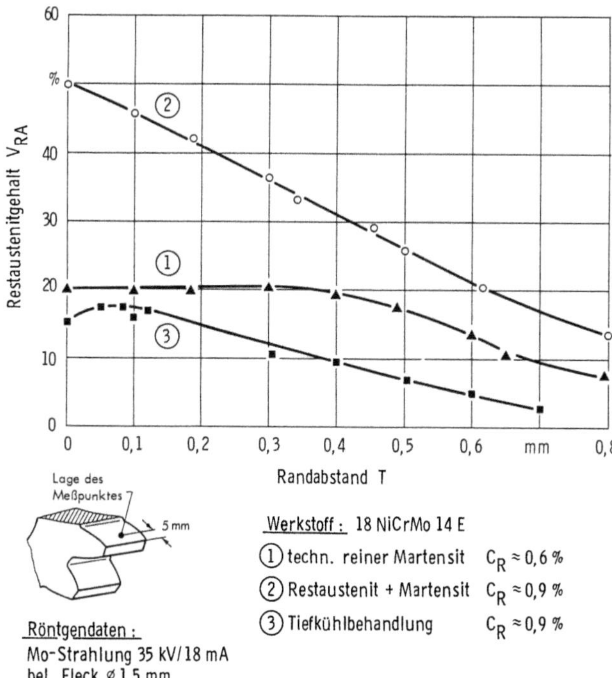

Bild 2.15. Restaustenitgehalte der Wärmebehandlungsvarianten des Einsatzstahles 18 NiCrMo 14 E

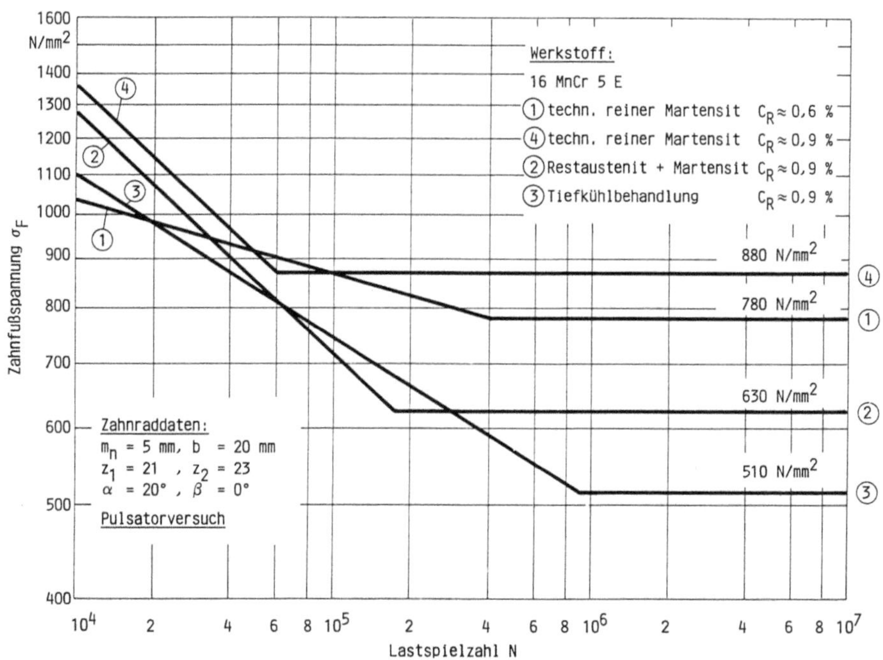

Bild 2.16. Zahnfußtragfähigkeit einsatzgehärteter Zylinderräder aus 16 MnCr 5 (50 % Ausfallwahrscheinlichkeit)

$C_R \approx 0,9\ \%$ C die höchste Zahnfußdauerfestigkeit aufweist. Die Dauerfestigkeit der stark restaustenithaltigen Variante 2 fällt demgegenüber deutlich niedriger aus.

Bei der Tiefkühlbehandlung werden trotz des geringsten Restaustenitgehaltes die schlechtesten Zahnfußtragfähigkeiten festgestellt. Zur Klärung dieser Tatsache können röntgenographische Eigenspannungsmessungen in der Martensit- und der Austenitphase herangezogen werden [2.14]. Im linken Teil von Bild 2.17 sind exemplarisch für den Werkstoff 16 MnCr 5 E die Ergebnisse der Eigenspannungsmessungen in der Martensitphase dargestellt. Hier zeigen sich für alle drei Gefügevarianten über dem gesamten Tiefenbereich deutliche Druckeigenspannungen. Im rechten Bildteil sind die Ergebnisse der Eigenspannungsmessungen in der Austenitphase wiedergegeben. Man erkennt hier bei der Variante 2 „Restaustenit + Martensit" bis zu einem Tiefenbereich von ca. 100 μm Zugeigenspannungen, dann geringe Druckeigenspannungen. Bei der tiefgekühlten Variante 3 sind die Eigenspannungen demgegenüber nahezu über den gesamten Tiefenbereich in Richtung „Zug" verschoben. Dies bedeutet, daß hier nach der Wärmebehandlung ein inhomogener Eigenspannungszustand zwischen Martensit- und Austenitphase vorliegt. Dieser Zustand ist der Grund dafür, daß bei dem durch Tiefkühlbehandlung erzeugten Gefüge eine signifikante Tragfähigkeitsabsenkung trotz geringer Restaustenitanteile vorliegt.

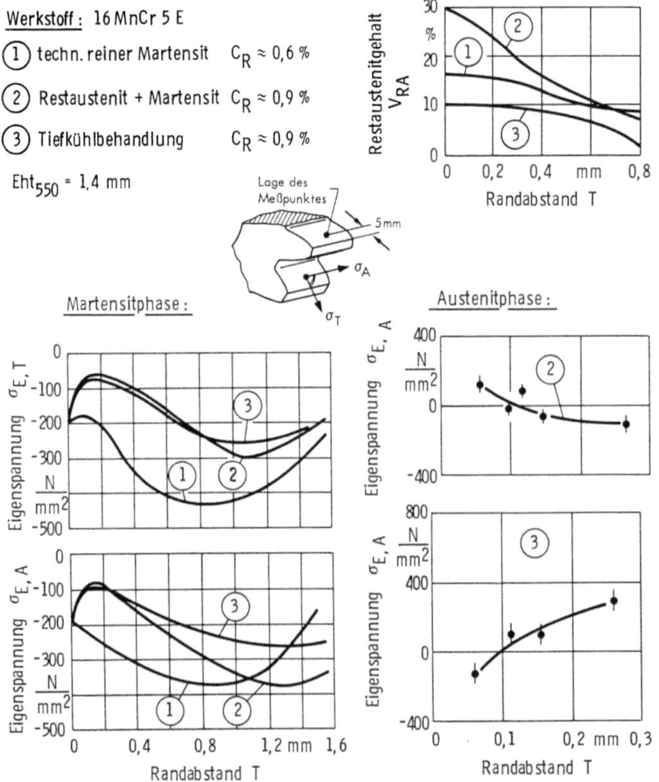

Bild 2.17. Vergleich der Eigenspannungszustände in der Martensit- und der Austenitphase für den Werkstoff 16 MnCr 5 E

Im Zeitfestigkeitsgebiet zeigen, wie aus Bild 2.16 ersichtlich, die tiefkühlbehandelte Variante 3 und besonders die Variante 1 „technisch reiner Martensit, $C_R = 0,6\ \%$ C" gegenüber den beiden anderen Varianten ein ungünstigeres Verhalten, d. h. sie sind empfindlicher gegenüber Überlastungen. Tendenziell ähnliches Verhalten in Bezug auf die Dauer- und Zeitfestigkeit zeigen auch die Werkstoffe 17 CrNi Mo 6 E und 18 NiCrMo 14 E, wie anhand der Bilder 2.18 und 2.19 deutlich wird.

2.2.1.3 Zahnflankentragfähigkeiten einsatzgehärteter Verzahnungen

Zur Ermittlung der Zahnflankentragfähigkeit werden Laufversuche auf Verspannungsprüfständen üblicher Bauart durchgeführt. An den untersuchten Versuchsverzahnungen treten in erster Linie die Schadensbilder Graufleckigkeit und Grübchenbildung auf [2.37]. Beide sind auf eine Überbeanspruchung des Werkstoffes in der Randschicht zurückzuführen. Wesentliche Einflußgrößen für die Zahnflankentragfähigkeit sind neben dem Werkstoff und seinem Gefügezustand die vorliegenden tribologischen Bedingungen (Schmierstoff, Oberflächentopographie, Gleitverhältnisse) [2.4, 2.37, 2.62, 2.65]. Die Bildung von Graufleckigkeit zeigt sich in Form von Mikrorissen in der Oberfläche, die sich zu kleineren Werkstoffausbrüchen steigern können. Verbunden damit ist eine Veränderung der Rauheitskenngrößen schon nach den ersten Lastwechseln. Dies deutet auf einen verschleißartigen Schaden hin.

In der Mitte von Bild 2.20 ist die Aufnahme einer graufleckigen Zahnflanke, wie sie für die vorliegenden Beanspruchungsbedingungen an einsatzgehärteten und ölabgeschreckten Verzahnungen typisch ist, gezeigt.

Deutlich erkennbar ist die grau erscheinende Zone unterhalb des Wälzkreises. Dieser Effekt entsteht durch diffuse Lichtbrechung an den winzigen Ausbrüchen, die sich an den horizontal verlaufenden Schleifriefen orientieren (linker Bildteil). Zum Totalausfall der Verzahnungen kommt es durch die klassische Grübchenbildung, die im rechten Teil des Bildes 2.20 zu erkennen ist.

Bild 2.21 zeigt Querschliffe aus dem negativen Schlupfgebiet einer treibenden Zahnflanke. In den oberen Bildern ist der Materialausbruch, der sich bis in eine Tiefe von ca. 200 µm erstreckt, deutlich sichtbar. In dem Querschliff unten rechts ist das Gebiet vor dem Grübchen gezeigt. Hier treten Mikrorisse in einem Abstand von 20 bis 30 µm auf. Neben der beschriebenen Schädigung der Zahnflanken durch Mikrorisse, Ausbröckelungen und Grübchen (Pittings) tritt in Folge der Graufleckigkeit ein weiterer Schaden an den Zahnflanken auf. Im Gebiet der Graufleckigkeit kommt es durch wiederholte Wälzbeanspruchung zu Auskolkungen der Zahnflanke, was sich insbesondere am treibenden Rad im Gebiet unterhalb des Wälzkreises (negativer Schlupf) bemerkbar macht. Diese Auskolkungen führen zu einer Flankenformabweichung, wie sie in Bild 2.22 gezeigt ist. Diese Formfehler wirken sich wiederum negativ auf das Laufverhalten aus. Auch aus der Praxis ist eine ungünstige Beeinflussung des Tragfähigkeits- und Geräuschverhaltens durch Flankenformveränderungen bekannt.

Für die bereits in Abschnitt 2.2.1 beschriebenen Varianten werden im folgenden die Ergebnisse der Zahnflankentragfähigkeitsuntersuchungen vorgestellt.

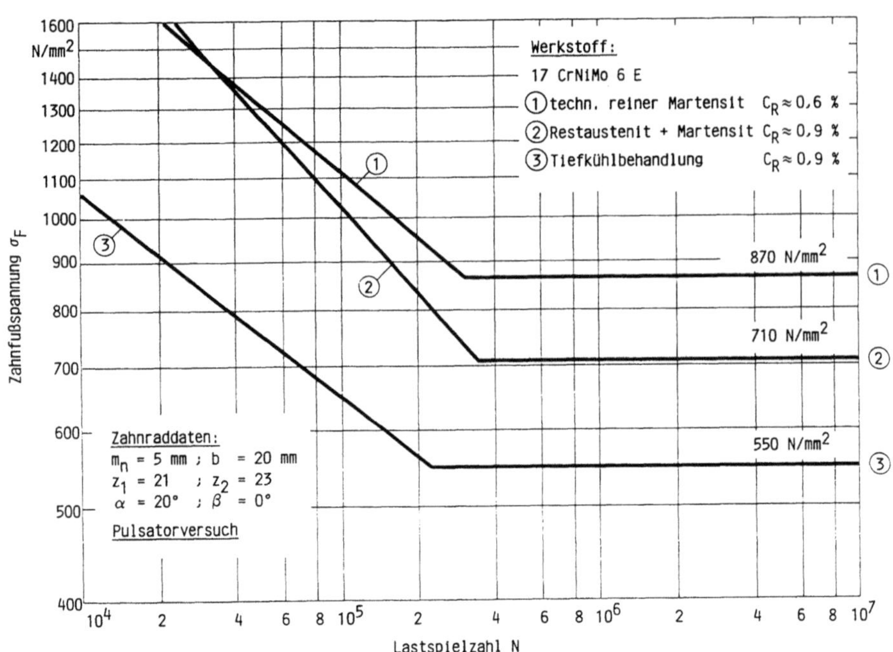

Bild 2.18. Zahnfußtragfähigkeiten einsatzgehärteter Zylinderräder aus 17 CrNiMo 6 (50 % Ausfallwahr scheinlichkeit)

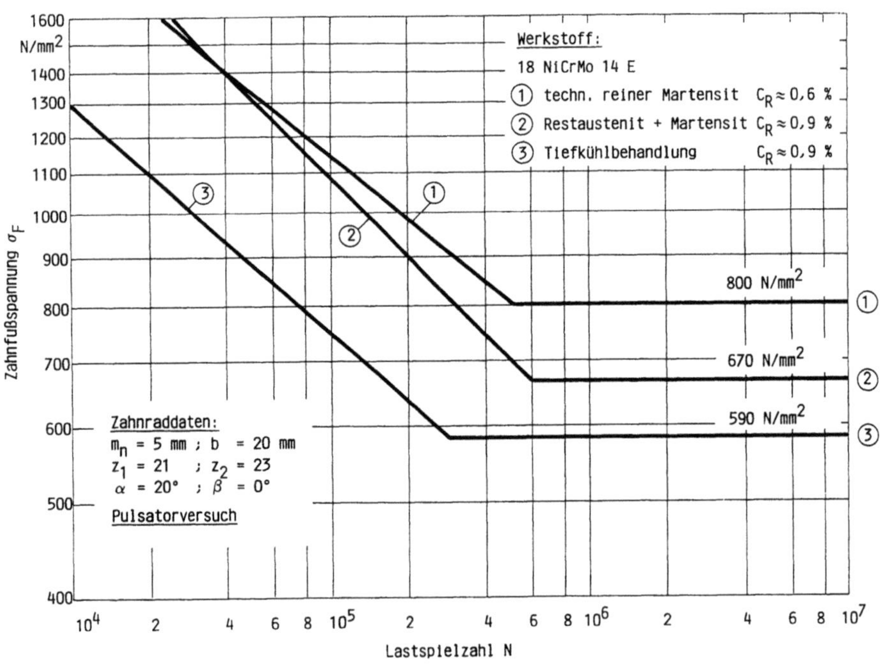

Bild 2.19. Zahnfußtragfähigkeit einsatzgehärteter Zylinderräder aus 18 NiCrMo 14 (50 % Ausfallwahr-scheinlichkeit)

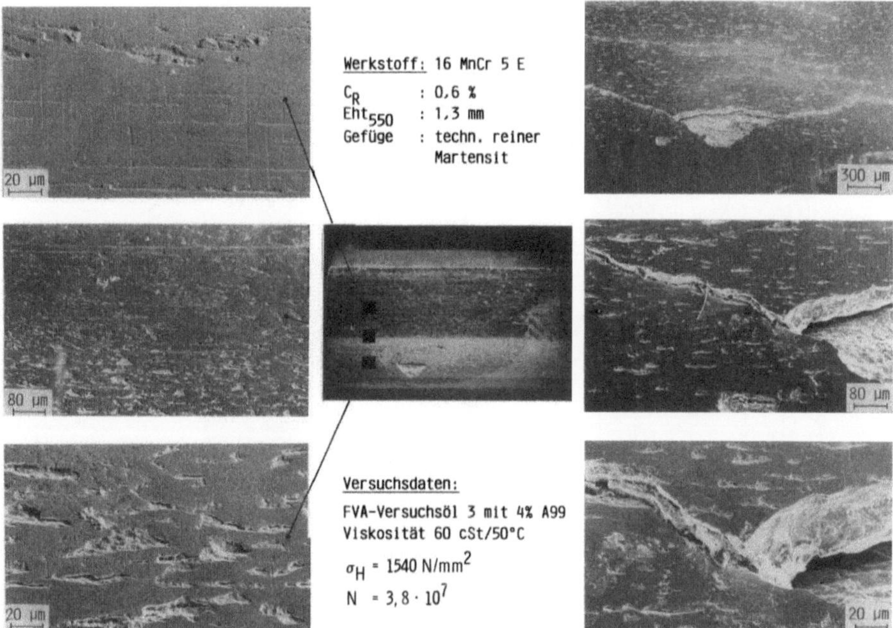

Bild 2.20. Oberflächenermüdung infolge von Wälzbeanspruchung

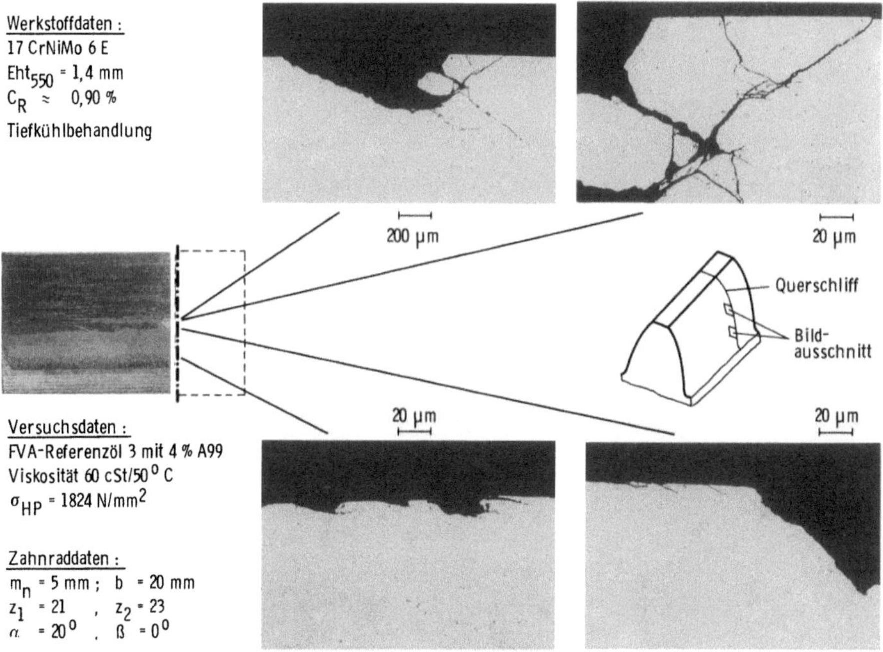

Bild 2.21. Rißverläufe in der Randschicht

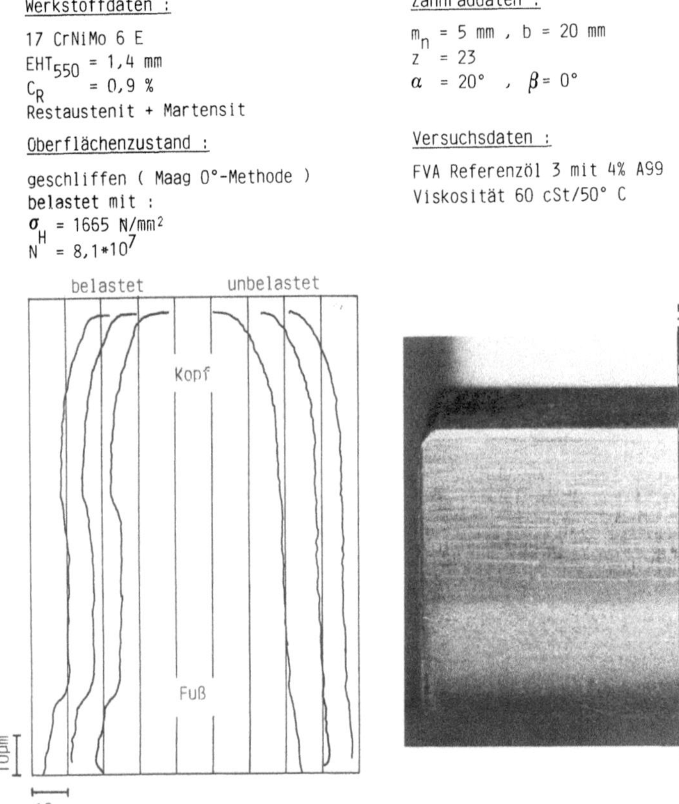

Bild 2.22. Flankenformfehler in Folge von Graufleckigkeit

Die Zahnflankentragfähigkeiten wurden auf Verspannungsprüfständen üblicher Bauart mit einem Achsabstand von a = 112,5 mm ermittelt. Die Belegung mit mindestens 16 Punkten und die Auswertung erfolgten nach [2.15]. Als Ausfallkriterium wurde Grübchenbildung mit 4 % Einzelzahnverschleiß bzw. 1 % Gesamtverschleiß des Rades gewertet. Es sei im Zusammenhang mit der Ermittlung der Zahnflankentragfähigkeit darauf hingewiesen, daß bei der gewählten Geometrie der Räder einige Varianten zur notwendigen Erhöhung der Zahnfußfestigkeit in der Zahnfußausrundung kugelgestrahlt werden mußten. Der Kugelstrahlprozeß wurde vor der Schleifbehandlung der mit Protuberanz (Schleifaufmaß = Protuberanz) gefrästen Zahnräder durchgeführt, so daß eine Beeinflussung des Gefüges im Flankenbereich durch das Kugelstrahlen auszuschließen ist.

Bild 2.23 zeigt die Zahnflankentragfähigkeiten für den Werkstoff 16 MnCr 5 E. Die Variante 1 mit dem niedrigeren Randkohlenstoffgehalt besitzt die geringste Dauerfestigkeit. Die anderen Gefügezustände beeinflussen die Flankenfestigkeit nur geringfügig.

Im Zeitfestigkeitsgebiet erreichen die beiden Varianten 1 und 4 – „technisch reiner Martensit" – die höchsten Überlastbarkeiten. Die Varianten 2 und 3 besitzen

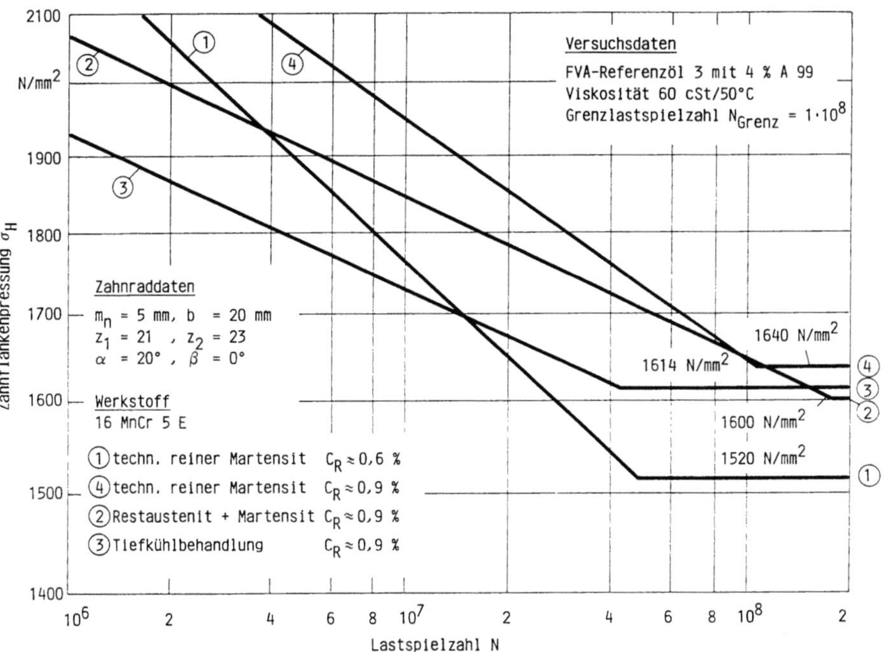

Bild 2.23. Zahnflankentragfähigkeit einsatzgehärteter Zylinderräder aus 16 MnCr 5 (50 % Ausfallwahrscheinlichkeit)

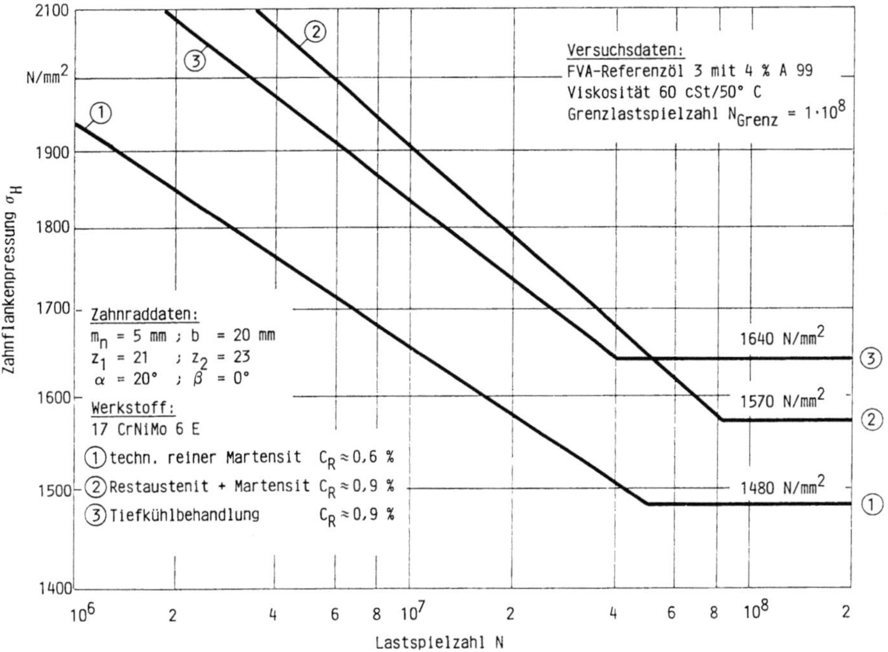

Bild 2.24. Zahnflankentragfähigkeit einsatzgehärteter Zylinderräder aus 17 CrNiMo 6 E (50 % Ausfallwahrscheinlichkeit)

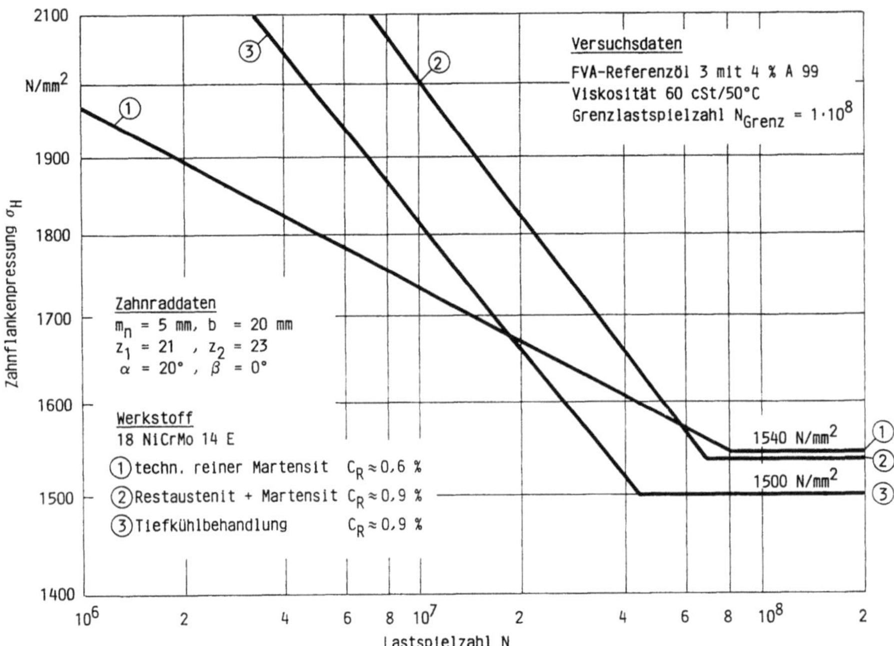

Bild 2.25. Zahnflankentragfähigkeit einsatzgehärteter Zylinderräder aus 18 NiCrMo 14 E (50 % Ausfallwahrscheinlichkeit)

zwar die gleiche Steigung, jedoch liegt die Variante 3 – „Tiefkühlbehandlung" – im Niveau deutlich tiefer.

Bei den Varianten aus dem Stahl 17 CrNiMo 6 E (Bild 2.24) sind bei vergleichbaren Dauerfestigkeiten die Unterschiede zwischen den drei Varianten ausgeprägter als beim 16 MnCr 5 E. Auch hier besitzt die Variante 1 mit $C_R \approx 0,6$ % C die niedrigste Dauerfestigkeit. Bei den tiefgekühlten Zahnrädern (Variante 3) konnte die höchste Dauerfestigkeit beobachtet werden. Alle drei Varianten haben im Zeitfestigkeitsgebiet nahezu die gleiche Steigung in der Wöhlerlinie. Die Variante „technisch reiner Martensit" zeigt aufgrund des niedrigen Niveaus eine etwas schlechtere Überlastbarkeit.

Für den Werkstoff 18 NiCrMo 14 E zeigen die drei untersuchten Varianten kaum Unterschiede in der Dauerfestigkeit (Bild 2.25). Die Varianten 2 und 3 weisen gegenüber den entsprechenden Varianten der beiden anderen Werkstoffe niedrigere Tragfähigkeiten auf. Dies kann auf die geringere Randhärte dieser Varianten zurückgeführt werden.

Im Zeitfestigkeitsbereich zeigen die Varianten aus dem Werkstoff 18 NiCrMo 14 E im Vergleich mit den beiden anderen Stählen für die Varianten 2 und 3 das jeweils beste Verhalten. Bei den stark restaustenithaltigen Zahnrädern (Variante 2) liegt die bei σ_H = 1900 N/mm² erreichte Lastspielzahl bei etwa 1,6·10⁷. Die entsprechende Variante des 17 CrNiMo 6 E liegt etwa 30 % und die des 16 MnCr 5 E um ca. 60 % darunter. Auch bei dem Werkstoff 18 NiCrMo 14 E zeigt die Variante 1 „technisch reiner Martensit" eine deutliche Verringerung der Tragfähigkeit im Zeitfestigkeitsbereich.

2.2.1.4 Vergleich unterschiedlicher Werkstoffe und Gefügestrukturen einsatzgehärteter Verzahnungen bezüglich Zahnflanken- und Zahnfußdauerfestigkeit

Bild 2.26 zeigt in einer Gegenüberstellung die ermittelten Zahnfußdauerfestigkeiten für die unterschiedlichen Werkstoffe und Gefügezusammensetzungen. Dabei läßt sich eine Bewertung aufgrund des jeweils vorliegenden Gefüges vornehmen.

Für alle Werkstoffe fielen die Dauerfestigkeiten der Varianten 3 „Tiefkühlbehandlung" am niedrigsten aus. Die Varianten 2 „Restaustenit + Martensit" liegen im mittleren Bereich der gezeigten Dauerfestigkeiten; die Varianten 1 und 4 „technisch reiner Martensit" erreichen die höchsten Werte.

Die Cr-Ni-haltigen Werkstoffe weisen dabei gegenüber dem 16 MnCr 5 E etwas höhere Dauerfestigkeiten für die jeweiligen Wärmebehandlungsvarianten auf. Bei dem Werkstoff 16 MnCr 5 E und der Variante 4 „technisch reiner Martensit" wurde eine deutliche Anhebung der Zahnfußdauerfestigkeit durch die Erhöhung des Randkohlenstoffgehaltes von $C_R \approx 0,6$ % C (Variante 1) auf $C_R \approx 0,9$ % C erreicht.

Der Vergleich der technisch rein martensitischen und der restaustenithaltigen Varianten ergibt, daß sich ein höherer Restaustenitanteil für den jeweiligen Werkstoff negativ auf die Zahnfußtragfähigkeit auswirkt. Bei der Tiefkühlbehandlung werden trotz des geringsten Restaustenitgehaltes deutlich schlechtere Zahnfußtragfähigkeiten erzielt.

Zusammenfassend gilt für die hier aufgeführten Versuchsergebnisse, daß in Bezug auf eine gute Zahnfußtragfähigkeit bei allen drei beschriebenen Werkstoffen ein technisch rein martensitisches Gefüge vorteilhaft ist. Die direkte Abschreckung in Öl von der Härtetemperatur und ein damit verbundener höherer Restaustenitgehalt

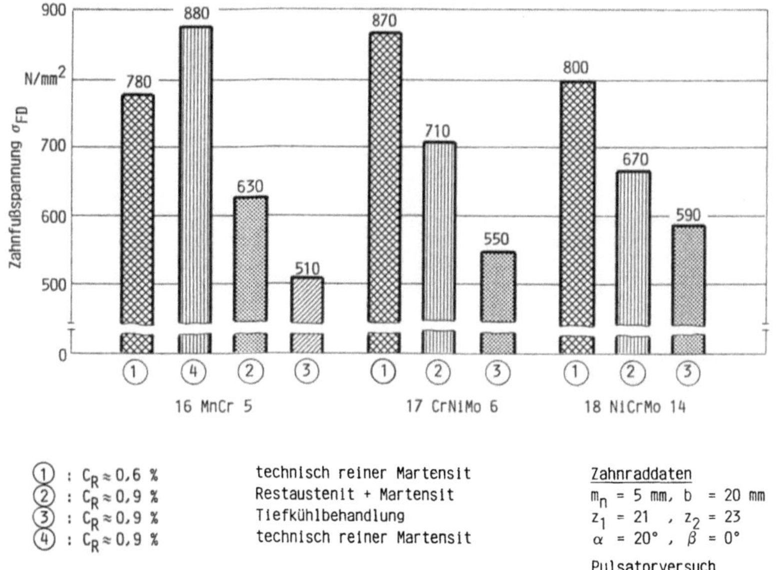

Bild 2.26. Gegenüberstellung der Zahnfußtragfähigkeiten für unterschiedliche Werkstoffe und Gefügestrukturen

führte zu einer Verschlechterung der Zahnfußfestigkeit. Die anschließende Reduzierung des Restaustenitanteils durch eine Tiefkühlbehandlung verursacht eine weitere Tragfähigkeitsminderung.

Eine vergleichende Darstellung der erreichten Zahnflankendauerfestigkeiten gibt Bild 2.27 wieder. Im allgemeinen hat die Erhöhung des Randkohlenstoffgehaltes von $C_R \approx 0{,}6$ % C auf $C_R \approx 0{,}9$ % C positive Auswirkungen auf die Dauerwälzfestigkeit, wobei sich der Werkstoff 18 NiCrMo 14 E indifferent verhält. Im Zeitfestigkeitsgebiet hat der höhere Randkohlenstoffgehalt in der Regel ebenfalls eine Verbesserung der Überlastbarkeit zur Folge.

Die Tiefkühlbehandlung (Variante 3), zur weiteren Austenitumwandlung in die Wärmebehandlung eingefügt, erbrachte gegenüber der restaustenithaltigen Variante 2 kaum Verbesserungen. Die guten Zahnflankentragfähigkeitskennwerte der stark restaustenithaltigen Variante 2 können unter den vorliegenden Bedingungen auf die hohe Verfestigungsfähigkeit des Austenits bei mechanischer Beanspruchung zurückgeführt werden [2.48]. Eine Steigerung der Dauerwälzfestigkeit durch die Verwendung der höher legierten Werkstoffe 17 CrNiMo 6 E und 18 NiCrMo 14 E gegenüber dem 16 MnCr 5 E konnte bei den vorliegenden Untersuchungen nicht festgestellt werden.

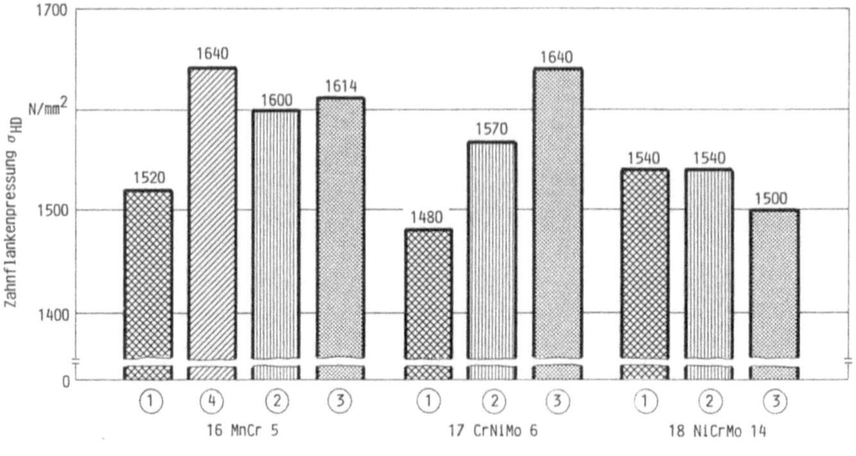

Bild 2.27. Vergleich der Zahnflankendauerfestigkeiten für unterschiedliche Werkstoffe und Gefügestrukturen

2.2.2 Tragfähigkeitsverhalten nitrierter Verzahnungen

Der Härte- bzw. Festigkeitsgewinn eines nitrierten Werkstoffes wird durch Dispersionshärtung erreicht. Eine Festigkeitssteigerung ergibt sich primär durch das Anreichern der Werkstoffrandschichten mit Stickstoff, weiter durch die folgende Stickstoffdiffusion sowie der, je nach Legierungszusammensetzung, unterschiedlichen Bildung und Ausscheidung von Eisen- und Sondernitriden [2.23, 2.45, 2.64].

Die heute bekannten Nitrierprozesse: Gasnitrieren, Badnitrieren, Plasmanitrieren und Pulvernitrieren unterscheiden sich hauptsächlich in der Art der Stickstoffaufbereitung und -bereitstellung [2.8, 2.18, 2.39, 2.40]. Gas- und Plasmanitrieren nehmen unter den bekannten Varianten eine Sonderstellung ein, da nur hier kohlenstofffrei nitriert werden kann. Beim Bad- und Pulvernitrieren weisen die Werkstücke durch die Zusammensetzung des stickstoff- und kohlenstoffabgebenden Mediums auch immer einen zusätzlichen Anteil von eindiffundiertem Kohlenstoff auf. Im folgenden werden die reinen Nitrierverfahren wie das Gas- und Plasmanitrieren behandelt, da sie keine Beeinflussung des Randgefüges durch Aufkohlung aufweisen.

Beim Gasnitrieren wird der benötigte aktive Stickstoff mit Ammoniak NH_3 als Trägergas in die katalytisch wirkenden Oberflächen oberhalb 450 °C eindiffundiert [2.2, 2.12, 2.17, 2.20, 2.38]. Der freie, atomare Stickstoff lagert sich durch Adsorption an den metallischen Oberflächen ab und diffundiert infolge des sich einstellenden Konzentrationsgefälles in das Wirtsgefüge ein.

Kennzeichnend für das Plasmanitrieren ist die Bereitstellung freier Stickstoffionen [2.9, 2.20, 2.43, 2.55]. Das den Vakuumofen durchströmende Gasgemisch wird ionisiert, wodurch Stickstoffionen in Richtung des Werkstückes beschleunigt werden. Sie verbinden sich mit dem beim Aufprall auf der Oberfläche „zerstäubenden" Eisen z. B. zu FeN und lagern sich an der Materialaußenfläche an. Infolge des Stickstoffgradienten an der Werkstückrandzone beginnt die eigentliche Stickstoffdiffusion. Die Variation der Verfahrensparameter gestattet es, unterschiedliche Eisen-Stickstoff-Verbindungsschichten (FeN, Fe_2-$3N$, Fe_4N) und unterschiedliche Stickstoffkonzentrationsverläufe im Material gezielt zu erzeugen.

2.2.2.1 Werkstoffzustand der nitrierten Verzahnungen

Zur Ermittlung des Verfahrenseinflusses auf die Zahnfuß- und Zahnflankentragfähigkeit wurden eine Reihe von Verzahnungen aus verschiedenen Werkstoffen gas- bzw. plasmanitriert. Tabelle 2.2 gibt einen Überblick über die hier untersuchten, gebräuchlichen Nitrierstähle mit ihren wesentlichen Nitrierdaten.

Die je nach Werkstoff gleichartig gas- oder plasmanitrierten Varianten entstammen einer Werkstoffcharge. Unterschiede in der Kernhärte gleicher Werkstoffchargen sind bedingt durch unterschiedliche Vergütungszustände vor dem Nitrieren.

Die beiden letzten Spalten der Tabelle 2.2 und die Legende im unteren Teil geben an, mit welcher Versuchspunktdichte (Belegung) die einzelnen Varianten auf ihre Zahnfuß- bzw. Zahnflankentragfähigkeit hin untersucht worden sind.

Den aus den unterschiedlichen Bedingungen resultierenden Verbindungsschichtstrukturen (ε-Phase: Fe_2-$3N$, γ-Phase: Fe_4N) der einzelnen Varianten liegen Ergebnisse aus röntgenographischen Phasenanalysen zugrunde [2.51]. Gefügeaufnahmen

Tabelle 2.2. Nitrierte Varianten: Werkstoff und Nitrierbedingungen

Variante	Werkstoff	Kern-härte HV 0,5	Nitrier-prozeß	Nitrier-medium	Tempe-ratur [°C]	Dau-er [h]	Struktur der Verbindungs schicht	Unter-such. zu σ_F	σ_H
Basis-variante 1	39 CrMoV 13 9	300	Gas	NH_3	500	120	ε/γ'	0	0
2		280	Plasma	NH_3(d)	520	36	γ'	0	0
3		280	Plasma	NH_3(d)	530	60	γ'	0	X
4	31 CrMoV 9	280	Plasma	$N_2+H_2+CH_4$	520	36	ε	0	–
5		280	Plasma	verd.N_2+H_2	520	36	ohne	0	X
6		350	Plasma	NH_3(d)	530	60	γ'	0	0
7		320	Plasma	NH_3(d)	510	60	γ'	0	0
8	14 CrMoV 6 9	290	Gas	NH_3	500	36	ε/γ'	0	–
9		290	Gas	NH_3	500	84	ε/γ'	0	X
10		290	Gas	NH_3 (+N_2)	500	120	γ'	0	0

(NH_3(d) = NH_3 dissoziiert)

0 = Standardversuch nach FVA-Richtlinie 05

X = Stichversuch (10-12 Punkte)

– = Einzelversuch (max. 4 Punkte)

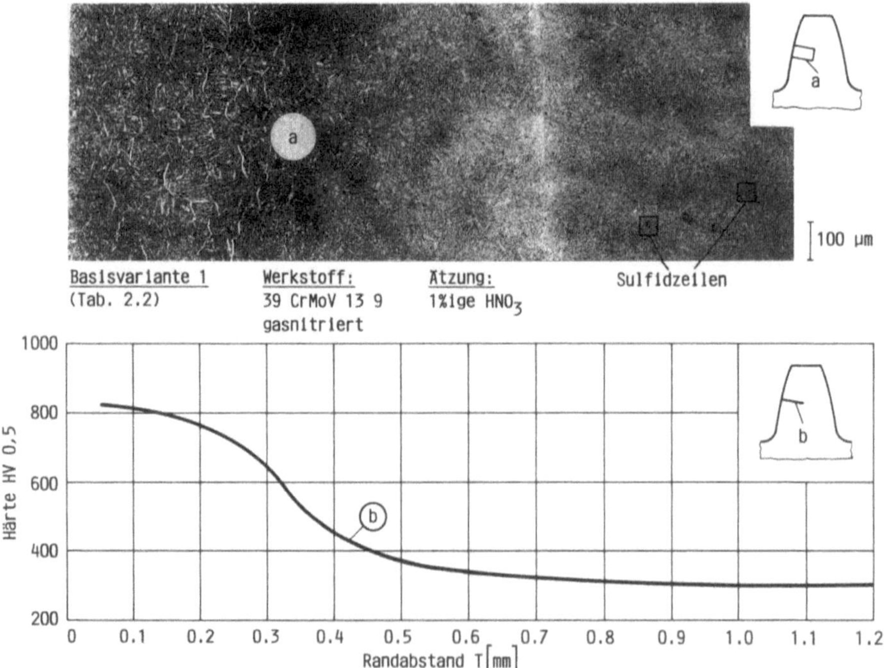

Bild 2.28. Härteverlauf und Gefüge der gasnitrierten Verzahnungen aus 39 CrMoV 13 9 (Basisvariante 1 nach Tabelle 2.2)

nitrierter Werkstoffe alleine lassen keine eindeutigen Aussagen über den Aufbau der Verbindungsschichten zu, da mit 1%iger HNO_3 weder die γ- noch die ε-Phase angeätzt werden [2.20].

Werkstoffstrukturen der Nitrierstähle

Beispielhaft für die untersuchten Varianten ist in Bild 2.28 das Gefügebild (Querschliff) der gasnitrierten Verzahnung aus 39 CrMoV 13 9 dem entsprechenden Härteverlauf gegenübergestellt. Querschliff wie auch Härteverlauf entstammen dem Flankenbereich am Wälzkreis der Versuchsverzahnung.

An der Oberfläche ist die mit HNO_3 nicht anätzbare Verbindungsschicht zu erkennen. Im Bereich des Härteabfalls ist der Ätzangriff stärker als im Kerngefüge, da dieses Gebiet durch die Chrom-(Karbo-)Nitridbildung an Chrom verarmt ist. Die Schattierungen im gesamten Gefügebereich lassen die ehemaligen Austenitkorngrenzen erkennen, an denen verstärkt Karbide ausgeschieden worden sind.

Im Bereich der Diffusionszone, parallellaufend zur Oberfläche, haben sich an den ehemaligen Austenitkorngrenzen und Subkorngrenzen verstärkt nitridische Ausscheidungen gebildet, die ebenfalls nicht angeätzt werden.

Im Bereich der Kernhärte wird der Ursprungszustand des Gefüges deutlich. Die dunklen Flecken stellen Verunreinigungen dar, die zum Teil schon bei Schliffterstellung ausgebrochen sind. Ferner ist eine fein verteilte Sulfid-Zeiligkeit in Längsrichtung festzustellen, die im Querschliff als kreisförmige, angeschnittene Zeilen zu erkennen sind.

Das randnahe Vergütungsgefüge der plasmanitrierten Varianten aus 31 CrMoV 9 (Varianten 2 bis 6) und 14 CrMoV 6 9 (Variante 7) in Bild 2.29 bzw. Bild 2.30 ist im Ausgangszustand schon wesentlich feiner und kann als bainitisches bzw. Zwischenstufengefüge mit feinnadeligem Martensit beschrieben werden. Verunreinigungen, Seigerungen usw. sind nicht zu erkennen. Die Erhöhung der Nitrierdauer (vgl. Tabelle 2.2) läßt beim Werkstoff 31 CrMoV 9 keine signifikanten Einflüsse erkennen.

Die Änderung der Nitriergaszusammensetzung vom dissoziierten Ammoniak NH_3 (d) beim Werkstoff 31 CrMoV 9 auf mit Edelgasen verdünntes $N_2 + H_2$ (Variante 5) führt zu einer Entkohlung des direkten Oberflächenbereiches. Eine Anreicherung von $N_2 + H_2$ mit CH_4 führt beim Werkstoff 31 CrMoV 9 zur Bildung einer stickstoffreichen und kohlenstoffversetzten ε-Verbindungsschicht (vgl. Tabelle 2.2). Als einzige aller plasmanitrierten Varianten (Werkstoffe 31 CrMoV 9 und 14 CrMoV 6 9) zeigt Variante 4 in der Diffusionszone bei der dargestellten Vergrößerung stärker ausgebildete Ausscheidungen parallel zur Oberfläche, wie sie ausgeprägter nur noch beim gasnitrierten 39 CrMoV 13 9 (Basisvariante 1) erkennbar sind.

In Bild 2.31 sind die Härteverläufe der plasmanitrierten Verzahnungen aus 31 CrMoV 9 dargestellt. Die Werte wurden im Wälzkreisgebiet senkrecht zur Oberfläche aufgenommen. Die Varianten (2 bis 5) gleicher Kernhärte von 280 HV0,5 weisen Randhärtewerte von 750 bis 790 HV0,5 auf. Die Varianten 2 und 5 zeigen die höchsten Werte. Mit einer höheren Nitrierdauer und -temperatur fällt die Randhärte der Variante 3 geringfügig ab. Gleichzeitig steigt die Nitrierhärtetiefe leicht an.

Die Auswirkung einer Variation des Behandlungsgases bei sonst gleichen Nitrierbedingungen wird im Vergleich der Varianten 2, 4 und 5 deutlich. Die Erzeugung

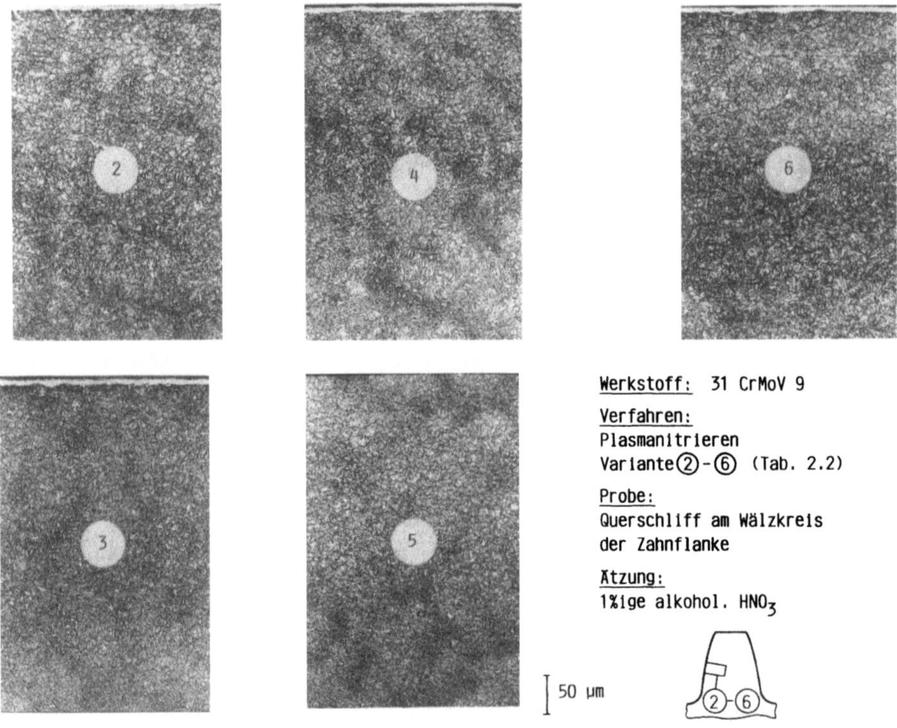

Bild 2.29. Gefüge plasmanitrierter Verzahnungen aus 31 CrMoV 9 (Varianten 2 bis 6 nach Tabelle 2.2)

einer ε-Verbindungsschicht (Variante 4) durch Zugabe von Kohlenstoff abgebenden Mitteln (CH_4) führt bei gleichem Behandlungsdruck zu einem geringeren Angebot an diffusionsfähigem Stickstoff. Zusätzlich bedingt die Minderung des Diffusionskoeffizienten für Stickstoff, die mit zunehmendem Kohlenstoff in der Verbindungsschicht einhergeht, eine deutliche Verringerung der Nitrierhärtetiefe (Variante 4).

Zur Erzielung einer verbindungsschichtfreien Oberfläche wurde das Behandlungsgas der Variante 5 so weit mit inerten Bestandteilen verdünnt, daß sich das Stickstoffangebot mit etwa 5,7 Gew.% mit der unteren Grenze des Fe_4N-Stabilitätsbereiches deckte. Damit liegt auch hier, im Vergleich mit Variante 2, ein geringerer Anteil an diffusionsfähigem Stickstoff vor. Das Fehlen der Verbindungsschicht bedeutet aber auch Vermeidung eines Diffusionshemmnisses und führt damit zu einer schnelleren Randsättigung, einer hohen Randhärte und einer nahezu gleichen Diffusionstiefe, wie sie Variante 2 aufweist.

Die schon vor dem Nitrieren höhere Kernfestigkeit der Variante 6 führt unter identischen Nitrierbedingungen verglichen mit Variante 3 zu einem höheren Niveau der gesamten Härteverlaufskurve. Die Differenz der Kurvenverläufe entspricht der Differenz der Kernhärten. Die Nitrierhärtetiefe selbst bleibt in etwa gleich.

In Bild 2.30 sind die Gefügestrukturen der Verzahnungen des Werkstoffes 14 CrMoV 69 einander gegenübergestellt. Die gasnitrierten Varianten 8, 9 und 10 zeigen ein wesentlich gröberes Korn als die plasmanitrierte (Variante 7). Die Ausbildung der ehemaligen Austenitkörner ist stark inhomogen. Mit steigender Behand-

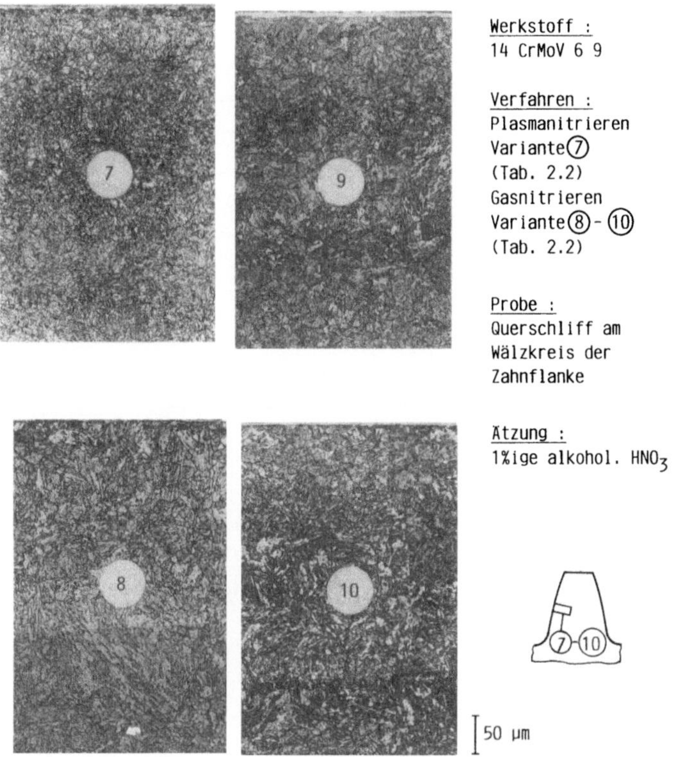

Bild 2.30. Gefüge plasma- und gasnitrierter Verzahnungen aus 14 CrMoV 6 9 (Varianten 7 bis 10 nach Tabelle 2.2)

lungszeit (Variante 9 bzw. 10) weist der Randbereich eine feinere Ausbildung auf, und die nitridischen Ausscheidungen an den Korngrenzen nehmen zu.

Bei den untersuchten Werkstoffen (vgl. Tabelle 2.2) bildet Chrom das für die Härtesteigerung wesentliche Element. Der deutlich niedrigere Chromgehalt des Werkstoffes 14 CrMoV 6 9 (ca. 1,5 Gew.% Cr) gegenüber dem des 31 CrMoV 9 (ca. 2,5 Gew.% Cr) läßt eine geringere Härte am Rand erwarten. Bild 2.31 und Bild 2.32 zeigen jedoch für alle untersuchten Verzahnungsvarianten der beiden Werkstoffe ähnliche Randhärtewerte. Der Grund hierfür liegt im relativ niedrigen Kohlenstoffgehalt des Werkstoffes 14 CrMoV 6 9, der beim Nitrieren für das Erreichen maximaler Randhärten ausschlaggebend ist.

Die Verfahrensunterschiede zwischen Gas- und Plasmanitrieren wirken sich nicht auf die maximalen Härtewerte aus. Die unterschiedlichen Nitrierhärtetiefen resultieren aus den verschiedenen Nitrierzeiten. Variante 10 ist im Gegensatz zu den Varianten 8 und 9 teilweise in mit N_2 verdünnter Nitrieratmosphäre behandelt worden. Die längere Behandlungsdauer bewirkt daher keine deutlich höhere Nitrierhärtetiefe. Bei der Variante 10 zeigt sich im Bereich zwischen 0,1 und 0,3 mm vom Rand eine Zone mit abgesenkter Randhärte, welche ebenfalls mit dem Wechsel des Behandlungsgases begründet werden kann.

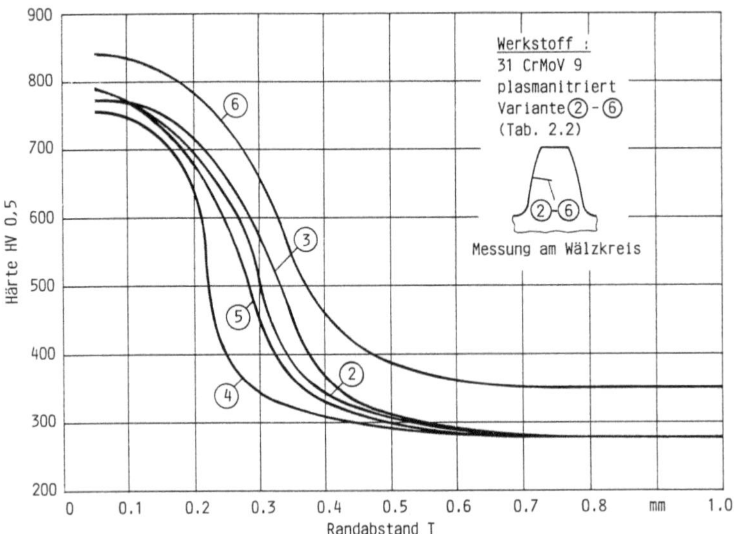

Bild 2.31. Härteverlaufskurven plasmanitrierter Verzahnungen aus 31 CrMoV 9 (Varianten 2 bis 6 nach Tabelle 2.2)

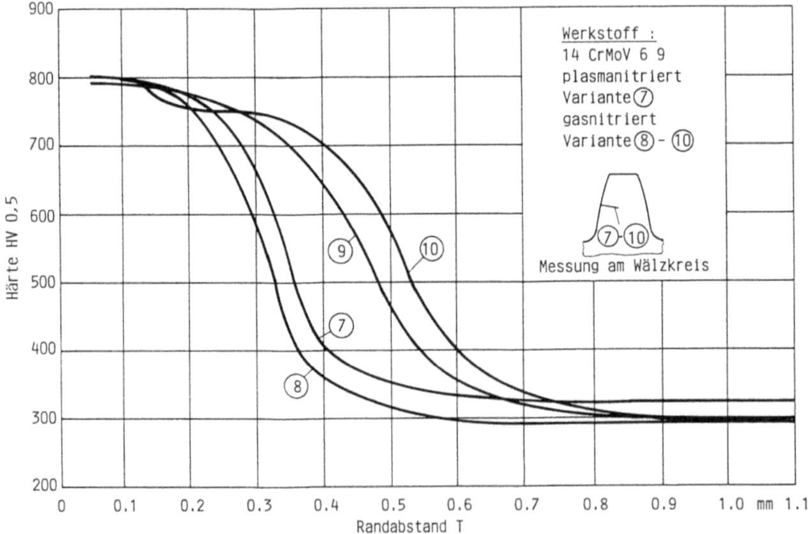

Bild 2.32. Härteverlaufskurven plasma- und gasnitrierter Verzahnungen aus 14 CrMoV 6 9 (Varianten 7 bis 10 nach Tabelle 2.2)

Während des Aufstickens im Plasma ist besonders die Abhängigkeit von Behandlungsdruck und Bauteilgeometrie zu beachten [2.20, 2.50]. Gleiche Nitrierergebnisse können hier nur erreicht werden, wenn der Glimmsaum, der die Reaktionsfront kennzeichnet, alle Flächen gleichmäßig überdeckt.

Einen Problembereich bei Verzahnungen (plasma- und gasnitriert) stellt die konkave Oberfläche im Zahnfuß dar. Alle untersuchten nitrierten Varianten weisen jedoch bei den Härtemessungen im Zahnfußbereich senkrecht zur 30°-Tangente der Zahnfußausrundung nur unwesentlich geringere Nitrierhärtetiefen auf als im Bereich des Wälzkreises. Da die ermittelten Differenzen im Bereich der Meßgenauigkeit liegen, kann auf die weitere Darstellung der Härteverläufe am Zahnfuß verzichtet werden.

Röntgenographisch ermittelte Makroeigenspannungen

Die Randbereiche nitrierter Werkstücke nehmen infolge der Anreicherung mit Stickstoff an Volumen zu. Dieser Vorgang kann sich aufgrund des Werkstoffwiderstandes geringer gesättigter Kernbereiche nicht frei entfalten. Als Folge entstehen Druckeigenspannungen, die mit abnehmender Stickstoffkonzentration zur Tiefe hin abklingen. Aus Gleichgewichtsgründen entstehen im Kern Zugeigenspannungen, die aber wegen des – im Vergleich zur Nitrierschichtdicke – großen Restquerschnittes relativ gering bleiben.

An allen untersuchten Varianten (vgl. Tabelle 2.2) wurden Eigenspannungsmessungen in axialer und tangentialer Richtung durchgeführt. Die Meßergebnisse zeigen für beide Richtungen bei allen Varianten die gleiche Tendenz in den Tiefenverläufen. Da auch innerhalb jeder Variante die Höhe der Spannungswerte im Bereich der Streubreite aller Messungen liegt, gelten die folgend dargestellten tangentialen Eigenspannungsergebnisse auch für die axiale Richtung. Der Meßort liegt jeweils im Bereich der Zahnflankenmitte am Wälzkreis.

In Bild 2.33 sind die ermittelten Makroeigenspannungen für die plasmanitrierten Varianten aus 31 CrMoV 9 über die Werkstofftiefe aufgezeichnet. Allen Eigenspannungsverläufen ist gemeinsam, daß sie unterhalb der Werkstückoberfläche (zwischen 0,1 und 0,25 mm) ein relatives Druckeigenspannungsmaximum besitzen. Von dort fallen die Spannungen zum Werkstückinneren hin ab und erreichen am Ende der jeweiligen Diffusionszone das Zugeigenspannungsgebiet. Die maximal gemessenen Zugeigenspannungen betragen $\sigma_{E,T}$ = 50-100 N/mm^2. Die Druckeigenspannungsmaxima befinden sich in einer Werkstofftiefe, in der bei den einzelnen Varianten der Härteabfall von der Rand- zur Kernhärte beginnt (vgl. Bild 2.30). Von diesen Maxima aus fallen die Druckeigenspannungen zur Oberfläche hin ab. Es kann jedoch keine einheitliche Tendenz erkannt werden. Zudem ist die Berechnung der Spannungswerte mit dem $\Delta\Theta$ - $\sin^2\psi$ -Verfahren [2.13] bei einigen Varianten und Meßtiefen erschwert, da keine streng lineare $\Delta\Theta$ - $\sin^2\psi$ -Verteilung vorliegt. Dieser Umstand muß kritisch bewertet werden , wenn die einzelnen Meßwerte der jeweiligen Meßtiefe bezüglich ihrer Ausgleichsgeraden Abweichungen > 10 % besitzen. In Bild 2.33 sind diese Fälle gestrichelt bzw. strichpunktiert dargestellt.

Die Höhe der maximalen Druckeigenspannungen liegt in einem Bereich von $\sigma_{E,T}$ = –500 bis –700 N/mm^2. Die Varianten 4 und 5 begrenzen dieses Gebiet und weichen deutlicher von den restlichen Varianten ab. Betrachtet man dazu die Nitrier-

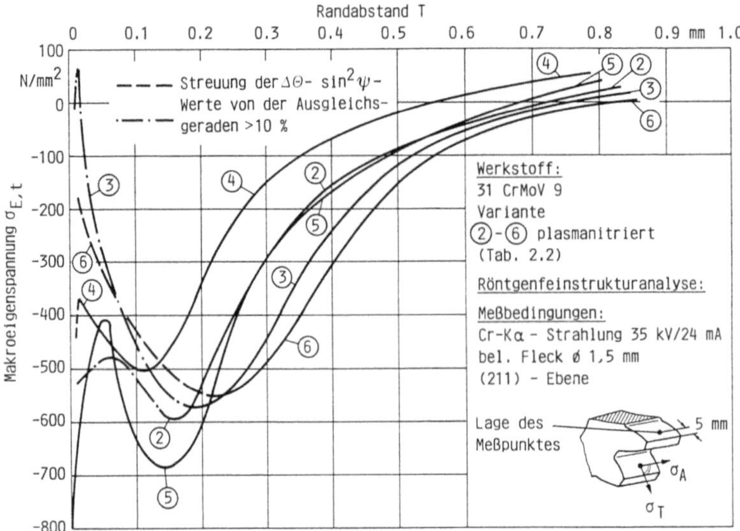

Bild 2.33. Makroeigenspannungen plasmanitrierter Verzahnungen aus 31 CrMoV 9 (Variante 2 bis 6 nach Tabelle 2.2)

bedingungen nach Tabelle 2.2, läuft die Entwicklung der maximalen Eigenspannungswerte entgegengesetzt zum Stickstoffangebot.

Der Vergleich der Varianten 2, 3 und 6 bestätigt, daß sich mit zunehmender Nitrierdauer das Maximum weiter in die Werkstofftiefe und zu niedrigeren Werten verschiebt. Als Begründung der geringeren Werte können gleichmäßig verteilte Relaxations- und Koagulationseffekte bei längerer Nitrierdauer herangezogen werden. Gleichzeitig werden mit erhöhten Nitrierzeiten flachere Härte- und damit Stickstoffkonzentrationsgradienten festgestellt.

Variante 5, die mit einem niedrigeren Stickstoffangebot nitriert wurde, weist direkt unterhalb der Verbindungsschicht die höchsten Druckeigenspannungen aller Varianten auf. Die Varianten 3 und 6, die längeren Nitrierzeiten ausgesetzt waren, zeigen die niedrigsten Druckeigenspannungen. Variante 3 weist darüberhinaus geringe Zugeigenspannungen im Oberflächenbereich auf. Im Randbereich weichen die Meßwerte der $\Delta\Theta$ - $\sin^2\psi$ -Verteilungen zunehmend von der Ausgleichsgeraden ab . Das deutet auf eine vollständige Relaxation größerer Kornbereiche hin.

Die in Bild 2.34 aufgeführten Makroeigenspannungsverläufe der Werkstoffe 14 CrMoV 6 9 und 39 CrMoV 13 9 (Basisvariante 1) besitzen die gleichen Tendenzen, wie sie schon anläßlich von Bild 2.33 erläutert wurden. Die Maxima liegen jedoch in tieferen Bereichen (0,2 bis 0,4 mm). Mit dem etwa doppelten Anteil an stickstoffbindendem Chrom und einem wesentlich höheren Anteil an Kohlenstoff besitzt Variante 1 (39 CrMoV 13 9) nach gleicher Nitrierbehandlung wie Variante 9 (14 CrMoV 6 9) nahezu übereinstimmende Spannungswerte.

Die längere Nitrierdauer der Verzahnungsvariante 10 (14 CrMoV 6 9) gegenüber den Varianten 7 und 9 läßt ein niedrigeres Druckeigenspannungsmaximum bei Vari-

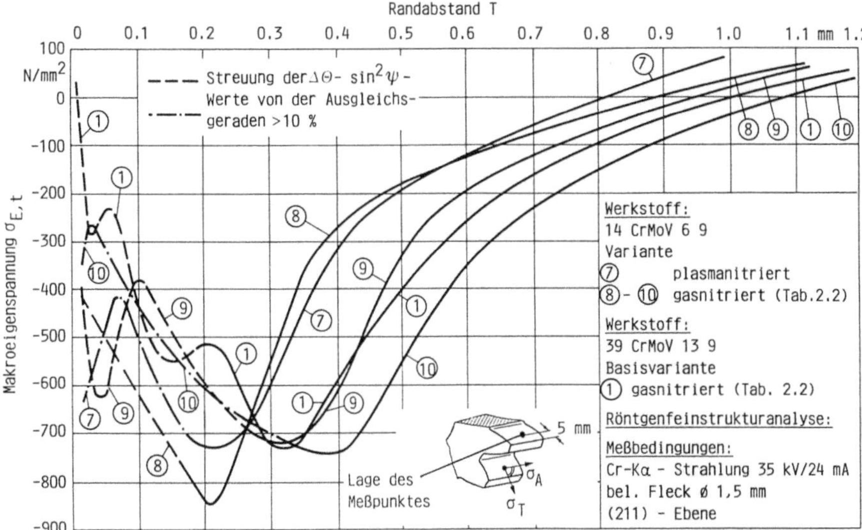

Bild 2.34. Makroeigenspannungen plasma- und gasnitrierter Verzahnungen aus 14 CrMoV 6 9 und 39 CrMoV 13 9 (Varianten 1, 7 bis 10 nach Tabelle 2.2)

ante 10 erwarten. Sie zeigt jedoch lediglich ein zum Werkstückinneren hin verschobenes Maximum mit vergleichbar hohen Werten. Es muß dabei berücksichtigt werden, daß hier eine „Zweistufenbehandlung" vorlag, in der in der Schlußphase der Nitrierung das Behandlungsgas NH_3 mit N_2 verdünnt wurde. Die Druckeigenspannung erhöht sich einhergehend mit der Minderung an diffusionsfähigem Stickstoff bei dieser Variante gleichermaßen, wie zuvor (vgl. Bild 2.33) bei Variante 5 des 31 CrMoV 9 festgestellt.

2.2.2.2 Zahnflankentragfähigkeiten der nitrierten Verzahnungen

Das Schadensbild nitrierter Zahnräder kann in Abhängigkeit von Werkstoff, Nitriervariante und Belastungshöhe wechselnde Erscheinungsformen annehmen [2.11, 2.17]. Gemeinsam ist allen Werkstoffvarianten, daß sich im Bereich des negativen Schlupfes, d.h. z.B. am treibenden Rad unterhalb des Wälzkreises, nach Beginn der Beanspruchung verstärkt Graufleckigkeit ausbildet. Schon nach ca. $1{\cdot}10^6$ Überrollungen zeigen die untersuchten Zahnräder eine deutliche Einebnung der Flankenoberfläche. Ab diesem Zustand bilden sich kleinere Risse und Ausbrüche, die sich an Bearbeitungsspuren orientieren, die durch die Fertigbearbeitung (Schleifen) hervorgerufen wurden. Bevorzugte Lagen für die Graufleckigkeitsentstehung sind Flankenbereiche, die gegenüber ihrer Umgebung eine höhere Beanspruchung erfahren. Hierzu zählen besonders im Einzeleingriffsgebiet liegende Flankenzonen, die Welligkeiten (z.B. Hüllschnittabweichungen, Vorschubmarkierungen etc.) aufweisen, sowie die Bereiche der nitrierbedingten Kantenaufwölbung. Von dort breitet sich die

Graufleckigkeit und Ausbruchbildung
nach $8 \cdot 10^6$ Lastwechsel

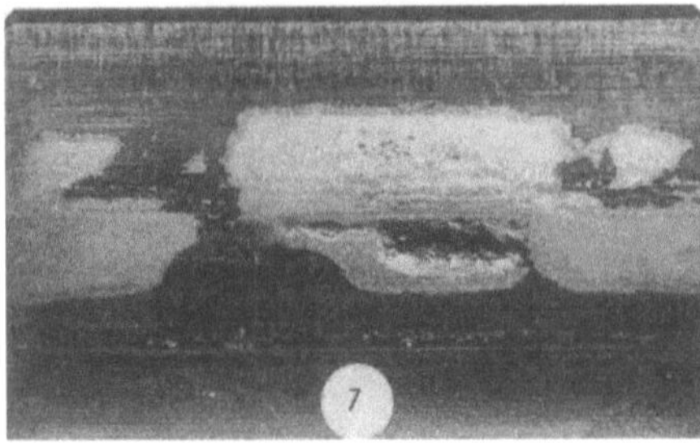

Graufleckigkeit und Ausbruch
nach $1,5 \cdot 10^7$ Lastwechsel

Bild 2.35. Beispiele der Schadensausbildung wälzbeanspruchter, plasmanitrierter Zahnflanken aus 14 CrMoV 6 9 (Variante 7 nach Tabelle 2.2)

Graufleckigkeit weiter aus, bis der gesamte Bereich des negativen Schlupfes bedeckt ist.

Treffen erste Mikrorisse aufeinander, bilden sich zunächst kleine Ausbrüche, die zu größeren zusammenwachsen können. Dieser Vorgang wird durch einen ständigen Abtrag von Oberflächenpartikeln und die stete Neubildung von Mikrorissen begleitet. Große Ausbrüche führen in der Regel zu Flankenbrüchen.

Durch den beschriebenen Schadensmechanismus entsteht im Bereich des negativen Schlupfes eine deutliche Auskolkung. Die daraus erwachsende Flankenformabweichung beträgt bei den untersuchten Verzahnungen bis zu $f_f \approx 20$ µm. Beispiele graufleckiger Zahnflanken, bei denen durch den Eintrittsstoß des Gegenrades die Schädigung ihren Ausgang im Fußbereich der aktiven Zahnflanke nimmt, zeigt der obere Teil von Bild 2.35. Ebenso ist die Entstehung der Graufleckigkeit vom Rand aus (Bild 2.35 unten) zu beobachten.

In Verbindung mit der Graufleckigkeit treten Ausbrüche zumeist in rechteckiger Form auf. Die in diesen Gebieten vorhandenen und parallel zu den Schleifriefen laufenden Risse führen hier zu achsparallelen Ausbruchkanten bzw. zu parallellaufenden Porenreihen, die durch Zusammenwachsen zu größeren Ausbrüchen führen.

Die gasnitrierten Varianten aus 14 CrMoV 6 9 und 39 CrMoV 13 9 zeigen gleichermaßen Graufleckigkeit in der oben beschriebenen Art. Die entstehenden Ausbrüche weisen jedoch deutlich geringere Tiefen auf als die plasmanitrierten Varianten. Erkennbar wird dies auf den beiden linken Fotos in Bild 2.36. Die Ausbruchtie-

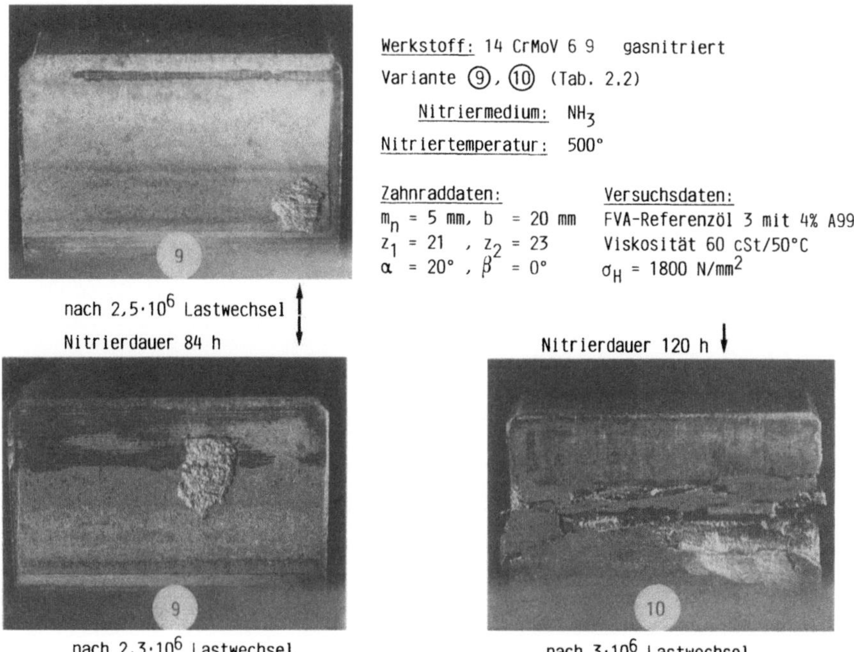

Bild 2.36. Beispiele der Flankenschädigungen wälzbeanspruchter, gasnitrierter Zahnflanken aus 14 CrMoV 6 9 (Variante 9 und 10 nach Tabelle 2.2)

fen liegen in einem Bereich von 0,1 bis 0,25 mm Werkstofftiefe. Sie befinden sich damit noch im Bereich der hoch aufgestickten Randzone.

Einen weiteren Unterschied zu den plasmanitrierten Verzahnungen zeigt der Flankenschaden im unteren, rechten Bildteil (Variante 10). Hier führte die Wälzbeanspruchung zu einer völlig zerstörten Flankenoberfläche.

Bei der Beobachtung der Schadensfälle an den gasnitrierten Zahnrädern aus 39 CrMoV 13 9 (Basisvariante 1) traten zum überwiegenden Teil plötzliche Flankenschälungen im Einzeleingriffsgebiet auf. Ohne vorherige Ankündigung, beispielsweise in Form von kleineren Ausbrüchen, zeigte sich hier kurz vor Bildung der Schälung ein Riß, der sich über die gesamte Flankenbreite erstreckte. Dagegen wurden die Flankenschälungen an plasmanitrierten Zahnrädern durch das progressive Wachstum einzelner Ausbrüche hervorgerufen. Die an der Basisvariante 1 gefundenen Risse lagen zumeist im Bereich des inneren Einzeleingriffspunktes. Eine Erklärung für dieses Verhalten findet sich in der schon erläuterten Sulfid-Zeiligkeit (vgl. Abschn. 2.2.2.1), die parallel zur Oberfläche orientiert verläuft.

An nitrierten wie auch an einsatzgehärteten Prüfverzahnungen treten in Flankentragfähigkeitsuntersuchungen Grübchen meist nur an wenigen einzelnen Zähnen auf. In [2.15] werden daher Ausbruchsgrößen von 4 % der Flankenoberfläche (Einzelzahn) als Schadensgrenze angegeben. Hierbei wird vorausgesetzt, daß die Grübchenbildung nicht progressiv verläuft, wenn man die für die Dauerfestigkeit festgelegte Lastspielzahl (5·10⁷ Überrollungen) erreicht. Vorversuche zu den hier durchge-

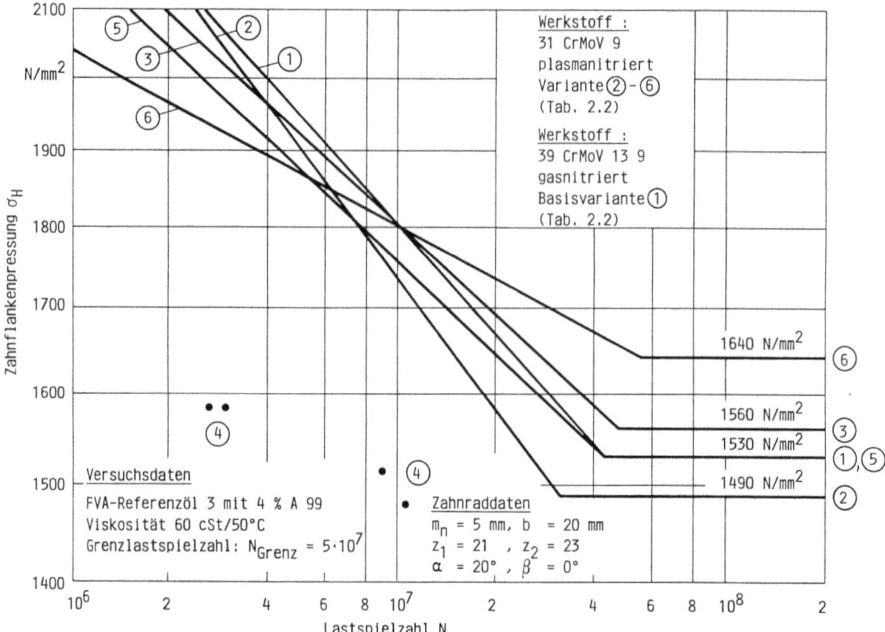

Bild 2.37. Zahnflankentragfähigkeiten der gasnitrierten Basisvariante aus 39 CrMoV 13 9 und der plasmanitrierten Verzahnungen aus 31 CrMoV 9 (Varianten 1 bis 6 nach Tabelle 2.2) (50 % Ausfallwahrscheinlichkeit)

führten Untersuchungen zeigten jedoch, daß dies bei den gas- und plasmanitrierten Verzahnungen ab einer Ausbruchsgröße von 2 % der Gesamtflankenoberfläche eines Einzelzahnes sehr wohl der Fall sein kann. Dieser Grenzwert bildet daher das Ausfallkriterium der nachfolgend dargestellten Tragfähigkeitsauswertung. Die Zahnflankentragfähigkeitswerte der einzelnen Varianten sind im Standard- bzw. Stichversuch (vgl. Tabelle 2.2) ermittelt worden. Tragfähigkeitswerte aus Einzelversuchen sind jedoch gesondert angegeben.

In Bild 2.37 sind die ermittelten Flankentragfähigkeiten der plasmanitrierten Varianten 2 bis 6 aus 31 CrMoV 9 sowie der gasnitrierten Basisvariante 1 aus 39 CrMoV 13 9 aufgetragen. Die Variante 3, die gegenüber der Variante 2 mit längerer Nitrierzeit hergestellt wurde, weist im Vergleich eine um ca. 5 % erhöhte Dauerfestigkeit auf (σ_{HD} = 1560 N/mm²). Variante 5 (nitriert mit verändertem Medium) zeigt eine nur leicht erhöhte Dauerfestigkeit gegenüber Variante 2 (σ_{HD} = 1530 N/mm²). Sie liegt damit deckungsgleich mit Basisvariante 1 (39 CrMoV 13 9).

Bei der Interpretation der Tragfähigkeitskennwerte der unterschiedlichen Varianten muß die Belegungsdichte (vgl. Tabelle 2.2) mitberücksichtigt werden. So läßt Variante 4, die nur als Einzelversuch gefahren wurde, lediglich die tendenzielle Aussage zu, daß hier eine merkliche Absenkung der Tragfähigkeit im Vergleich zu den restlichen Varianten vorliegt. Als Ursache wird die im Härte- und Eigenspannungsverlauf erkennbare, niedrige Nitrierhärtetiefe angesehen.

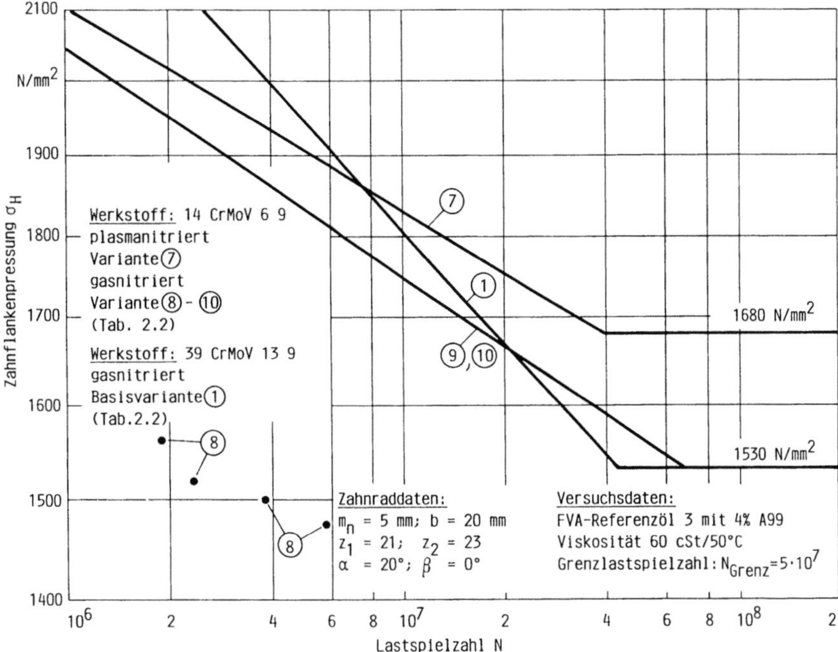

Bild 2.38. Zahnflankentragfähigkeiten plasma- bzw. gasnitrierter Verzahnungen aus 14 CrMoV 6 9 und 39 CrMoV 13 9 (Varianten 1, 7 bis 10 nach Tabelle 2.2) (50 % Ausfallwahrscheinlichkeit)

Während die bisher angesprochenen Varianten gleiche Kernhärten besaßen, wurde die Variante 6 mit einer erhöhten Vergütungsfestigkeit gefertigt. Der Härteverlauf ist somit gegenüber den anderen zu höheren Werten hin verschoben. Eine deutliche Tragfähigkeitssteigerung wird festgestellt (σ_{HD} = 1640 N/mm²).

Die ermittelten Flankentragfähigkeiten der Verzahnungsserien aus 14 CrMoV 69 und 39 CrMoV 13 9 sind Bild 2.38 zu entnehmen. Eine Verbesserung der Tragfähigkeiten mit der Zunahme der Nitrierzeit (Werkstoff 14 CrMoV 6 9) ist bei den gasnitrierten Varianten (Variante 9 und 10 gegenüber Variante 8) festzustellen.

Insgesamt liegen die Dauerfestigkeiten der gasnitrierten Verzahnungen (Werkstoff 14 CrMoV 6 9, Varianten 8 bis 10 und Werkstoff 39 CrMoV 13 9, Basisvariante 1) niedriger als die der plasmanitrierten (Variante 7). Im Falle der Basisvariante 1 (39 CrMoV 13 9) ist die Ursache in der ausgeprägt vorhandenen Sulfidzeiligkeit zu suchen (vgl. Bild 2.28). Die Wöhlerkurven der Varianten 9 und 10 (14 CrMoV 6 9) zeigen einen nahezu identischen Verlauf. Sie werden durch den in Bild 2.38 gezeigten Linienzug (σ_{HD} = 1530 N/mm²) repräsentiert.

2.2.2.3 Zahnfußtragfähigkeiten der nitrierten Verzahnungen

In Bild 2.39 sind die Wöhlerkurven der plasmanitrierten Varianten 2 bis 6 (31 CrMoV 9) im Vergleich zur Basisvariante 1 (39 CrMoV 13 9) dargestellt (vgl. Tabelle 2.2). Variante 2 zeigt eine Zahnfußdauerfestigkeit von σ_{FD} = 890 N/mm².

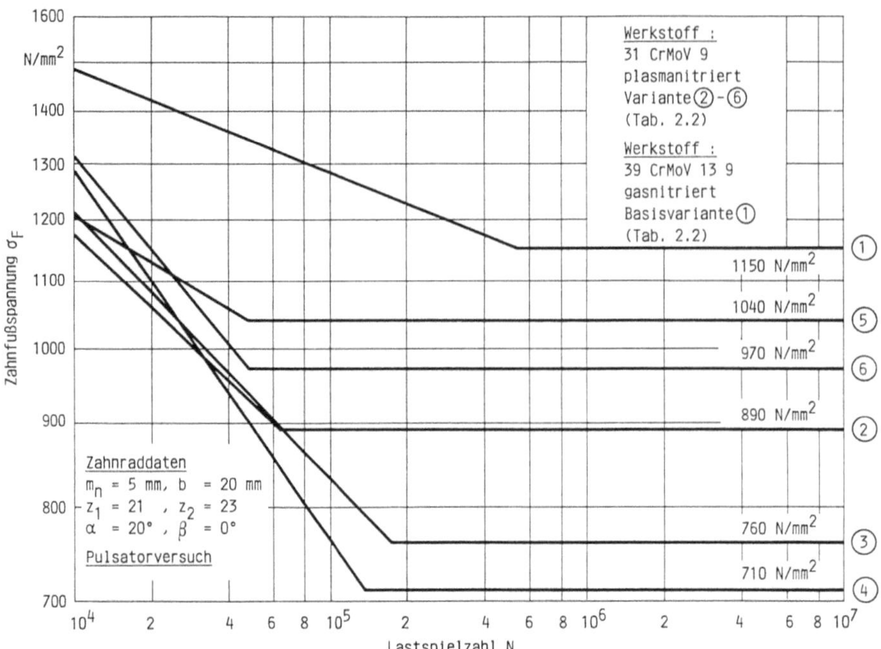

Bild 2.39. Zahnfußtragfähigkeiten der gasnitrierten Basisvariante aus 39 CrMoV 13 9 und der plasmanitrierten Verzahnungen aus 31 CrMoV 9 (Varianten 1 bis 6 nach Tabelle 2.2) (50 % Ausfallwahrscheinlichkeit, Standardbelegung)

Gegenüber dem nur vergüteten Werkstoffzustand bedeutet dies eine Tragfähigkeitssteigerung um ca. 80 %. Eine Erhöhung der Nitrierdauer entsprechend Variante 3 bewirkt einen Tragfähigkeitsverlust auf $\sigma_{FD} = 760$ N/mm². Dieser Abfall wird auf die niedrigere Randhärte (vgl. Abschn. 2.2.2.1) und auf den geringeren Druckeigenspannungsverlauf der Zahnfußrandzone zurückgeführt.

Variante 6, die bei gleichen Nitrierbedingungen eine höhere Kernhärte und damit auch insgesamt höhere Härtewerte aufweist, zeigt dagegen eine Tragfähigkeitsteigerung auf $\sigma_{FD} = 970$ N/mm².

Der Wechsel des Nitriergases wirkt sich bei den gegebenen Nitrierbedingungen der Variante 4 in einer sehr niedrigen Randhärte aus. Bei gleichzeitig geringer Nitriertiefe fällt die Dauerfestigkeit auf $\sigma_{FD} = 710$ N/mm² ab.

Dagegen zeigt die verbindungsschichtfreie Variante 5 eine mit der Randhärte allein nicht erklärbare Tragfähigkeitssteigerung auf $\sigma_{FD} = 1040$ N/mm². Hier ist im Vergleich zu den übrigen Varianten der fehlende Einfluß der allgemein spröden Verbindungsschicht maßgebend.

Die ermittelten Tragfähigkeitsergebnisse liegen im Bereich einsatzgehärteter Zahnräder aus 16 MnCr 5. Die Wöhlerkurven der nitrierten Verzahnungen zeigen relativ geringe Steigungen der Zeitfestigkeitsgeraden. Die damit interpretierbare Überlastempfindlichkeit ist im Vergleich zu den einsatzgehärteten Verzahnungen höher.

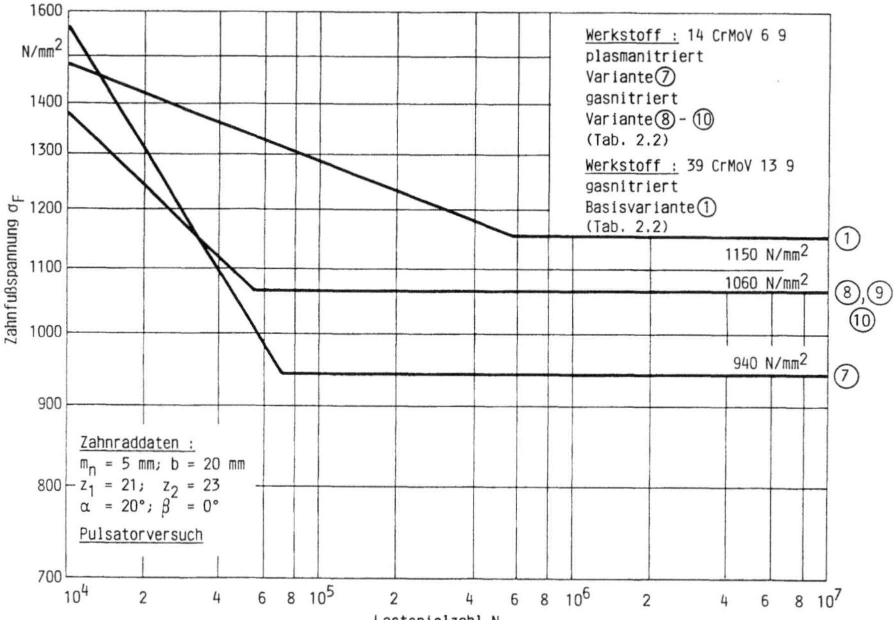

Bild 2.40. Zahnfußtragfähigkeiten plasma- bzw. gasnitrierter Verzahnungen aus 14 CrMoV 6 9 und 39 CrMoV 13 9 (Varianten 1. 7 bis 10 nach Tabelle 2.2) (50 % Ausfallwahrscheinlichkeit, Standardbelegung)

Eine erhebliche Tragfähigkeitssteigerung, die nicht nur aus der Randhärte und den Makroeigenspannungen hergeleitet werden kann, ist bei der gasnitrierten Basisvariante 1 festzustellen (σ_{FD} = 1150 N/mm²). Begleitende röntgenographische Untersuchungen zum Verlauf der Interferenz-Halbwertsbreiten, mit denen Eigenspannungen dritter Art bzw. Mikrodehnungen bewertet werden können, lassen auf inkohärente und orientierte Ausscheidungsbildung sowie entstehende Gitterversetzungen im Material schließen. Nach [2.41, 2.42] resultiert daraus eine Festigkeitssteigerung hinsichtlich der Biegewechselbeanspruchung. Die angesprochene Tragfähigkeitssteigerung ist die direkte Folge hieraus. Durch den flachen Zeitfestigkeitsast trifft allerdings auch hier das Kriterium der Überlastempfindlichkeit zu.

Die gleiche Überlastempfindlichkeit zeigen auch die Verzahnungen aus 14 CrMoV 6 9 in Bild 2.40. Die Zahnfußtragfähigkeit der plasmanitrierten Variante 7 beträgt σ_{FD} = 940 N/mm². Bei den drei gasnitrierten Varianten des 14 CrMoV 6 9 ist auffällig, daß auch hier – trotz unterschiedlicher Nitrierhärtetiefen und den damit einhergehenden Eigenspannungsverläufen – nahezu deckungsgleiche Wöhlerkurven der Zahnfußtragfähigkeit ermittelt wurden (σ_{FD} = 1060 N/mm²).

2.2.2.4 Vergleich unterschiedlicher Werkstoffe und Gefügestrukturen gas- und plasmanitrierter Verzahnungen bezüglich Zahnflanken- und Zahnfußdauerfestigkeit

Die in den Tragfähigkeitsversuchen festgestellten Dauerfestigkeitswerte aller Varianten werden in entscheidendem Maße geprägt durch die jeweilige Werkstoffstruktur und ihre Kennwerte. Kriterien zur Materialbeurteilung finden sich daher in den Härteverläufen (Kernhärte, Randhärte, Nitrierhärtetiefe) und somit auch in den gemessenen Eigenspannungen. Sie werden beeinflußt durch die Vergütung des Kernwerkstoffes und das Randhärteverfahren (Nitrierdauer, Nitriermedium).

Bild 2.41 gibt die festgestellten Niveaus der Zahnflankentragfähigkeiten als Funktionen der Nitrierhärtetiefen an. Die untersuchten Varianten werden durch hochstehende Rechtecke repräsentiert, denen die wichtigsten variantenspezifischen Parameter entnommen werden können. Die beiden im Einzelversuch untersuchten Varianten 4 und 8 sind ebenfalls, jedoch nur qualitativ, ohne Angabe der Tragfähigkeitsniveaus, im Diagramm eingezeichnet.

Keine der untersuchten Varianten weist auf eine eindeutige Zuordnung von erreichter Randhärte zur ermittelten Flankentragfähigkeit hin. Der Einfluß der Nitrierhärtetiefe wird besonders an den Versuchsergebnissen der plasmanitrierten Verzahnungen deutlich. Mit wachsender Nitrierhärtetiefe zeigen die Varianten 4-2-3-6 des Werkstoffs 31 CrMoV 9 in der genannten Folge höhere, dauernd ertragene

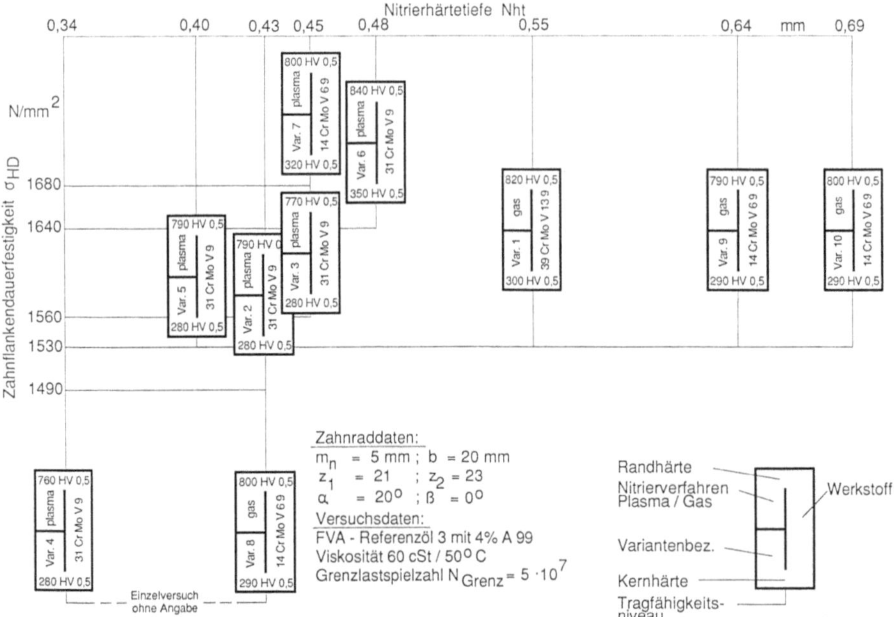

Bild 2.41. Vergleich der Zahnflankentragfähigkeiten nitrierter Verzahnungen unterschiedlicher Werkstoffe und Gefügestrukturen

Hertz'sche Pressungen. Die Variante 5 (31 CrMoV 9) besitzt eine höhere Flankentragfähigkeit als dies entsprechend ihrer Nitrierhärtetiefe zu erwarten wäre. Ursache ist die Nitrierung mit einem gegenüber den übrigen Varianten geringeren Stickstoffangebot. Es wurde bei dieser Variante das höchste Druckeigenspannungsmaximum festgestellt (vgl. Abschn. 2.2.2.1). Die zusätzliche Tragfähigkeitssteigerung durch eine – verglichen mit den anderen Varianten – angehobene Vergütungsfestigkeit des Kernmaterials zeigen die Varianten 6 und 7.

Die Resultate aus den Zahnflankentragfähigkeitsuntersuchungen an den gasnitrierten Verzahnungen (Varianten 1, 8, 9 und 10) lassen keinen Rückschluß auf eine Abhängigkeit zwischen erreichter Tragfähigkeit und Nitrierhärtetiefe zu. Die Gasnitrierung mit erhöhtem Stickstoffangebot, zur Erzielung der gewünschten Werkstoffkennwerte, führte bei diesen Varianten zu einer Versprödung der randnahen Bereiche. Daraus folgte eine Senkung der Dauerfestigkeit. Den gleichen Einfluß auf die Tragfähigkeit besitzen auch die gefundenen Mangan-Sulfid Einschlüsse der Basisvariante 1 (39 CrMoV 13 9), die als Zeilen in Zahnbreitenrichtung vorlagen.

In gleicher Weise wie zuvor beschrieben sind in Bild 2.42 die Dauerfestigkeitsniveaus der Zahnfußbeanspruchung aufgetragen. Im Gegensatz zur Flankentragfähigkeit besteht hier kein direkt erkennbarer Zusammenhang zwischen Nitrierhärtetiefe und Zahnfußdauerfestigkeit. Besonders deutlich wird dies beim Vergleich der unter gleichen Bedingungen gasnitrierten Varianten 8 und 9 (14 CrMoV 6 9). Die höhere Nitrierdauer (Variante 9 gegenüber 8) führte zwar zu einer größeren Nitrierhärtetie-

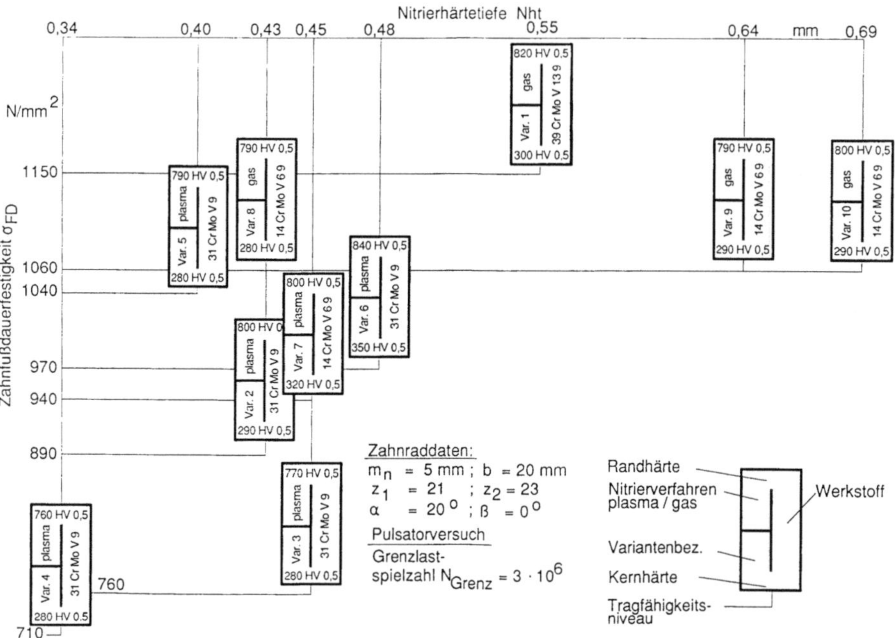

Bild 2.42. Vergleich der Zahnfußtragfähigkeiten nitrierter Verzahnungen unterschiedlicher Werkstoffe und Gefügestrukturen

fe, erbrachte jedoch keine Steigerung der Zahnfußtragfähigkeit. Der für die Zahnfußbeanspruchung relevante Einfluß ist in der erzielbaren Härte am Rand zu sehen. Die Varianten des Werkstoffs 31 CrMoV 9 zeigen mit ihren Dauerfestigkeitswerten den direkten Zusammenhang zur Randhärte. Steigende Härtewerte nahe der Bauteiloberfläche (Varianten 4-3-2-6) erbringen bei unterschiedlichsten Nitrierhärtetiefen wachsende Zahnfußtragfähigkeiten. Auch hier, wie bei der Flankentragfähigkeit, liegt die Variante 5 (31 CrMoV 9) auf einem höheren Niveau. Ihre Randhärte hätte eine zur Variante 2 vergleichbare Zahnfußdauerfestigkeit erwarten lassen. Die höchste Tragfähigkeit zeigt die Basisvariante 1 des Werkstoffs 39 CrMoV 13 9.

Steigerungsmöglichkeiten im Hinblick auf die Zahnfußtragfähigkeit bestehen prinzipiell in der Erhöhung der Randhärte, da aufgrund der Kerbwirkung im Zahnfuß die Randfestigkeit ausschlaggebend ist (siehe Abschn. 2.1). Die Untersuchungen an den unterschiedlich nitrierten Verzahnungen ergaben, daß mit steigender Nitrierdauer wachsende Nitrierhärtetiefen erreicht werden. Es besteht jedoch die Gefahr absinkender Randhärtewerte, falls werkstoffspezifische Behandlungszeiten überschritten werden. Gute Tragfähigkeitsergebnisse bzgl. Zahnflanke und Zahnfuß bedingen daher ein ausgewogenes Verhältnis zwischen notwendiger Nitrierhärtetiefe und erreichbarer Randhärte.

2.3 Tragfähigkeit von kaltgewalzten Zahnrädern

Die Entwicklung umformtechnischer Verfahren zur Verzahnungsherstellung in der Massenfertigung wird seit langem von den Anwendern mit großem Interesse verfolgt, da diese Verfahren bei geringerem Werkstoffeinsatz eine Steigerung der Arbeitsproduktivität und damit der Mengenleistung versprechen. Als Verfahren zum umformenden Vorverzahnen sind das Pulverschmieden, das Fließpressen sowie das Taumelpressen zu nennen. Deren technologische Grundlagen werden zur Zeit erarbeitet [2.26, 2.29, 2.30, 2.56].

Für den industriellen Anwendungsbereich zur Herstellung einbaufertig verzahnter Werkstücke werden unterschiedliche Kaltwalzverfahren eingesetzt. Vorteile gegenüber der spanenden Fertigung ergeben sich aufgrund kürzerer Fertigungszeiten, geringeren Werkstoffeinsatzes, günstigeren Faserverlaufes (nicht angeschnittene Faser, Schmiedegefüge) sowie besserer Oberflächenqualität der umgeformten Werkstücke [2.1, 2.24, 2.27, 2.32, 2.33, 2.34, 2.35]. Im vorliegenden Abschnitt wird gezeigt, inwieweit dieses Fertigungsverfahren das Bauteilverhalten von Zahnrädern beeinflußt. Dazu werden nach dem sogenannten Grob-Verfahren kaltgewalzte und konventionell spanend gefertigte Räder aus typischen Zahnradstählen gleicher Wärmebehandlung bzw. Randschichthärtung herangezogen. Sie wurden in Prüfstandsversuchen (Lauf- und Pulsatorversuche) untersucht und bezüglich Zahnflanken- und Zahnfußtragfähigkeit verglichen. Hierbei werden die Ergebnisse jeweils werkstoffspezifisch gegenübergestellt.

Eine weitgehende Übereinstimmung aller relevanten Randbedingungen war im Rahmen der Untersuchungen zum Thema „Kaltwalzen" gewährleistet. Die verwendeten Werkstoffe stammten jeweils aus einer Charge und wurden den gleichen Wärmebehandlungen unterzogen. Darüber hinaus wurden die Maschinenparameter bei der Verzahnungsherstellung jeweils so gewählt, daß vergleichbare Geometrien und Verzahnungsqualitäten vorlagen.

Ausgewertet wurden die Laufversuche nach dem Kriterium Grübchenbildung mit den nach [2.15] vorgegebenen werkstoffspezifischen Grenzwerten. Die Dauerfestigkeit wurde für $N = 5{\cdot}10^7$ Lastwechsel angenommen und für 50 % Ausfallwahrscheinlichkeit berechnet. Der Achsabstand der eingesetzten Verspannungsprüfstände betrug a = 91,5 mm.

2.3.1 Kaltgewalzte Verzahnungen aus Vergütungsstahl

Der unmittelbare Einfluß des Kaltwalzens auf die Zahnflanken- und Zahnfußtragfähigkeit wird durch vergleichende Untersuchungen von kaltgewalzten mit vorgefrästen/geschabten und vorgefrästen/geschliffenen Rädern aus dem Vergütungsstahl 42 CrMo 4 ermittelt. Zur Gewährleistung gleicher Ausgangsbedingungen für die Versuchsdurchführung wurden Kaltwalz- und Zahnradrohlinge aus derselben Werkstoffcharge gefertigt, gleichzeitig auf eine Zugfestigkeit von $R_m = 900$ N/mm^2 vergütet und ohne zusätzliche Wärmebehandlung zu Prüfzahnrädern weiterverarbeitet.

Die umformungsbedingte Verfestigung der gewalzten Prüfräder wurde anhand von Härtemessungen ermittelt, die im Hinblick auf die Zahnflanken- sowie Zahnfußtragfähigkeitsversuche normal zur Zahnflanke im Wälzkreisgebiet sowie normal zur 30°-Tangente an die Zahnfußausrundung durchgeführt wurden (Bild 2.43).

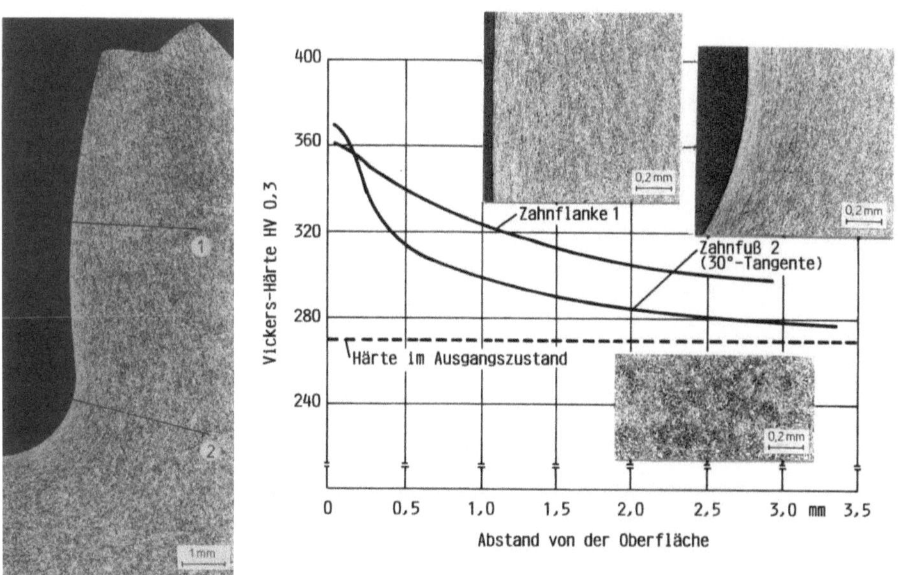

Werkstoff: 42 CrMo 4 V, R_m = 900 N/mm^2

Verzahnungsdaten: m_n = 3,5 mm, α = 20°, z = 25, β = 0°

Bild 2.43. Gefüge und Verfestigung eines kaltgewalzten Zahnes aus 42 CrMo 4 V

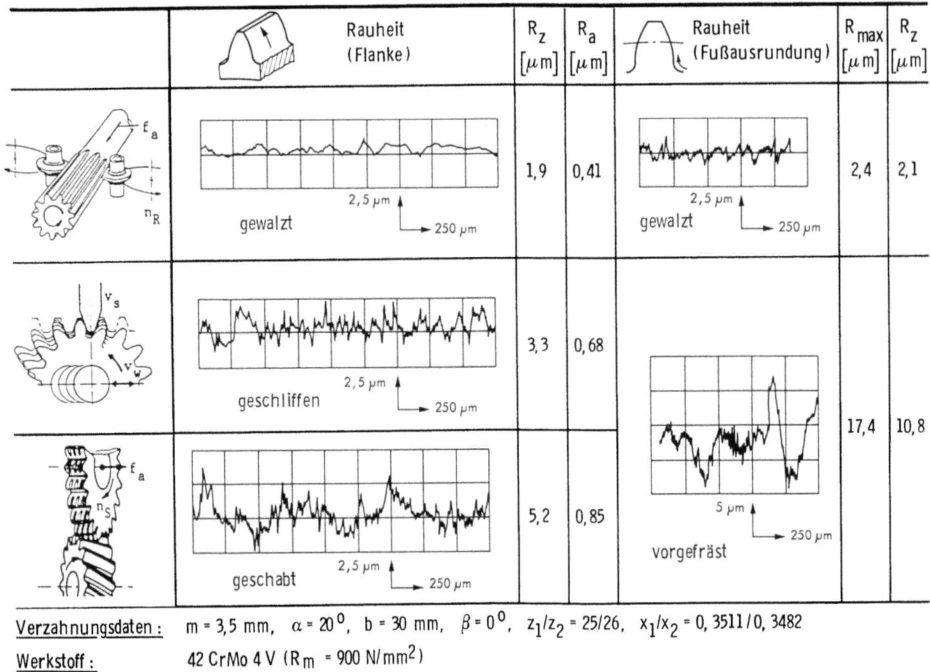

Verzahnungsdaten : $m = 3{,}5$ mm, $\alpha = 20^{\circ}$, $b = 30$ mm, $\beta = 0^{\circ}$, $z_1/z_2 = 25/26$, $x_1/x_2 = 0{,}3511/0{,}3482$

Werkstoff : 42 CrMo 4 V ($R_m = 900$ N/mm^2)

Bild 2.44. Rauheitsvergleich unterschiedlich hergestellter Zahnräder aus 42 CrMo 4 V

Das Gefügebild einer Zahnhälfte im linken Teilbild läßt im oberflächennahen Bereich des feinkörnigen Vergütungsgefüges eine schmale, durch Fließstruktur gekennzeichnete Zone erkennen, die im Fußbereich stärker ausgeprägt ist. Hier liegen nach dem Walzen um 30 % gesteigerte Härtewerte vor, die auf eine entsprechende Werkstoffverfestigung schließen lassen. Der Härtetiefenverlauf nimmt von der Flanke zur Zahnmitte hin weniger stark ab (Kurve 1, rechter Bildteil) als vom Zahnfuß in Richtung Grundgefüge (Kurve 2). Die höhere Verfestigung im Oberflächenbereich des Zahnfußes läßt sich aus dem Umformprozeß erklären. In diesem Bereich dringt das Werkzeug nämlich am tiefsten in den Werkstoff ein und deformiert ihn, so daß der benachbarte Werkstoff zum Zahnkopf hin auffließt.

Einen eindrucksvollen Vergleich der Oberflächenqualitäten der unterschiedlich hergestellten Prüfpaare liefert Bild 2.44. Im linken Bildteil ist die in Zahnhöhenrichtung gemessene Flankenrauheit mit einem typischen Meßschrieb für das jeweilige Verzahnungsverfahren abgebildet. Schon ein optischer Vergleich vermittelt einen Eindruck von der hohen Oberflächengüte der gewalzten Zahnflanken, die – wie die angegebenen Kennwerte für die gemittelte Rauhtiefe R_z und den Mittenrauhwert R_a ausweisen – deutlich die der geschliffenen und geschabten Flanken übertrifft.

Noch deutlicher zeigt sich der Rauheitsunterschied zwischen umformend und spanend hergestellten Rädern in der Zahnfußausrundung (Bild 2.44 rechts), da hier verfahrensbedingt nur die gewalzten Räder feinbearbeitet sind. Der Fußbereich der geschliffenen und geschabten Räder ist durch die wabenförmigen Vorschubmarkie-

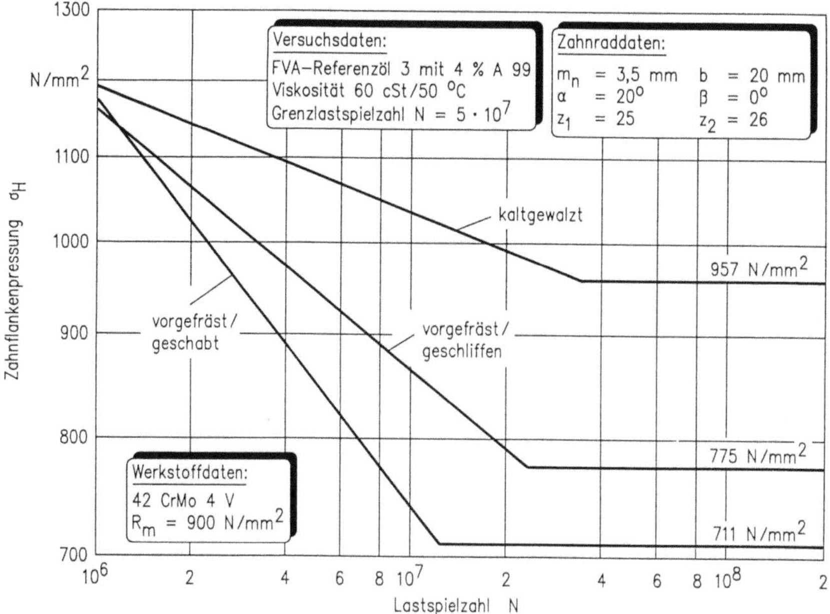

Bild 2.45. Zahnflankentragfähigkeit unterschiedlich hergestellter Zahnräder aus 42 CrMo 4 V (50 % Ausfallwahrscheinlichkeit)

rungen des Wälzfräsens als Vorbearbeitungsverfahren gekennzeichnet, so daß sich hier – unabhängig vom Feinbearbeitungsverfahren – infolge ausgeprägter Kerben wesentlich ungünstigere Werte ergeben.

Die Ergebnisse der Zahnflankentragfähigkeitsversuche mit den vergüteten Prüfrädern sind in Bild 2.45 in Form von Wöhlerlinien dargestellt.

Ein Vergleich der Kurven läßt sofort die deutlich höhere Tragfähigkeit der gewalzten Räder insbesondere im Dauerfestigkeitsgebiet erkennen. Den angegebenen Werten für die dauerfest am Wälzkreis ertragene Flankenpressung zufolge übertreffen sie die geschliffenen Räder um 24 % und die geschabten um 35 %. Diese Beträge charakterisieren die herstellungsbedingte Änderung des Bauteilverhaltens, wobei sowohl der Einfluß der Werkstoffumformung als auch der der Oberflächenqualität auf die Zahnflankentragfähigkeit erfaßt wird.

Im Zeitfestigkeitsgebiet nehmen die ertragenen Lastwechselzahlen bei den gewalzten Rädern mit zunehmender Belastung stärker ab als bei den spanend bearbeiteten Vergleichsrädern; dies äußert sich in einem vergleichsweise flacheren Verlauf des Zeitfestigkeitsastes ihrer Wöhlerlinie. Hieraus läßt sich eine relative Überlastempfindlichkeit erkennen, die sich auf den Umformungseinfluß zurückführen läßt, wie die nachfolgende Beschreibung des Schädigungsverhaltens zeigt [2.25, 2.58, 2.59].

In Bild 2.46 sind typische Schadensbilder der untersuchten Varianten bei Ausfall im unteren (rechter Bildteil) sowie bei Ausfall im oberen Zeitfestigkeitsgebiet (linker Bildteil) zusammengestellt. Die spanend hergestellten Zahnräder zeigen die für

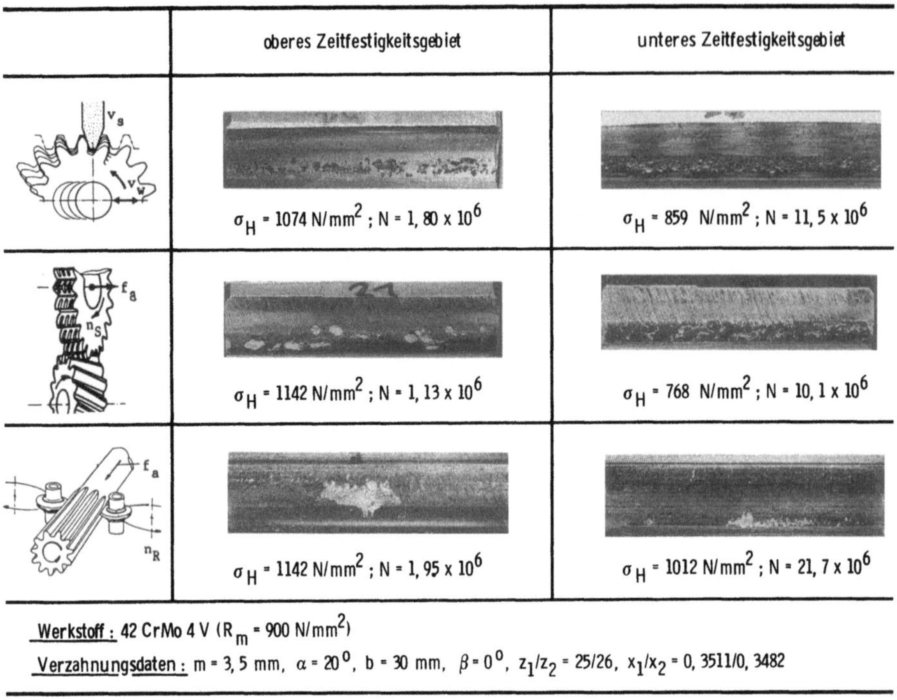

	oberes Zeitfestigkeitsgebiet	unteres Zeitfestigkeitsgebiet
v_g / v_w	$\sigma_H = 1074\ N/mm^2$; $N = 1,80 \times 10^6$	$\sigma_H = 859\ N/mm^2$; $N = 11,5 \times 10^6$
f_a / n_S	$\sigma_H = 1142\ N/mm^2$; $N = 1,13 \times 10^6$	$\sigma_H = 768\ N/mm^2$; $N = 10,1 \times 10^6$
f_a / n_R	$\sigma_H = 1142\ N/mm^2$; $N = 1,95 \times 10^6$	$\sigma_H = 1012\ N/mm^2$; $N = 21,7 \times 10^6$

__Werkstoff__: 42 CrMo 4 V ($R_m = 900\ N/mm^2$)

__Verzahnungsdaten__: m = 3,5 mm, $\alpha = 20°$, b = 30 mm, $\beta = 0°$, $z_1/z_2 = 25/26$, $x_1/x_2 = 0,3511/0,3482$

Bild 2.46. Typischer Zahnflankenverschleiß unterschiedlich hergestellter Zahnräder aus 42 CrMo 4 V

Vergütungsstahl typische, sehr gleichmäßige Flankenschädigung, die aus einem Saum zusammengewachsener Pittings besteht und in ähnlicher Form an allen Zähnen des jeweiligen Rades auftritt. Die Pittinggröße und -tiefe nimmt erwartungsgemäß mit wachsender Beanspruchung zu, wie der Vergleich der Fotos im linken Bildteil mit denen im rechten Bildteil anschaulich beweist. An einzelnen großen Ausbrüchen im oberen Zeitfestigkeitsgebiet ist deutlich die für Pittings typische Muschelform zu erkennen.

Demgegenüber weisen bei den gewalzten Rädern nur wenige Zähne eines Rades Schädigungen auf. Teilungsfehler oder Einzelabweichungen wurden an diesen Zähnen dabei nicht beobachtet. Die Schädigungen beginnen mit ovalen, flachen Abplatzungen, die im oberen Lastbereich mit zunehmender Lastspielzahl schnell zusammenwachsen und dann zum Ausfall führen (Foto unten links). Im unteren Zeitfestigkeitsgebiet ist die Wachstumsgeschwindigkeit sehr gering. Die im unteren rechten Foto dargestellte Abplatzung trat in ähnlicher Form nur an drei weiteren Zähnen auf und hatte sich allmählich während der angegebenen hohen Lastspielzahl von $2,17 \cdot 10^7$ entwickelt. Hierin zeigen sich ganz deutlich die Vorteile der gewalzten Räder in der Nähe des Dauerfestigkeitsgebietes, insbesondere wenn berücksichtigt wird, daß die ausgeprägteren Schäden (obere Fotos) bei den spanend hergestellten Rädern in dieser Form an allen Zähnen des jeweiligen Rades auftraten.

Die in Bild 2.47 dargestellten Ergebnisse aus Pulsatorversuchen zeigen, daß auch die Zahnfußfestigkeit der gewalzten Räder die der spanend gefertigten Vergleichsrä-

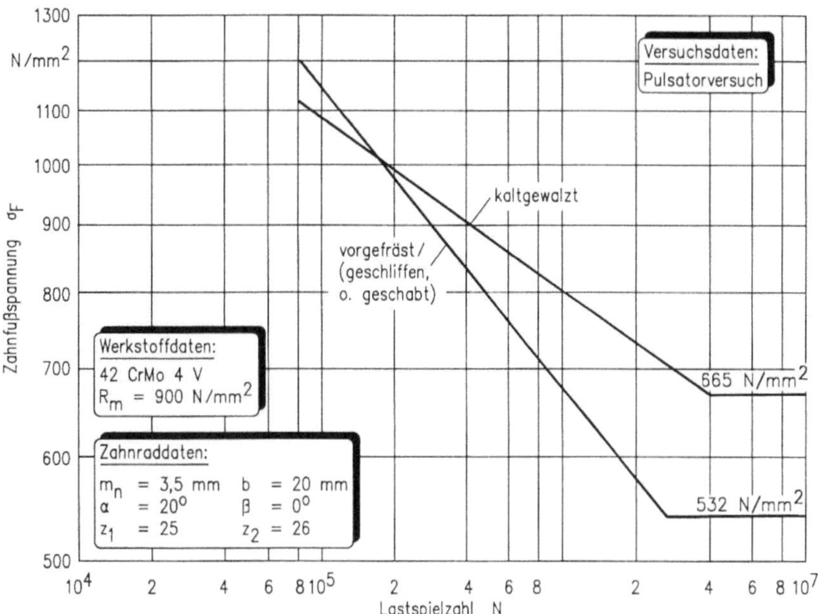

Bild 2.47. Zahnfußtragfähigkeit unterschiedlich hergestellter Zahnräder aus 42 CrMo 4 V (50 % Ausfallwahrscheinlichkeit)

der übertrifft. Zur Begründung dieses Verhaltens können auch hier die herstellungsbedingten Unterschiede in der Ausbildung der Zahnfußausrundungen herangezogen werden.

Die beste Oberflächentopografie weisen dort – wie bereits zu Bild 2.44 erläutert wurde – die gewalzten Räder auf. Gleichzeitig sind ihre Zahnfußausrundungen elliptisch ausgebildet, so daß sie im bruchgefährdeten Bereich einen wesentlich günstigeren Radius als die spanend hergestellten Räder haben. Die Differenz zwischen den Wöhlerlinien kennzeichnet also die Steigerung der Zahnfußtragfähigkeit gewalzter Räder, die auf die höhere Oberflächenqualität, die gleichmäßigere Fußausrundung und die Verfestigung des randnahen Werkstoffes durch Kaltwalzen zurückzuführen ist. Sie beträgt entsprechend der angegebenen Zahnfußwerte im Dauerfestigkeitsgebiet ca. 25 % [2.1, 2,28].

2.3.2 Einsatzgehärtete, kaltgewalzte Verzahnungen

Die vergleichenden Untersuchungen zwischen kaltgewalzten und spanend gefertigten Zahnrädern im einsatzgehärteten Zustand wurden mit dem in der Antriebstechnik häufig verwendeten Einsatzstahl 16 MnCr 5 durchgeführt. In Bild 2.48 sind charakteristische Gefügeaufnahmen eines kaltgewalzten Zahnes aus 16 MnCr 5 vor dem Einsatzhärten zusammengestellt.

Das perlitisch-ferritische Gefüge erscheint nach der Ätzung in einem harten schwarz/weiß Kontrast, so daß die Gefügestruktur besonders anschaulich zu erken-

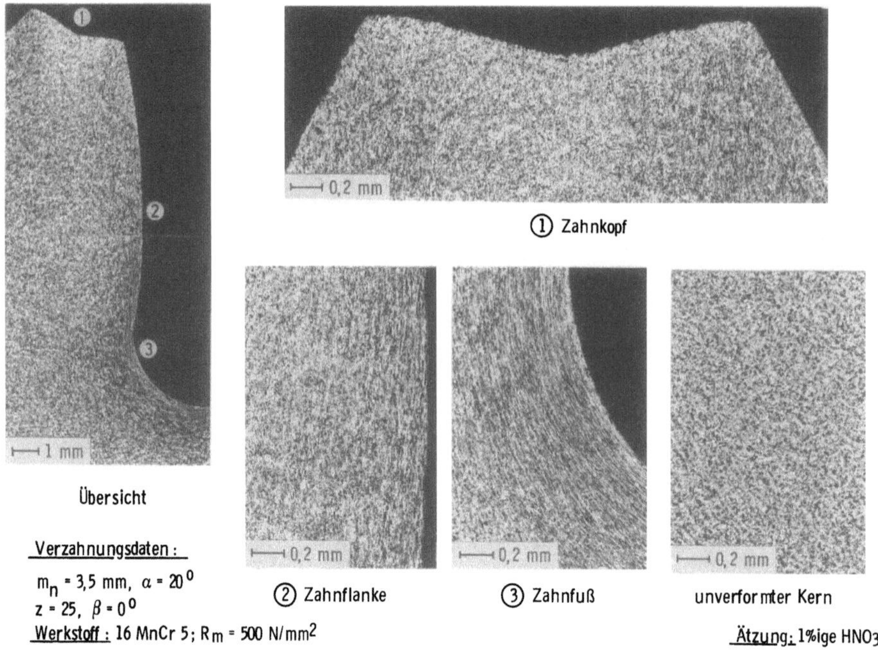

Verzahnungsdaten :
$m_n = 3,5$ mm, $\alpha = 20^0$
$z = 25$, $\beta = 0^0$
Werkstoff : 16 MnCr 5; $R_m = 500$ N/mm²

Ätzung: 1%ige HNO₃

Bild 2.48. Gefügestruktur eines kaltgewalzten Zahns aus 16 MnCr 5 vor dem Einsatzhärten

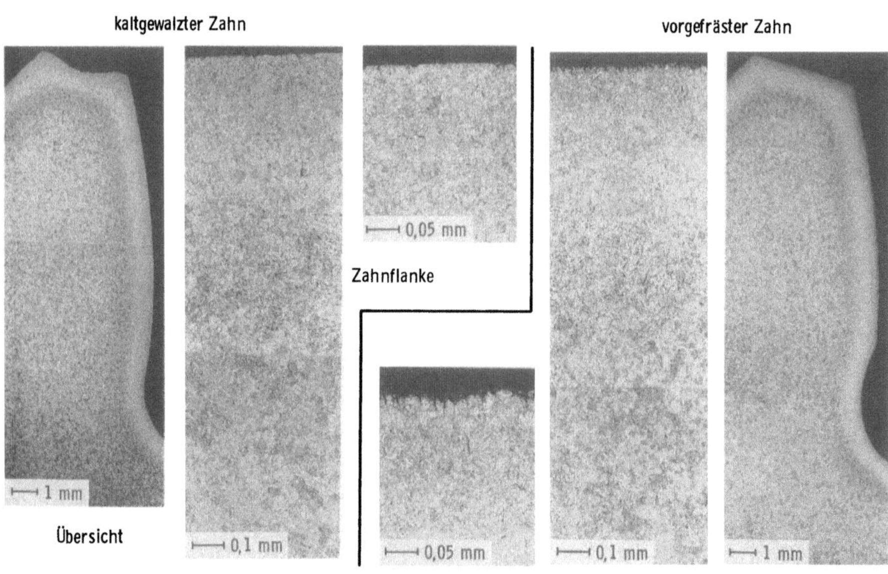

Verzahnungsdaten: $m_n = 3,5$ mm, $\alpha = 20^0$, $z = 25$, $\beta = 0^0$
Werkstoff: 16 MnCr 5, einsatzgehärtet 0,7 EHT 550, 0,8% Randkohlenstoffgehalt, 20% Restaustenit   Ätzung: 1%ige HNO₃

Bild 2.49. Gefügeaufnahmen einer kaltgewalzten und einer vorgefrästen Verzahnung aus 16 MnCr 5 nach dem Einsatzhärten

nen ist. Die Kaltumformung hat insbesondere im Randbereich eine Streckung der Körner bewirkt. Diese führt zu einer vom Zahnfuß zum Zahnkopf hin parallel zur Flankenoberfläche verlaufenden Fließstruktur (Übersicht, links). Im Zahnfußbereich ist die tiefste Einwirkung der plastischen Deformation zu erkennen, da von dort der Werkstoff verdrängt wird und zum Kopf hin auffließt. Der Werkstofffluß, der überwiegend auf den Randbereich begrenzt ist, verursacht die Bildung einer für das Kaltwalzen typischen Schließfalte im Zahnkopf. Die Aufnahme im unteren rechten Bildteil beschreibt das Gefüge im unverformten Kern, das in identischer Form auch bei den spanend gefertigten Zahnrädern vorliegt. Seine sehr gleichmäßige, homogene Ausbildung kennzeichnet die gute Werkstoffqualität und die einwandfreie Wärmebehandlung.

Den Einfluß der anschließenden Einsatzhärtung auf die Gefügeausbildung gewalzter sowie vorgefräster Verzahnungen verdeutlicht Bild 2.49. Beide Verzahnungen wurden gemeinsam bei 940 °C in gasförmigem Aufkohlungsmedium eingesetzt und im Ölbad gehärtet. Das Gefügebild des gewalzten Zahnes im linken Bildteil läßt keinerlei Fließstruktur mehr erkennen, da bei der Einsatztemperatur von 940 °C Rekristallisation und eine Phasenumwandlung stattgefunden hat. Es ist kein Unterschied zum Gefüge des vorgefrästen Zahnes zu erkennen. Die Diffusionstiefe des Kohlenstoffs ist – wie der direkte Vergleich der entsprechenden Ausschnittsvergrößerungen zeigt – bei beiden Zähnen gleich [2.1].

In diesem Zusammenhang muß darauf hingewiesen werden, daß die in Abschnitt 2.2.1 beschriebenen Varianten des 16 MnCr 5 zum einen aus anderen Werkstoffchargen stammten und zum anderen hiervon abweichenden Wärmebehandlungs- beziehungsweise Härtebedingungen ausgesetzt waren. Ein Vergleich der Versuchsergebnisse im Hinblick auf Gefüge und Härte sowie resultierende Tragfähigkeitskennwerte ist somit nur bedingt möglich.

Die in Bild 2.50 dargestellten Ergebnisse von Mikrohärtemessungen, die in Tiefenrichtung normal zu den Zahnflanken im Wälzkreisgebiet durchgeführt wurden, ermöglichen einen quantitativen Vergleich der Härteverläufe der untersuchten Verzahnungen. Der untere Kurvenverlauf kennzeichnet die Werkstoffverfestigung durch Kaltwalzen gegenüber der als durchgezogene Linie markierten Härte im Ausgangszustand. Es wird deutlich, daß bei diesem Werkstoff bis zur Meßtiefe von 1,5 mm eine Kaltverfestigung stattgefunden hat, die am Rand im Bereich der stärksten Kornstreckung etwas größere Werte annimmt. Die oberen Kurvenverläufe stellen den Härteverlauf des kaltgewalzten dem des vorgefrästen Zahnes im einsatzgehärteten Zustand gegenüber. Unter Berücksichtigung eines angemessenen Streubereiches sind keine Unterschiede festzustellen, die erreichten Härtungstiefen betragen in beiden Fällen $Eht_{550} = 0,7$ mm. Das Ergebnis der Einsatzhärtung ist also offensichtlich unabhängig von den hier untersuchten Verzahnverfahren; die umformungsbedingte Verfestigung der kaltgewalzten Räder hat keinen Einfluß auf das Härteergebnis nach der anschließenden Einsatzhärtung [2.1].

In Bild 2.51 sind die Zahnflankentragfähigkeitsergebnisse kaltgewalzter, einsatzgehärteter sowie vorgefräster, einsatzgehärteter und geschliffener Zahnräder gegenübergestellt.

Im Dauerfestigkeitsgebiet ergibt sich mit den angegebenen Werten rein rechnerisch ein Unterschied von 2 % zugunsten der gewalzten Räder. Die Unterschiedsbe-

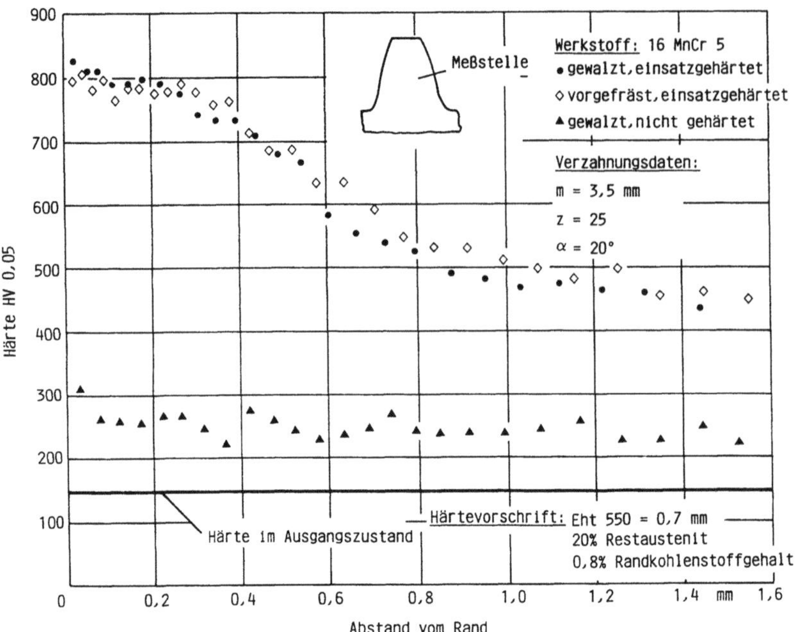

Bild 2.50. Härteverläufe in unterschiedlich hergestellten, einsatzgehärteten Zahnrädern aus 16 MnCr 5 (Meßstelle: Wälzkreis)

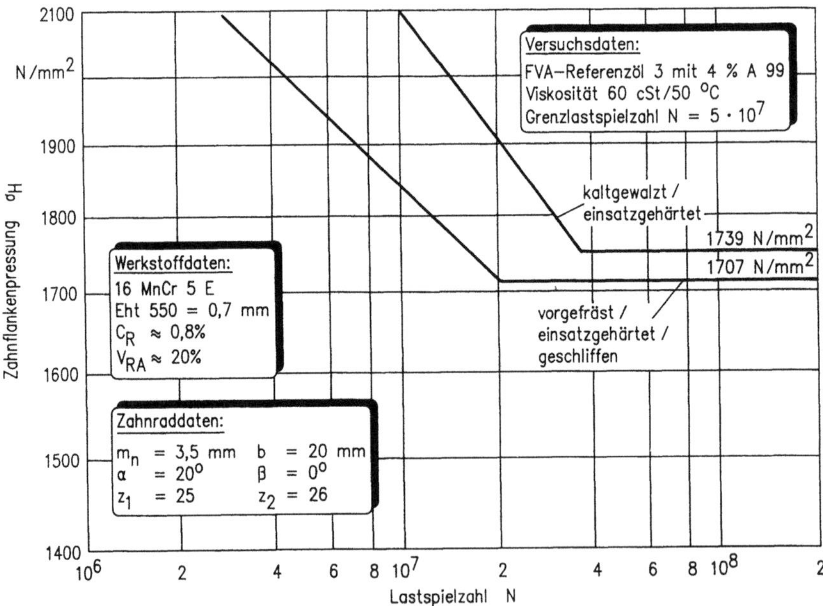

Bild 2.51. Zahnflankentragfähigkeit unterschiedlich hergestellter, einsatzgehärteter Zahnräder aus 16 MnCr 5 (50 % Ausfallwahrscheinlichkeit)

träge sind jedoch so gering, daß man den Prüfradserien unter Berücksichtigung unvermeidbarer Streuungen gleiche Tragfähigkeiten unabhängig vom Herstellverfahren bescheinigen muß. Der Einfluß des Kaltwalzens auf die Flankentragfähigkeit ist andeutungsweise nur aufgrund der Oberflächenqualität, d. h. der unterschiedlichen Flankenrauheiten (gewalzt: $R_z = 2{,}1\ \mu m$, geschliffen: $R_z = 4{,}1\ \mu m$) zu erkennen.

Bei diesen Rädern führt unabhängig vom Verzahnverfahren in der Zeitfestigkeit Grübchenbildung zum Ausfall der Räder, wobei die Grübchen entsprechend der Lage des Vergleichsspannungsmaximums im oberen Zeitfestigkeitsgebiet tiefer sind als im unteren. Dies veranschaulichen die in Bild 2.52 gegenübergestellten Fotographien der unterschiedlich hergestellten Prüfräder.

Der herstellungsbedingte Rauheitsunterschied der Zahnflanken äußert sich darin, daß bei den geschliffenen Rädern Oberflächenermüdung in Form von Graufleckigkeit auftritt. Damit ist eine frühzeitige Grübchenbildung verbunden (Bild 2.52, unten rechts). Aus letzterem resultiert die Verschiebung des Zeitfestigkeitsastes der Wöhlerlinie dieser Räder zu niedrigeren Lastwechseln. Die gewalzten Räder fallen

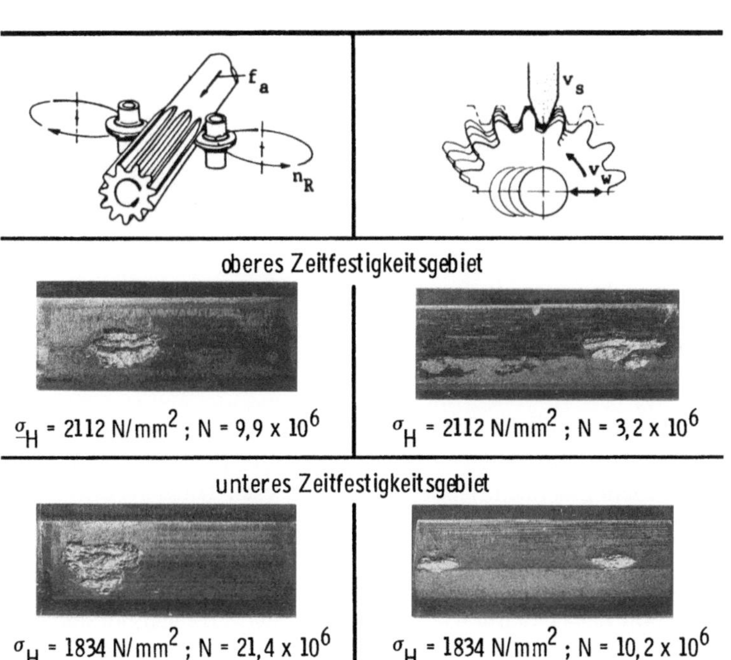

Bild 2.52. Typische Flankenschäden an unterschiedlich hergestellten, einsatzgehärteten Zahnrädern

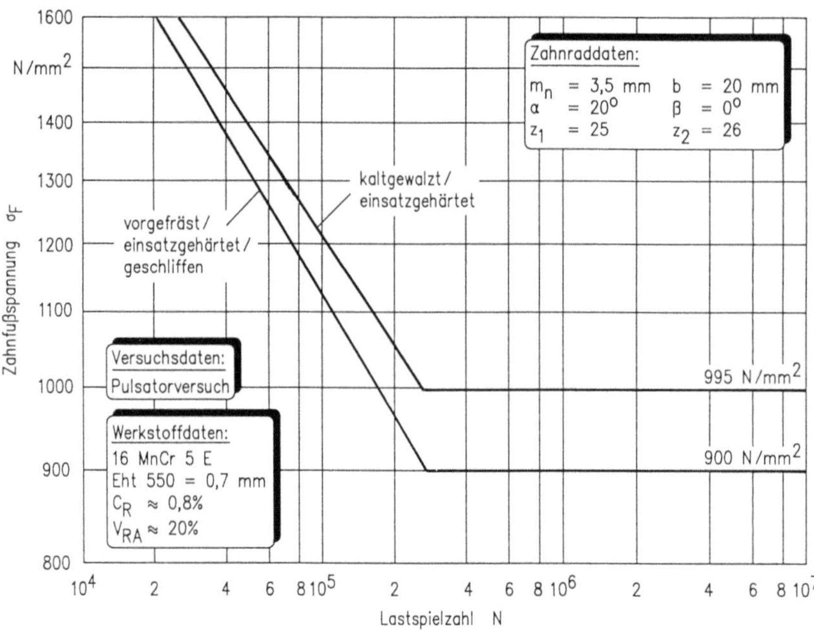

Bild 2.53. Zahnfußtragfähigkeit unterschiedlich hergestellter, einsatzgehärteter Zahnräder aus 16 MnCr 5 (50 % Ausfallwahrscheinlichkeit)

nach vergleichsweise größeren Lastspielzahlen aus. Hierbei sind häufig größere Ausbrüche (vgl. Bild 2.52, unten links) aus Flankenbereichen zu beobachten, die aufgrund der dort vorliegenden Form- und Taumelabweichungen stärker beansprucht wurden.

Die in Bild 2.53 dargestellten Zahnfußtragfähigkeitsergebnisse lassen eine um 11 % gesteigerte Dauerfestigkeit der gewalzten Räder gegenüber den vorgefräst/geschliffenen Rädern erkennen. Als Ursache für diesen Tragfähigkeitsgewinn kommen die Oberflächenqualitätsunterschiede der Zahnfußausrundungen in Betracht. Die gemittelte Rauhtiefe der gewalzten Räder betrug im bruchgefährdeten Bereich der 30°-Tangente R_z = 2,5 μm. Hingegen erreicht jene der vorgefräst geschliffenen Räder dort R_z = 12,9 μm – der Zahnfußbereich wird hier nur durch das Wälzfräsen bearbeitet. Somit beeinflussen die Verzahnverfahren die Fußtragfähigkeit der einsatzgehärteten Verzahnungen in erster Linie nur aufgrund der jeweils erzeugten Makro- und Mikrogeometrie.

Die im vorliegenden Abschnitt beschriebenen Untersuchungen zeigen, daß die umformungsbedingte Werkstoffveränderung kaltgewalzter Zahnräder beim Einsatzhärten rückgängig gemacht wird und demzufolge hier, unter dem Aspekt einer Tragfähigkeitsbeeinflussung, nahezu bedeutungslos ist. Tragfähigkeitsbegünstigend wirken sich beim Einsatz dieses Verzahnverfahrens jedoch die guten Oberflächen und die vorteilhafte Zahnfußausbildung aus [2.1, 2.31].

2.3.3 Plasmanitrierte, kaltgewalzte Verzahnungen

Das Plasmanitrieren von Verzahnungen bietet eine ganze Reihe von Vorteilen. Es sei vor allem der ohne Vorkorrekturen mögliche Verzicht auf eine Feinbearbeitung der Zahnflanken nach der Nitrierbehandlung genannt. Gerade dieser Aspekt läßt die Untersuchung der einbaufertig kaltgewalzten Zahnräder in Verbindung mit Nitrieren sinnvoll erscheinen [2.60, 2.61].

Der Einfluß des Kaltwalzens auf die Tragfähigkeit nitrierter Zahnräder wird durch die Gegenüberstellung der Versuchsergebnisse ermittelt, die mit gewalzten und gefräst/geschliffenen Rädern gleicher Werkstoffcharge und Wärmebehandlung erzielt wurden. Dazu wurden Versuche mit zwei typischen Zahnradstählen durchgeführt: Einerseits mit dem nitriergeeigneten Vergütungsstahl 42 CrMo 4; andererseits mit dem 14 CrMoV 6 9, der insbesondere im Getriebebau einen festen Platz als Nitrierstahl einnimmt. Die aus diesen Werkstoffen gefertigten Kaltwalz- bzw. Zahnradrohlinge wurden vor dem Verzahnen auf eine Zugfestigkeit von $R_m = 900$ N/mm^2 vergütet.

In Bild 2.54 sind Gefügebilder eines gewalzten und eines geschliffenen Zahnes nach dem Plasmanitrieren gegenübergestellt. Beide aus 42 CrMo 4 V hergestellten Verzahnungen wurden gleichzeitig 24 Stunden bei einer Temperatur von 530 °C plasmanitriert. Es fällt auf, daß beim kaltgewalzten Zahn die umformungsbedingte Streckung der Körner erhalten bleibt. Dies ist dadurch zu erklären, daß die Nitrier-

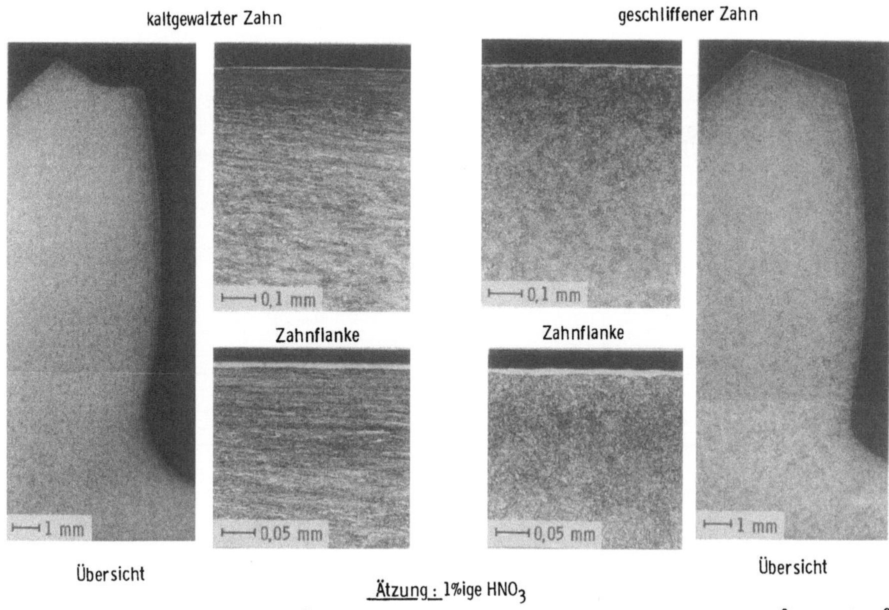

Bild 2.54. Gefügeaufnahmen einer kaltgewalzten und geschliffenen Verzahnung aus 42 CrMo 4 V nach dem Plasmanitrieren

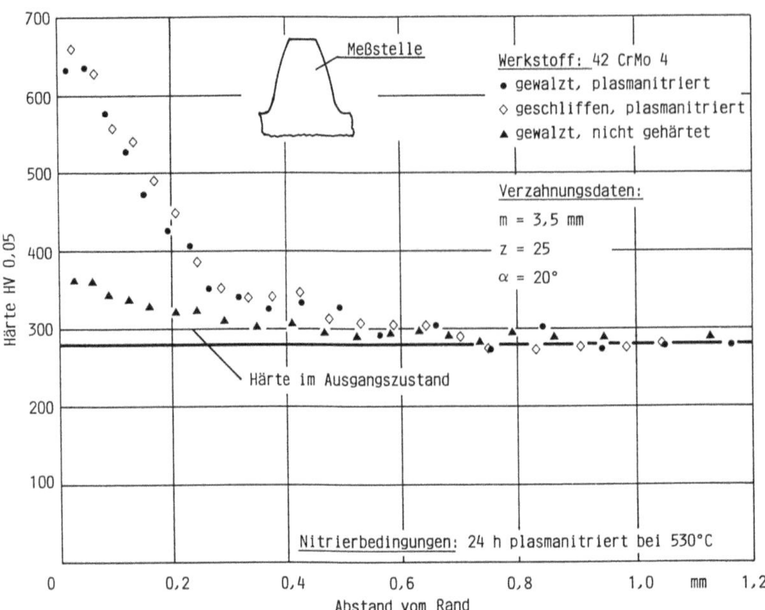

Bild 2.55. Härteverläufe in unterschiedlich hergestellten, plasmanitrierten Zahnrädern aus 42 CrMo 4 V (Meßstelle: Wälzkreis)

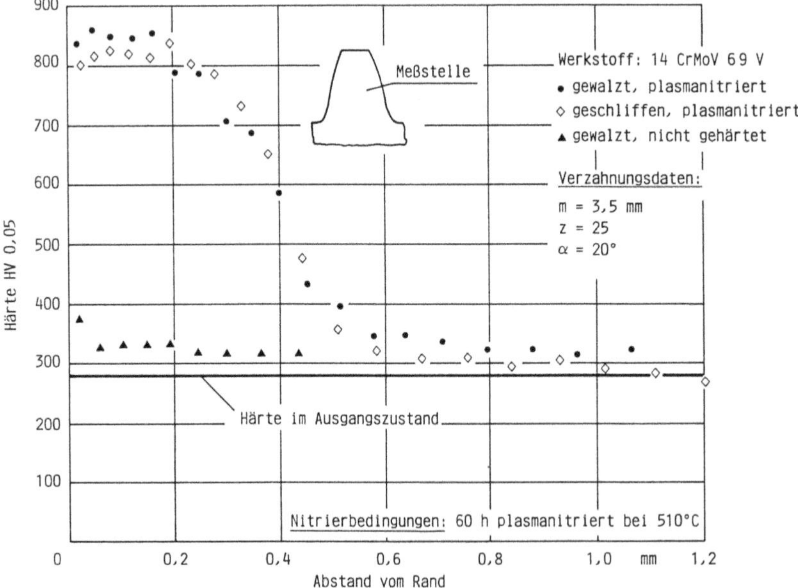

Bild 2.56. Härteverläufe in unterschiedlich hergestellten, plasmanitrierten Zahnrädern aus 14 CrMo V 6 9 V (Meßstelle: Wälzkreis)

temperatur im Bereich der Kristallerholung (400 °C bis 580 °C) liegt. In ihm heilen zwar infolge erhöhter Diffusionsgeschwindigkeit geringe Gitterstörungen aus, aber es tritt keine Änderung des Gefüges und der Korngrößen ein [2.54]. Die dunkler angeätzte, randnahe Diffusionszone erscheint beim gewalzten Zahn aufgrund der Zeiligkeit insbesondere im Zahnfußbereich intensiver.

Bei den Rädern aus plasmanitriertem 14 CrMoV 6 9 ergeben sich ähnliche Gefügebilder, wobei sich dort aufgrund der längeren Nitrierzeit (60 h bei 510 °C) lediglich die Diffusionszone über einen tieferen Randbereich erstreckt. Auf eine gesonderte Darstellung dieser Aufnahmen wurde deshalb verzichtet.

Die Bilder 2.55 und 2.56 beinhalten analog zu Bild 2.50 Mikrohärteverlaufskurven der plasmanitrierten Verzahnungen, gemessen normal zur Flankenoberfläche am Wälzkreis. Die Härtekurven haben den nitriertypischen Verlauf mit steilem Abfall in die Kernhärte des Grundwerkstoffes. Sie ist als waagerechte Gerade eingezeichnet. Durch das Kaltwalzen wie auch durch das Nitrieren erfährt nur eine eng begrenzte Randzone, jedoch nicht der Kern, eine Festigkeitssteigerung.

Der Vergleich aller Nitrierhärtekurven macht deutlich, daß sich ihre Tiefenverläufe nur in Abhängigkeit vom Werkstoff, aber nicht in Abhängigkeit vom Verzahnverfahren unterscheiden – trotz der bei den gewalzten Verzahnungen vorhandenen Fließstruktur. Die werkstoffbezogenen, unterschiedlichen Nitrierzeiten schlagen sich in den Härtewerten im Randbereich sowie in den Härtetiefen nieder. Die höchsten Randhärten erreichen die Räder aus 14 CrMoV 6 9 (Bild 2.56). Sie verlaufen im Gegensatz zum 42 CrMo 4 (Bild 2.55) im randnahen Bereich annähernd

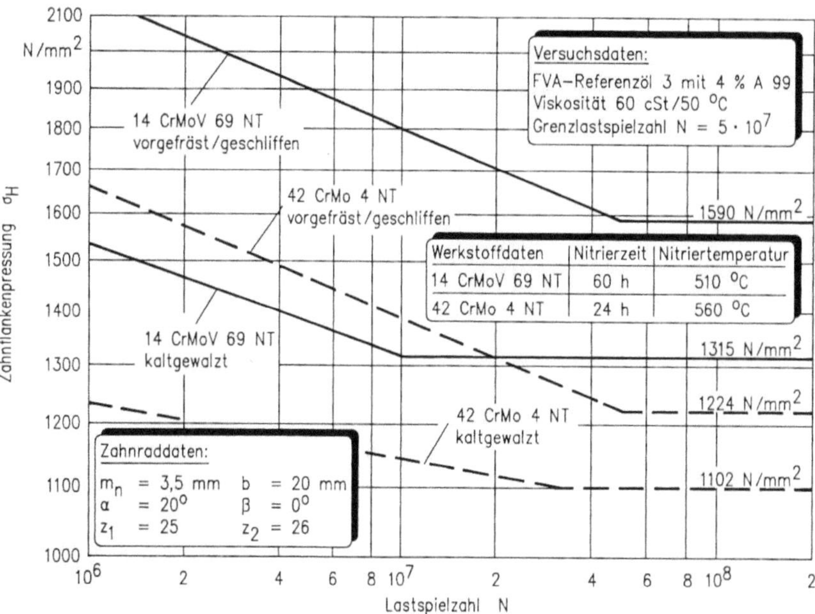

Bild 2.57. Zahnflankentragfähigkeit unterschiedlich hergestellter, plasmanitrierter Zahnräder (50 % Ausfallwahrscheinlichkeit)

konstant und gehen erst ab einer Tiefe von ca. 0,3 mm mit dem typischen Steilabfall zur Grundhärte über. Die Nitrierhärtetiefen betragen definitionsgemäß (Nht = HV (Kern) + 50) Nht = 0,35 mm beim 42 CrMo 4 und Nht = 0,58 mm beim 14 CrMoV 6 9 [2.71].

Bild 2.57 enthält eine Gegenüberstellung der Flankentragfähigkeitsergebnisse, die mit den geschilderten, plasmanitrierten Prüfrädern erzielt wurden. Die Tragfähigkeiten der vorgefräst geschliffenen Räder beider Werkstoffe liegen in Bereichen, die einschlägigen Untersuchungsergebnissen entsprechen [2.60, 2.61]. Demgegenüber weisen die kaltgewalzten Räder beider Werkstoffe wesentlich niedrigere Tragfähig-

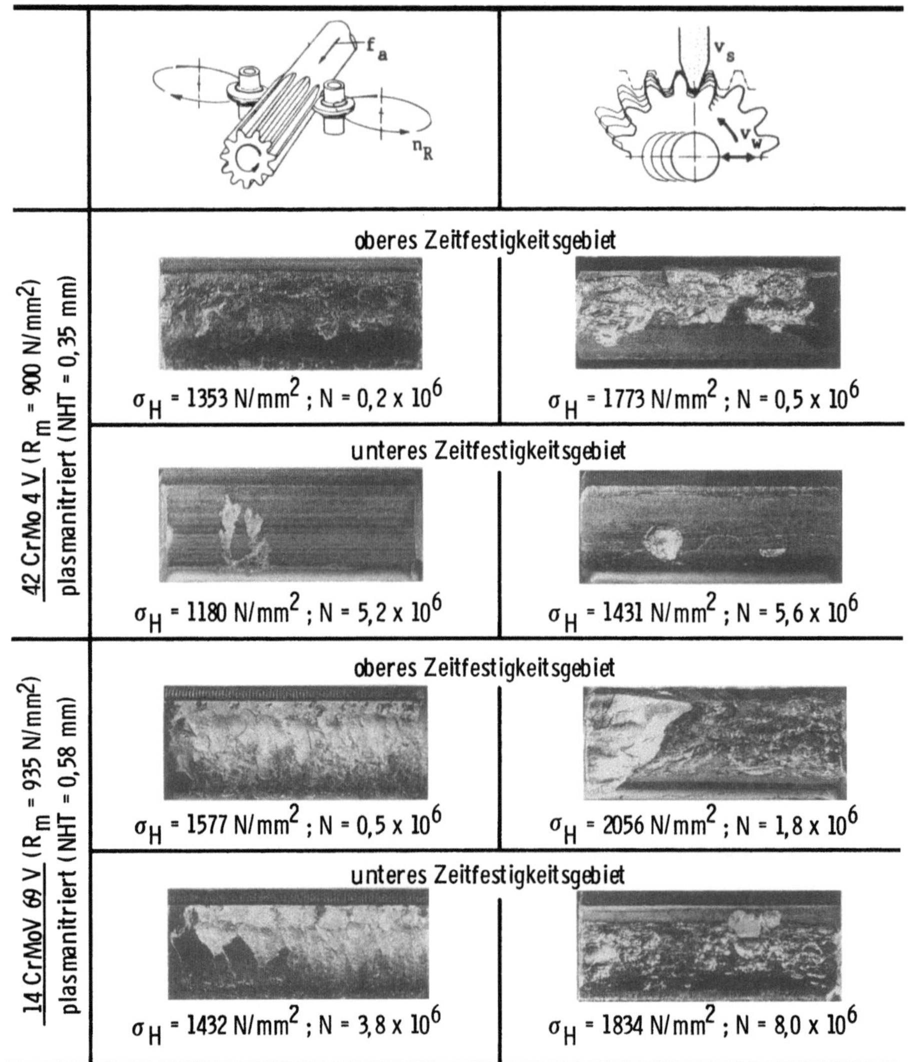

Bild 2.58. Typische Flankenschäden an unterschiedlich hergestellten, plasmanitrierten Zahnrädern

keiten auf. Dabei ist die Dauerfestigkeit beim 14 CrMoV 6 9 NT mit 17 % stärker vermindert als beim 42 CrMo 4 NT mit 10 %.

Während der Versuche konnte die typische Überlastempfindlichkeit nitrierter Zahnräder besonders ausgeprägt bei den gewalzten Rädern beobachtet werden. Dies schlägt sich in einem flacheren Verlauf ihrer Wöhlerlinien nieder. Flankenschädigungen vergrößern sich stark progressiv und führen insbesondere im oberen Zeitfestigkeitsgebiet innerhalb kürzester Zeit zu einer Zerstörung der gesamten Oberfläche dieser Zähne.

Dies veranschaulichen die im oberen Teil im Bild 2.58 gezeigten Fotografien, mit denen ausgeprägte typische Flankenschädigungen gewalzter und geschliffener Prüfräder zeilenweise einander gegenübergestellt werden. Derartige Schädigungen weisen jeweils nur wenige Zähne eines Rades auf, wobei unzulässige Teilungsfehler dieser Zähne ausgeschlossen werden können. Mit den Fotografien soll außerdem auf das unterschiedliche Ermüdungsverhalten der gewalzten und geschliffenen Räder im nitrierten Zustand aufmerksam gemacht werden: Die geschliffenen Räder erliegen durch tiefere Ausbrüche, wie die Fotos im rechten Bildteil dokumentieren. Dagegen weisen die gewalzten Räder unabhängig vom Werkstoff bereits bei relativ niedrigen Belastungen flache Oberflächenabplatzungen auf. Das Foto in der zweiten Zeile im linken Bildteil zeigt das Anfangsstadium einer solchen Abplatzung. Nach regelrechtem Abblättern der gesamten Oberfläche – das Foto in der vierten Zeile im linken Bildteil zeigt dies exemplarisch für beide Werkstoffe – führt vollständige Zahnflankendeformation zum Ausfall dieser Räder.

Die hier beschriebenen Untersuchungen zeigen, daß die umformungsbedingte Fließstruktur kaltgewalzter Zahnräder offenbar nach dem Plasmanitrieren für eine Wälzbeanspruchung ungeeignet ist [2.1].

Die Zahnfußtragfähigkeiten der diskutierten plasmanitrierten Zahnräder sind als Wöhlerlinien in Bild 2.59 dargestellt. Den eingezeichneten Kurvenverläufen zufolge weisen die spanend gefertigten, plasmanitrierten Räder erwartungsgemäß das gleiche Verhältnis Zeit/Dauerfestigkeit auf. Dabei wird mit dem 14 CrMoV 6 9 die höhere Tragfähigkeit erzielt. Mit beiden Werkstoffen werden die Werte der einsatzgehärteten Räder gleicher Herstellung übertroffen (vgl. Bild 2.53).

Während der·Versuche war sehr deutlich das unterschiedliche Bruchverhalten zwischen einsatzgehärteten und nitrierten Bauteilen zu beobachten: schlagartiges, sprödes Ausbrechen der einsatzgehärteten Zähne im Gegensatz zu zäher Rißausbreitung ohne Gesamtabriß bei den nitrierten Zähnen. Die gewalzten plasmanitrierten Räder beider Werkstoffe verhalten sich in Relation zu den entsprechenden vorgefräst/geschliffenen Vergleichsrädern vollkommen konträr. Das zeigen ihre unterschiedlichen Wöhlerlinienverläufe. Die gewalzten Räder aus 42 CrMo 4 NT weisen in allen Bereichen gesteigerte Tragfähigkeiten auf und übertreffen die Vergleichsverzahnung im Dauerfestigkeitsgebiet um 26 %. Demgegenüber erträgt der 14 CrMoV 6 9 NT im Vergleich zur Referenzverzahnung im oberen Zeitfestigkeitsgebiet höhere Lastspielzahlen bis zum Bruch, wohingegen seine Dauerfestigkeit bei einer um 20 % verminderten Zahnfußspannung liegt.

Die Gefügeaufnahmen durch den Bruch eines gewalzten, plasmanitrierten Zahnes aus 14 CrMoV 6 9 (Bild 2.60) tragen zur Klärung der verminderten Zahnfußtragfähigkeit dieser Räder bei. Die Ausschnittsvergrößerungen im rechten Bildteil zei-

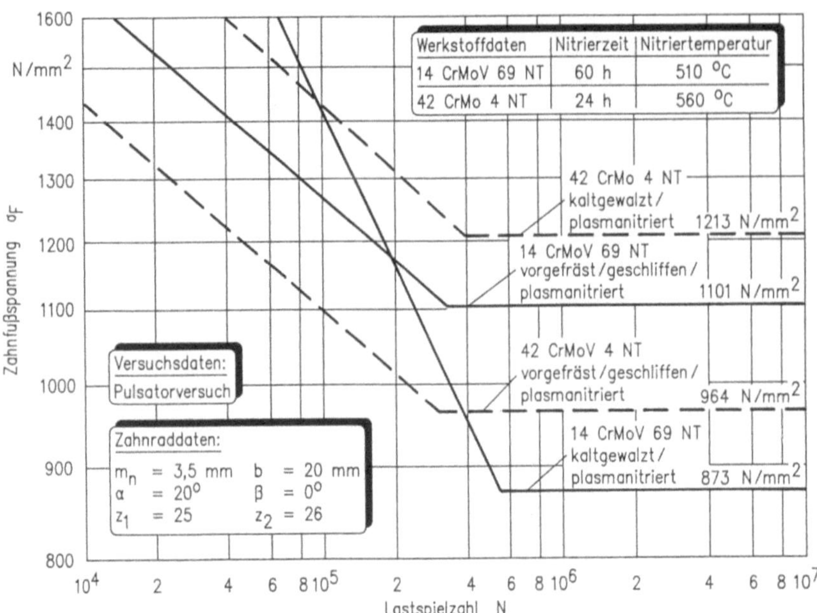

Bild 2.59. Zahnfußtragfähigkeit unterschiedlich hergestellter, plasmanitrierter Zahnräder (50 % Ausfallwahrscheinlichkeit)

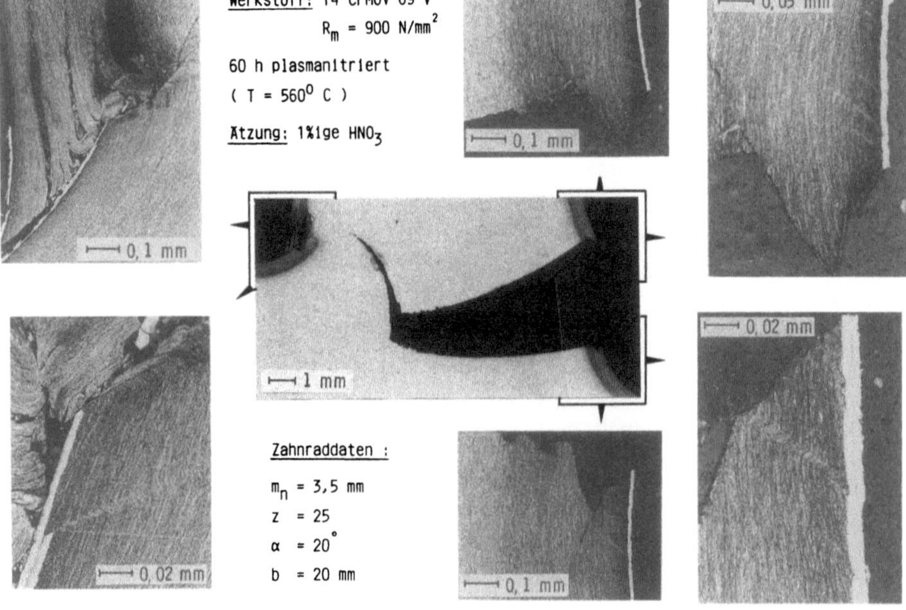

Bild 2.60. Gefügeaufnahmen vom Zahnfußbruch eines gewalzten, spannungsarmgeglühten, plasmanitrierten Zahnrades aus 14 CrMoV 6 9 V

gen, daß der Bruchbeginn im Gebiet der wellenartigen Fließlinienstörungen im Bereich der 30°-Tangente an der Zahnfußausrundung liegt. Der Bruch, dessen Verlauf in der dunkel angeätzten Diffusionszone durch abrupte Richtungsänderungen charakterisiert ist, ändert zusätzlich seine Richtung beim Durchschneiden einer Fließlinienwelle (Ausschnittsvergrößerung unten rechts). Die Störungen der Fließstruktur wirken sich also offensichtlich anrißbegünstigend für Zahnfußbrüche aus. Die Prüfverzahnung ist jedoch im Bereich der aufgebrachten Hertz'schen Pressung, was die Fußbeanspruchung betrifft, nicht kritisch, wie die Laufversuche gezeigt haben.

Die links im Bild enthaltenen Ausschnittsvergrößerungen stellen das Gefüge im Knickbereich des Zahnes dar, der dem Anriß gegenüberliegt. Mit der unteren linken Aufnahme wird die bruchbegünstigende Wirkung einer Fließlinienwelle herausgestellt, die gewissermaßen als Scherebene für den Bruch und den Versatz der Flanke gedient hat.

Die obere linke Aufnahme zeigt, daß infolge der Zahndeformation die Diffusionszone der Flanke in Fließstrukturrichtung gerissen ist und sich schichtweise schält. Hieraus kann man stark richtungsabhängiges (anisotropes) Verhalten des durch Nitrieren gehärteten Fließbereiches ablesen. Damit läßt sich sowohl die verminderte Flankenfestigkeit der gewalzten, nitrierten Zahnräder beider untersuchter Werkstoffe als auch die gesteigerte Festigkeit der gewalzten, nitrierten Zahnräder aus 42 CrMo 4 erklären. Sie ist als Normalfall mit ungestörter Fließstruktur anzusehen. Anisotropes Werkstoffverhalten wirkt sich demgegenüber nachteilig bei Wälzbeanspruchung (Zahnflankentragfähigkeit) aus, da dabei quer zur Faser verlaufende Belastungsanteile auftreten, die nur bedingt aufgefangen werden können. Dies wirkt sich dagegen vorteilhaft für die Biegewechselbeanspruchung im Zahnfuß (Zahnfußtragfähigkeit) aus, da hierbei überwiegend Zug-Druckbelastungen auftreten, die vorzugsweise in der widerstandsfähigen Faserlängsrichtung verlaufen [2.1, 2.31].

2.3.4 Vergleich der Zahnflanken- und Zahnfußdauerfestigkeiten kaltgewalzter und geschliffener Verzahnungen

In den beiden folgenden Bildern sind die Tragfähigkeitsergebnisse der in Abschnitt 2.3 geschilderten Versuche anhand der Dauerfestigkeitswerte zusammengefaßt.

Bild 2.61 enthält die Ergebnisse der Zahnflankentragfähigkeitsvergleiche zwischen kaltgewalzten und spanend gefertigten Zahnrädern. Hierbei wurden die in Laufversuchen experimentell ermittelten Werte für die dauerfest am Wälzkreis ertragene Flankenpressung σ_H in Form von Balkendiagrammen gegenübergestellt.

Analog dazu sind in Bild 2.62 die Ergebnisse der Zahnfußtragfähigkeitsvergleiche derselben Varianten zusammmengefaßt. Dabei sind die in Pulsatorversuchen ermittelten Werte für die maximale Tangentialspannung am Zahnfuß σ_F aufgetragen, die auch hier die Bauteileigenschaften der Zahnräder unter Berücksichtigung makrogeometrischer Unterschiede beschreibt.

In vergleichenden Tragfähigkeitsuntersuchungen mit vorgefräst/geschliffenen sowie vorgefräst/geschabten Rädern aus vergütetem 42 CrMo 4 konnte für die gewalzten Räder eine um 23 % bzw. 35 % gesteigerte Zahnflankendauerfestigkeit ermittelt werden (Bild 2.61). Seitens der Zahnfußtragfähigkeit ergab sich eine Stei-

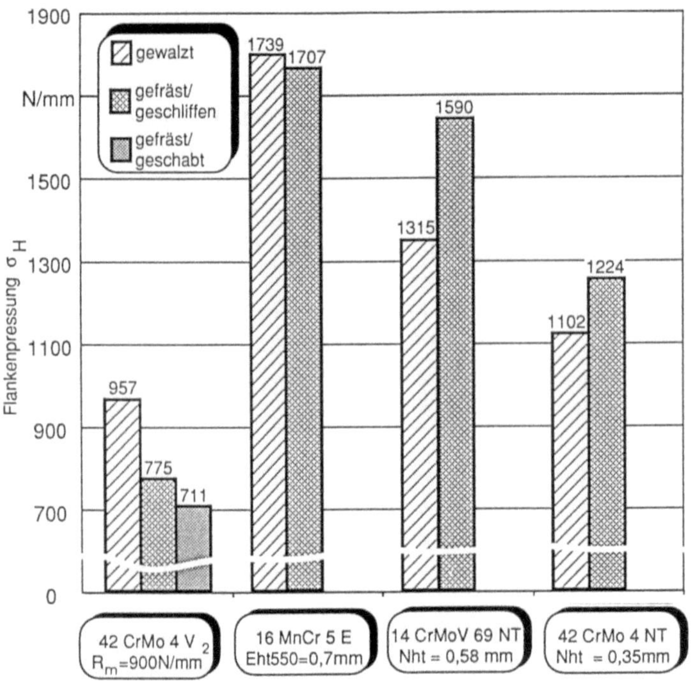

Bild 2.61. Experimentell ermittelte Zahnflankentragfähigkeitskennwerte kaltgewalzter und spanend gefertigter Zahnräder

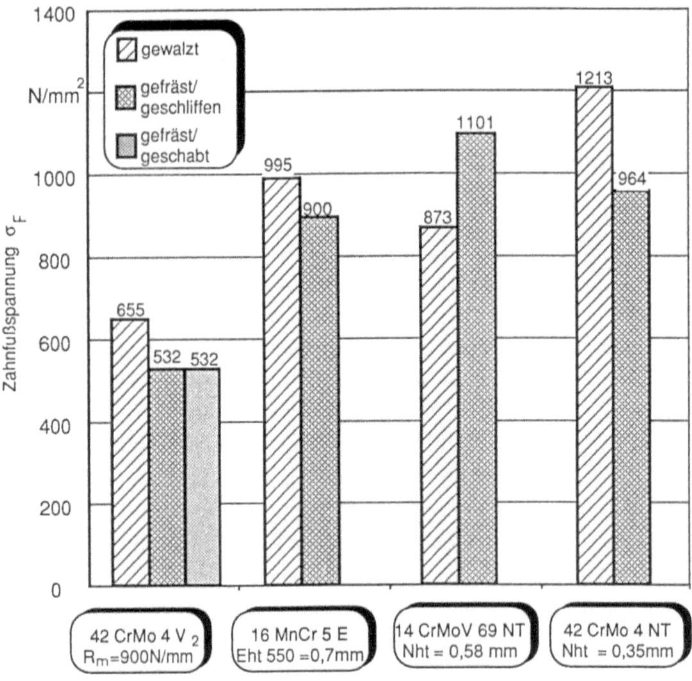

Bild 2.62. Experimentell ermittelte Zahnfußtragfähigkeitskennwerte kaltgewalzter und spanend gefertigter Zahnräder

gerung der Dauerfestigkeit der gewalzten Räder um 25 % (Bild 2.62). Die Steigerungen sind auf die hohe Oberflächenqualität und die Oberflächenverfestigung sowie die Gestaltung der Fußausrundung (vgl. Bild 2.43) zurückzuführen.

Die gewalzten, einsatzgehärteten Zahnräder aus 16 MnCr 5 ließen gegenüber den vorgefräst/geschliffenen Vergleichsrädern geringfügig gesteigerte Zahnflankendauerfestigkeiten (vgl. Bild 2.61) erkennen, die auf ihre bessere Oberflächenqualität zurückgeführt werden.

Die Zahnfußdauerfestigkeiten lagen aus dem gleichen Grund um 11 % höher als die der spanend gefertigten Vergleichsräder (vgl. Bild 2.62). Da die umformungsbedingte Werkstoffveränderung kaltgewalzter Zahnräder beim Einsatzhärten rückgängig gemacht wird (vgl. Bild 2.49), ist sie unter dem Aspekt einer Tragfähigkeitssteigerung bedeutungslos.

Tragfähigkeitsbegünstigend wirken sich die herstellungstypische Oberflächenqualität und die erreichbare, günstigere Zahnfußgeometrie aus. In Zahnflankentragfähigkeitsvergleichen wurden mit den gewalzten, plasmanitrierten Zahnrädern aus 14 CrMoV 6 9 und 42 CrMo 4 nicht die Flankenfestigkeiten der konventionell hergestellten Referenzräder erreicht (vgl. Bild 2.61). Ihr Schadensverhalten (vgl. Bild 2.58) ließ erkennen, daß im untersuchten Fall die nitrierte Fließstruktur für eine Wälzbeanspruchung ungeeignet ist.

Die Zahnfußbelastbarkeit der gewalzten, plasmanitrierten Räder beider Werkstoffe verhielten sich gegenüber den spanend gefertigten Rädern vollkommen gegensätzlich. Aufgrund einer Fließstörung im Zahnfußbereich ist die Dauerfestigkeit der gewalzten, plasmanitrierten Räder aus 14 CrMoV 6 9 V gegenüber den entsprechenden Vergleichsrädern um 20 % vermindert; demgegenüber lag die der gewalzten, plasmanitrierten Räder aus 42 CrMo 4 V, die keine Fließstörungen aufweisen, um 26 % höher als die der entsprechenden Vergleichsräder (vgl. Bild 2.62). Ursache ist auch hier das angepaßte anisotrope Werkstoffverhalten der nitrierten Varianten, das sich im Falle ungestörter Fließstruktur vorteilhaft auf die Biegewechselbeanspruchung in der Zahnfußausrundung auswirkt.

3 Schwingungs- und Geräuschverhalten von Getrieben

von S. Lachenmaier, Chr. Plewnia, W. Rautenbach, H. Saljé, M. Weck und W. Wittke

Das Schwingungs- und Geräuschverhalten von Getrieben tritt unter dem Gesichtspunkt des Umweltschutzes bei der Abnahme von Getrieben mehr und mehr in den Vordergrund. Verschärft wird diese Situation durch Aktivitäten des Gesetzgebers sowohl im industriellen Bereich als auch auf dem privaten Sektor [3.5, 3.33]. Infolge der restriktiveren Lärmgrenzwerte erhalten neue Anlagen, die diesen Vorschriften nicht entsprechen, keine Betriebserlaubnis mehr.

Von der technischen Seite her ist festzustellen, daß die Leistungsdichte in allen Bereichen des Maschinenbaus ständig gestiegen ist. Dies gilt vor allem im Zahnradgetriebebau, für den hohe Betriebssicherheit, geringes Leistungsgewicht und hoher Wirkungsgrad bei der Lösung vielfältiger Antriebsprobleme als Qualitätsmerkmale im Vordergrund stehen. Diese Forderungen stehen den wünschenswerten, geringen Geräuschemissionen zum Teil entgegen. So führt das sinkende Leistungsgewicht einerseits zu einem Geräuschanstieg, während andererseits die Verbesserung der Verzahnungsqualität, die zur Steigerung der Betriebssicherheit und des Wirkungsgrades angestrebt wird, häufig die Schallemission reduziert.

Die Problematik des Geräuschverhaltens von Leistungsgetrieben, die als Bauelemente in technischen Anlagen überall eingesetzt werden, wird in diesem Abschnitt behandelt. Dabei wird aufgezeigt, welche Schallemission von Getrieben heutiger Bauart zu erwarten ist, weiterhin werden konstruktive Wege zur Reduzierung der Geräuschemission gewiesen. Hierzu bedarf es der Kenntnisse über die Geräuschentstehung in Getrieben und deren meßtechnische Erfassung. Aus diesem Grund beschäftigt sich dieser Abschnitt zunächst mit Mitteln und Wegen zur Messung und Analyse von Geräuschen mit Hilfe modernster Meßtechnik. Der zweite Teil des Abschnitts beschreibt die Entstehung von Getriebegeräuschen und Maßnahmen zu ihrer Minderung.

3.1 Geräuschmessung von Leistungsgetrieben

Getriebe befinden sich stets in einem System verketteter Schallquellen (Antriebsmotor, Getriebe, Arbeitsmaschine). Deshalb können Getriebegeräusche bis auf Meßaufbauten im Labor nie allein, sondern stets nur in Verbindung mit den Geräuschen des Motors und der Arbeitsmaschine gemessen werden. Der Ermittlung des Fremdgeräusches kommt daher die entscheidende Bedeutung bei der Bestimmung des Schalleistungspegels von Getrieben zu. Dieser Emissionskennwert kann oft nur durch den Einsatz von Sondermeßverfahren ermittelt werden.

3.1.1 Kenngrößen

Als Schall werden mechanische Schwingungen von festen, flüssigen oder gasförmigen Stoffen mit Frequenzen von etwa 16 Hz bis maximal 16000 Hz bezeichnet. Innerhalb dieser Frequenzspanne kann das menschliche Gehör Schwingungen als Schall wahrnehmen [3.15].

Die meßtechnische Grundgröße ist der Schalldruck; er ist ein dem atmosphärischen Gleichdruck überlagerter zeitabhängiger Wechseldruck (Größenordnung 10^2 bis 10^{-5} N je m^2). Zur Berechnung von Schallkennwerten ist von dem zeitlich schwankenden Schalldruck der Effektivwert zu bilden:

$$p_{eff} = \sqrt{\frac{1}{T} \int_0^T p^2(t)\, dt} \quad \left[N\ m^2 \right] \text{mit } T \to \infty. \tag{3.1}$$

In technischen Meßgeräten wird der Effektivwert während einer endlichen Zeit T (Größenordnung 1 s) gebildet.

Als Schallschnelle bezeichnet man die Geschwindigkeit, mit der die Materieteilchen im Schallfeld oszillieren. Der Effektivwert errechnet sich zu:

$$v_{eff} = \sqrt{\frac{1}{T} \int_0^T v^2(t)\, dt} \quad \left[m\ s \right] \text{mit } T \to \infty. \tag{3.2}$$

Diese Größe ist nicht zu verwechseln mit der Schallgeschwindigkeit c_L (Ausbreitungsgeschwindigkeit der Schallenergie).

Luftschall ist vom menschlichen Gehör über einen sehr großen Druckbereich wahrnehmbar. Bei einer Frequenz von 1000 Hz liegt die Hörschwelle – die untere Grenze bei der ein Schalldruck gerade noch wahrgenommen werden kann – bei einem Effektivwert von etwa $2 \cdot 10^{-5}$ N/m^2, die Schmerzgrenze liegt oberhalb eines effektiven Schalldrucks von 20 N/m^2. Die Angabe des Schalldrucks zur Kennzeichnung eines Geräusches ist aufgrund dieses großen Bereiches unübersichtlich; auch hat eine lineare Skala der Schallfeldkenngrößen wenig gemeinsam mit der Sinnesempfindung des Menschen.

Diese Gründe haben dazu geführt, in der technischen Akustik Pegelmaße zu definieren. Die Benennung für diese dimensionslose Größe ist das dB (dezi-Bel). Als wichtige akustische Kenngrößen, welche die abgestrahlte Schallemission einer Geräuschquelle eindeutig und reproduzierbar beschreiben, haben sich der A-bewertete Schalldruckpegel L_{pA} und der Schalleistungspegel L_{WA} durchgesetzt. Der Schalldruckpegel ist folgendermaßen definiert:

$$L_p = 10 \cdot \lg \left(\frac{p_{eff}^2}{p_0^2} \right) = 20 \cdot \lg \left(\frac{p_{eff}}{p_0} \right) \quad [dB]. \tag{3.3}$$

Als Bezugsschalldruck ist ein Wert von $p_0 = 2 \cdot 10^{-5}$ N/m^2 festgelegt. Für den Schalleistungspegel gilt:

$$L_w \;=\; 10 \cdot \lg \left(\frac{P}{P_0} \right) \; [\text{dB}]. \tag{3.4}$$

mit der Schalleistung P und der Bezugsschalleistung $P_0 = 1 \cdot 10^{-12}$ W.

Die Schalleistung P ist die von der Schallquelle abgestrahlte Schalleistung in Watt bzw. das Integral der Schallintensität I über die die Schallquelle einhüllende Fläche S:

$$P = \int_S \vec{I} \, d\vec{S} \quad [\text{W}]. \tag{3.5}$$

Die Schallintensität ist die Schallenergie, die je Zeiteinheit durch die Flächeneinheit strömt; sie ergibt sich aus dem Produkt von Schalldruck und Schallschnelle:

$$I = p_{eff} \cdot v_{eff} \quad \left[\text{W/m}^2 \right]. \tag{3.6}$$

Die Schallschnelle ist meßtechnisch nur sehr schwierig zu erfassen. Bei Messungen im Fernfeld, d.h. bei ausreichend großem Abstand des Meßpunktes von der Geräuschquelle, sind Schalldruck und Schallschnelle proportional zueinander, so daß gilt:

$$v_{eff} \;=\; \frac{1}{\rho_L \cdot c_L} \cdot p_{eff} \tag{3.7}$$

mit $\rho_L \cdot c_L$ als Schallkennimpedanz Z_0 der Luft (408 Ns/m^3), ρ_L Dichte der Luft und c_L Schallgeschwindigkeit. Unter dieser Voraussetzung läßt sich die Schallschnelle durch den Schalldruck ausdrücken. Für die Schallintensität ergibt sich somit:

$$I = \frac{1}{\rho_L \cdot c_L} \cdot p_{eff}^2 \;. \tag{3.8}$$

Die Schalleistung ergibt sich aus der Schallintensität I und der tatsächlich durchströmten Fläche S:

$$P \;=\; \frac{1}{\rho_L \cdot c_L} \int p_{eff}^2 \; d\vec{S}. \tag{3.9}$$

Gleichung (3.9) gilt jedoch nur für die Annahme, daß der Schalldruck $p(t)$ und die Schallschnelle $\vec{v}(t)$ die gleiche Phasenlage haben. Diese Bedingung ist in ausreichender Entfernung von der Schallquelle erfüllt. Der notwendige Meßabstand ergibt sich aus der unteren Frequenzgrenze und dem Strahlertyp. Bei Luftschallmessungen auf einer Meßfläche nach DIN 45635 ist der Nahfeldfehler zu vernachlässigen.

Neben der Einschränkung, daß die Beziehung (3.9) nur für das Fernfeld einer Quelle gilt, ist zu berücksichtigen, daß eine Druckmessung keine Richtungsinformation beinhaltet. Fremdgeräusche und durch Raumreflexion entstehende Schallanteile können nicht von der Geräuschemission der zu messenden Quelle unterschieden werden.

Deshalb sind Korrekturwerte für Fremdgeräusch und den Raumeinfluß zur Schalleistungsbestimmung notwendig. Ihre genaue Ermittlung ist im Gegensatz zu

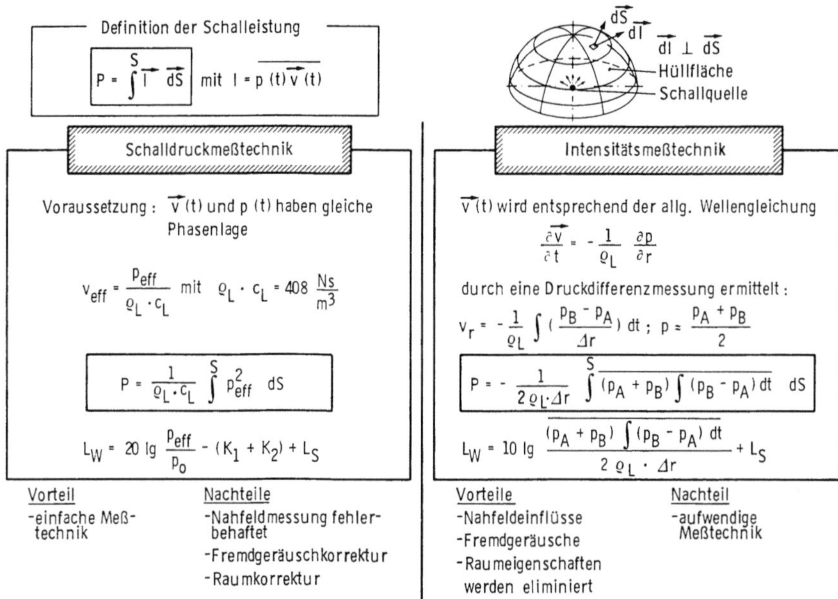

Bild 3.1. Möglichkeiten der Schalleistungsbestimmung

der ansonsten einfachen Schalldruckmeßtechnik oft nur mit großem meßtechnischen Aufwand möglich [3.37].

Bild 3.1 gibt im linken Bildteil einen Überblick über die Formeln, die zur Bestimmung der Schalleistung mit Hilfe der Schalldruckmeßtechnik notwendig sind. Der rechte Bildteil stellt ein weiteres Verfahren zur Bestimmung der Schalleistung, die Schallintensitätsmessung, vor. Bei ihr können Nahfeldeinflüsse, Fremdgeräusche und Raumeinflüsse schon während der Meßwertaufnahme berücksichtigt werden.

Die Messung der Schallintensität, die von einer Schallquelle abgestrahlt wird, setzt die Ermittlung des Schalldruckes p(t) und der Schallschnelle $\vec{v}$(t) voraus, da die Schallintensität als Produkt der beiden Größen definiert ist (s. Gl. 3.6). Da eine direkte Messung der Schallschnelle $\vec{v}$(t) sehr schwierig ist, wird bei den bisher bekannt gewordenen Verfahren [3.4, 3.22] die Schallschnelle über den Druckgradienten bestimmt.

Aus der Wellengleichung läßt sich ableiten, daß der Wirkanteil der gerichteten Schallschnelle sich über diesen Gradienten δ_p/δ_r formulieren läßt [3.3]:

$$v_r = -\frac{1}{\rho_L} \cdot \int \frac{\delta p}{\delta r}\, dt \quad [\text{m/s}] \tag{3.10}$$

Die Richtung von r ist als Normale auf das Flächenelement dS definiert (s. Bild 3.1). Wird nun der Druckgradient mit Hilfe zweier Mikrofone A und B, die im Abstand Δr angeordnet sind, durch den Differenzenquotienten $(p_B-p_A)/\Delta r$ ersetzt, so gilt für ein gegenüber der Schallwellenlänge kleines Δr ($\Delta r \ll \lambda$):

$$v_r = -\frac{1}{\rho_L} \cdot \int \frac{p_B - p_A}{\Delta r}\, dt. \tag{3.11}$$

Mit dem Schalldruck als arithmetischem Mittel der von den Mikrofonen A und B gemessenen Werte ergibt sich die Schallintensität (vgl. Gl. 3.6) und die Schalleistung (vgl. Gl. 3.5) in der Form:

$$I_r = -\frac{1}{2 \cdot \rho_L \cdot \Delta r} \cdot \overline{(p_A + p_B) \cdot \int (p_B - p_A)\, dt}, \tag{3.12}$$

$$P = -\frac{1}{2 \cdot \rho_L \cdot \Delta r} \cdot \int_S \overline{(p_A + p_B) \cdot \int (p_B - p_A)\, dt}\, dS. \tag{3.13}$$

3.1.2 Schalldruckmeßtechnik

Das für die Schalleistungsbestimmung von Getrieben bisher meist eingesetzte Meßverfahren ist das in DIN 45635, Teil 1 und Teil 23 [3.9] beschriebene Hüllflächenverfahren, das von einer quasi freien Schallausbreitung über einer reflektierenden Oberfläche ausgeht. Unter Berücksichtigung von Korrekturwerten für das Fremdgeräusch (K_1) und dem Raumeinfluß (K_2) ergibt sich der A-bewertete Schalleistungspegel aus (3.4) mit dem Meßflächenmaß L_S zu:

$$L_{WA} = \overline{L}_{pA} - (K_1 + K_2) + L_S \quad [dB(A)] \tag{3.14}$$

mit:
gemittelter Schalldruckpegel: $\quad\overline{L}_{pA}$
Korrekturwert für Fremdgeräusch: K_1
Korrekturwert für Raumeinfluß: $\quad K_2$
Meßflächenmaß: $\qquad\qquad\quad L_S = 10 \cdot \lg S/S_0 \; [dB]$ $\qquad$ (3.15)
Bezugsmeßfläche: $\qquad\qquad S_0 = 1\,m^2$

Die Meßfläche S folgt der Gehäuseoberfläche (äußere Kontur) als Hüllfläche in einem festen Abstand (Meßabstand) in einer flachen geometrischen Form (vorzugsweise einem Quader).

Dabei bleiben einzelne herausragende Bauteile, die nicht wesentlich zur Schallabstrahlung beitragen, unberücksichtigt (Bild 3.2). Die Meßfläche endet an schallreflektierenden Begrenzungsflächen des Aufstellungsortes – z. B. am Fußboden oder eventuell an Wänden (d.h., dort ist keine Meßfläche vorhanden) – oder sie ist in sich geschlossen.

Der Meßabstand beträgt im allgemeinen einen Meter von der Gehäuseoberfläche. Kleinere Abstände zur Verminderung des Fremdgeräusches sind möglich, dabei muß jedoch auf Interferenzen im Nahfeld geachtet werden. Die Meßpunkte sollen gleichmäßig auf der Meßfläche verteilt liegen. Die Anzahl hängt von der Größe des

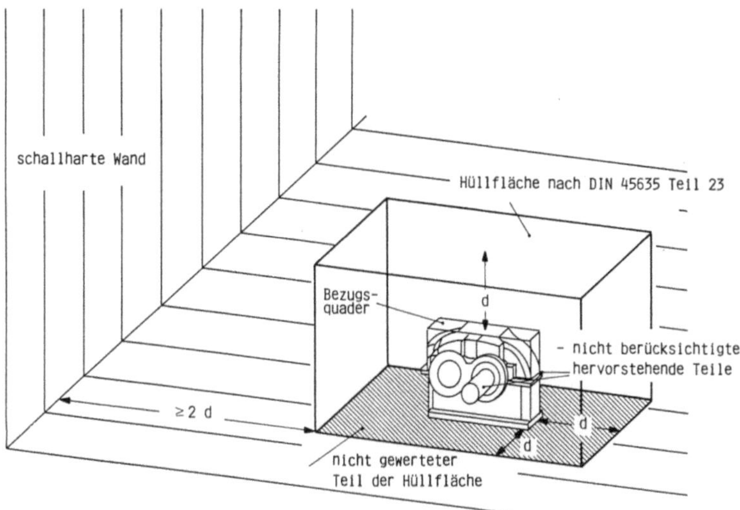

Bild 3.2. Hüllflächenverfahren - Beispiel einer Meßflächenanordnung

Getriebes und der Gleichmäßigkeit des Schallfeldes ab. Nähere Angaben über Anordnung und Anzahl der Meßpunkte sind in der DIN 45 635, Teil 23, zu finden.

Die Geräuschmessungen werden in der Regel bewertet durchgeführt, d.h. der gemessene Schalldruckpegel wird frequenzabhängig gewichtet. Vorgeschrieben (DIN 45 635, Blatt 1) ist die A-Bewertung. Sie findet auch heute international vorrangig Anwendung. Im folgenden wird die Ermittlung der einzelnen Größen näher beschrieben.

Der gemittelte Schalldruckpegel $\overline{L}_{pA}$ wird über die Hüll-Meßfläche S aus Messungen an einzelnen Meßpunkten bestimmt. Ist an den einzelnen Meßpunkten der Unterschied zwischen Größt- und Kleinstwert kleiner als 6 dB, so kann die räumliche Mittelung arithmetisch erfolgen, wobei n die Anzahl der Meßstellen darstellt und i die Nummer der Meßstelle:

$$\overline{L}_{pA} = \frac{1}{n} \sum_{i=1}^{n} L_{pAi} \quad [dB(A)]. \tag{3.16}$$

Ist der Unterschied größer als 6 dB, so sind die Leistungen der n einzelnen Schalldruckpegel entsprechend den Flächenanteilen S_i zu mitteln. Dies kann mit Hilfe einer Tabelle nach DIN 45 635, Blatt 1, erfolgen oder direkt nach der Beziehung:

$$\overline{L}_{pA} = 10 \cdot \lg \frac{1}{n} \sum_{i=1}^{n} 10^{0,1 \cdot L_{pAi}} \quad [dB(A)]. \tag{3.17}$$

Zur Bestimmung der Schalleistung bzw. des Schalleistungspegels muß der Inhalt der Meßfläche bekannt sein, die das Getriebe umgibt. Das sich aus dem Meßflächeninhalt ergebende „Meßflächenmaß" errechnet sich nach Gleichung (3.15).

3.1.2.1 Fremdgeräusch

Zur Bestimmung des Fremdgeräuschkorrekturwertes K_1 ist es erforderlich, diejenigen Anteile am Gesamtgeräusch zu bestimmen, die nicht vom untersuchten Getriebe erzeugt und unmittelbar abgestrahlt werden. Diese Aufspaltung des Gesamtgeräusches auf die verschiedenen Geräuschquellen stellt bei der Erfassung von Getriebegeräuschen das größte Problem dar.

Die Korrekturverfahren nach der Norm [3.9] setzen jedoch die Kenntnis dieses Fremdgeräuschpegels voraus, wobei dieser Pegel kleiner oder höchstens gleich dem Getriebegeräuschpegel sein darf.

Zur Reduzierung bzw. Separierung des Fremdgeräuschanteils bieten sich grundsätzlich zwei Wege an:

1. Reduzierung durch aufwendige Prüfstandsaufbauten (Abschirmung, Kapselung) oder entsprechende Schallmeßräume (externe Antriebs- und Belastungseinheit);
2. Separierung durch spezielle Meß- und Analyseverfahren.

Maßnahmen zum ersten Weg sind in der Norm näher erläutert. Die heute bekannten Meß- und Analyseverfahren werden nachfolgend wiedergegeben. Eine Verteilung gemessener Korrekturwerte K_1 für das Fremdgeräusch, die bei den den Kennfeldern (Abschn. 3.1.5) zugrunde liegenden Serienmessungen ermittelt wurden, ist in Bild 3.3 gegeben [3.21, 3.33].

Diese Korrekturwerte können bis zu 10 dB betragen. Der Mittelwert liegt bei 4 dB. Dies entspricht einem Getriebepegel, der etwa 2 dB unter dem Fremdgeräusch-

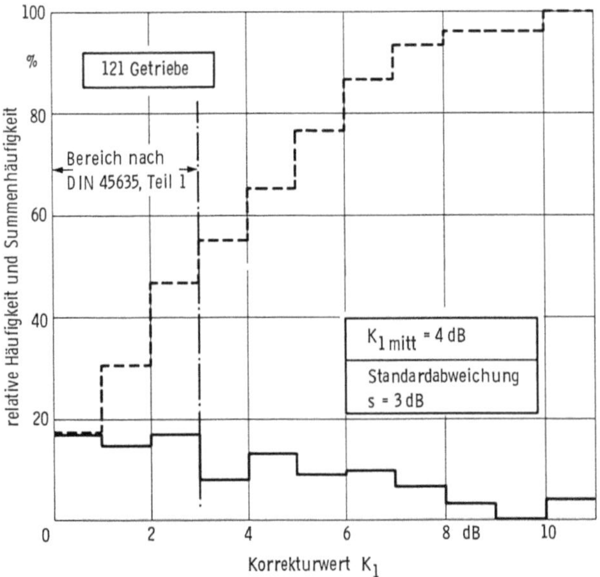

Bild 3.3. Verteilung der gemessenen Korrrekturwerte K_1 für Fremdgeräusche

pegel liegt. Die Streuungen sind jedoch so groß, daß ausgehend vom Mittelwert 67 % aller Korrekturwerte zwischen 1 und 7 dB liegen.

Eine Abschätzung nach einfachen Verfahren, wie sie in der DIN 45635 vorgeschlagen werden, ist für Getriebemessungen in der Regel ungeeignet. Daher müssen meist Sondermeßverfahren eingesetzt werden. Es sei an dieser Stelle darauf hingewiesen, daß diese Verfahren nicht genormt sind und daß die bestehenden Geräuschmeßnormen höhere Fremdgeräuschkorrekturen als 3 dB generell verbieten. Die meßtechnischen Verfahren bei der Untersuchung einer Vielzahl von Getrieben haben jedoch gezeigt, daß eine Getriebegeräuschmessung ohne derartige Korrekturverfahren in den meisten Fällen nicht möglich ist [3.21].

3.1.2.2 Raumeinfluß

Die Rückwirkungen des Raumes auf den gemessenen Schalldruckpegel werden durch den Korrekturwert K_2 erfaßt. Er bezieht die Schalldruckpegelerhöhung an einzelnen Meßpunkten durch Schallreflexionen an den Wänden mit ein. Mit Hilfe des Korrekturwertes K_2 können unterschiedliche Raumeigenschaften und Meßflächen berücksichtigt werden. Zur Ermittlung des Meßflächenschalldruckpegels wird K_2 von dem gemittelten Schalldruckpegel subtrahiert. Nach Tabelle 3.1 ergibt sich der Korrekturwert K_2 aus dem Verhältnis Raumvolumen zu Meßfläche (DIN 45635). Volumen des Raumes und Raumausstattung werden als bekannt vorausgesetzt.

Eine exaktere Methode zur Bestimmung des Raumkorrekturwertes stellt die Ermittlung der Raumeigenschaften über eine Nachhallzeitmessung dar. Hierzu wird die Zeit nach einer plötzlich beendeten Schallsendung (z.B. nach einem Schuß aus einer Startpistole) gemessen, in welcher der Schalldruckpegel um 60 dB abfällt (Bild 3.4). Aus dieser Nachhallzeit und dem Raumvolumen ergibt sich die äquivalente Absorptionsfläche gemäß der im Bild oben rechts angegebenen Beziehung. Aus dem

Tabelle 3.1. Korrekturwert K_2 in dB der akustischen Rückwirkung (aus DIN 45635, Blatt 1)

Raumausstattung	Quotient aus Raumvolumen und Meßfläche (V/S)					
	Skala: 25 · 32 · 40 · 50 · 63 · 80 · 100 · 125 · 160 · 200 · 250 · 320 · 400 · 500 · 630 · 800 · 1000 · 1250					
a) Raum mit stark reflektierenden Wänden (z. B. glatten Beton- oder Putzflächen)	$K_2 =$	3	2	1	0	
b) Raum ohne Merkmale nach a) oder c)	$K_2 =$	3	2	1	0	
c) Raum mit schwach reflektierenden Wänden (teilweise schallschluckend verkleidet)	$K_2 =$	3	2	1	0	

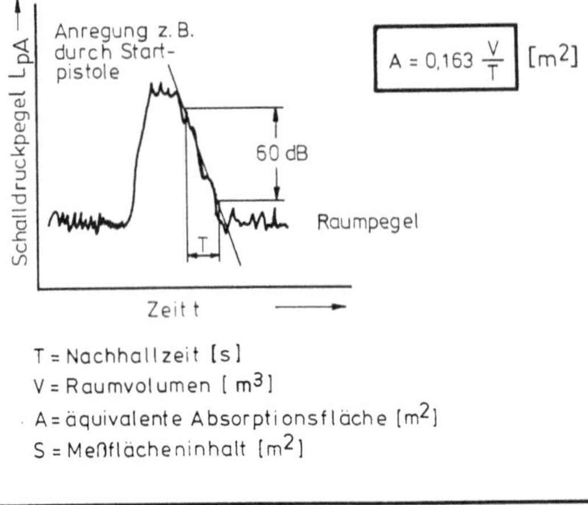

T = Nachhallzeit [s]
V = Raumvolumen [m³]
A = äquivalente Absorptionsfläche [m²]
S = Meßflächeninhalt [m²]

Verhältnis Absorptionsfläche zu Meßfläche A/S				
2,5 3 4 5 6,3 8 10 12,5 16 20 25 32 40 50				
K₂ =	3	2	1	0

Tabelle nach DIN 45635

Bild 3.4. Ermittlung des Raumeinflusses aus Nachhallzeit, Raumvolumen und Meßfläche

Verhältnis Absorptionsfläche zu Meßfläche folgt der Korrekturwert K_2 gemäß der aus der DIN 45635, Teil 1, entnommenen Tabelle.

Die beschriebenen, genormten Verfahren sind einfache Hilfsmittel, die ein Abschätzen des Raumeinflusses ohne großen Aufwand ermöglichen. Genauere Ermittlungen können gegebenenfalls mittels einer Prüfschallquelle durchgeführt werden. Dies wird dann unerläßlich, wenn bei Anwendung der genannten Möglichkeiten Zweifel bestehen oder sich hieraus Korrekturwerte größer als 3 dB ergeben.

Die vorgestellten Methoden zur Fremdgeräuschkorrektur beruhen auf den Gesetzen der statistischen Raumakustik, die von den Schallverhältnissen des halbhalligen Raumes ausgehen. Man versteht darunter einen Raum mit einer Schallfeldform, die sowohl Freifeld- als auch Hallfeldanteile enthält.

In Bild 3.5 ist der Schalldruckpegel L_{pA} in Abhängigkeit von der Entfernung r für freie Ausbreitungsverhältnisse (Abnahme des Schalldruckpegels um 6 dB je Abstandsverdoppelung von der Quelle nach den Gesetzen der Kugelwelle) und für einen halbhalligen Raum mit unterschiedlichen äquivalenten Absorptionsflächen A wiedergegeben.

Derartige Schallfelder liegen in Räumen vor, deren Abmessungen – Länge, Breite und Höhe – etwa gleich sind und bei denen ähnliche Schallabsorptionsgrade an den Raumbegrenzungsflächen vorliegen. Da in üblichen Industrieräumen Länge und Breite oft sehr viel größer als die Höhe sind und die diversen Baumaterialien und Einrichtungsgegenstände meist sehr unterschiedliche Absorptionsgrade aufweisen,

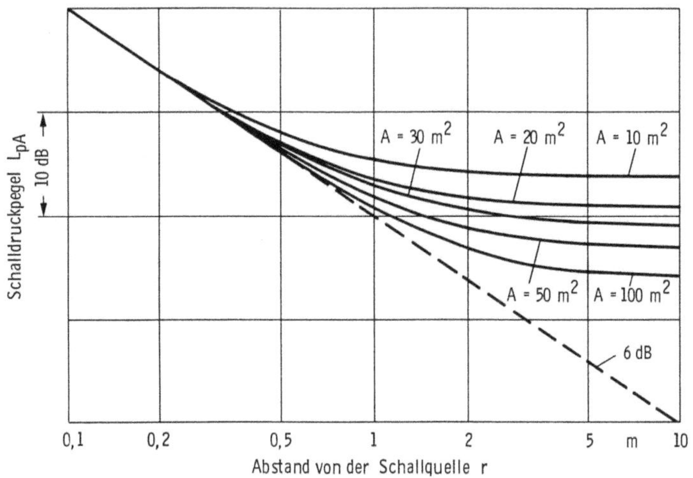

Bild 3.5. Schalldruckpegelverlauf im Freifeld und in halbhalligen Räumen

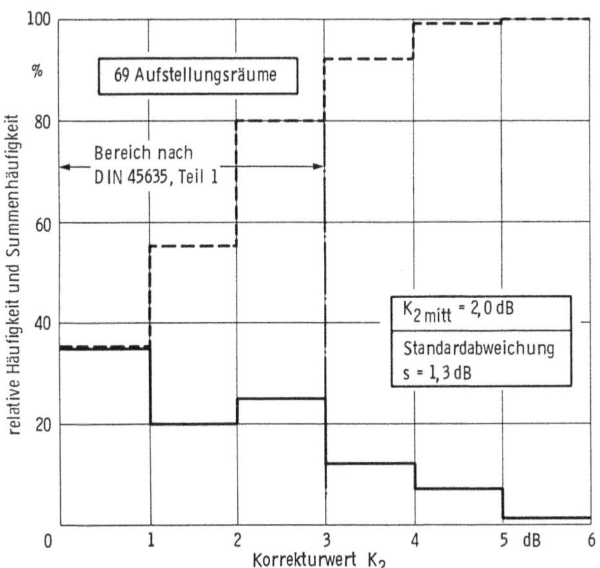

Bild 3.6. Verteilung der gemessenen Korrekturwerte K_2 für Raumeinfluß

ist in diesen Räumen mit anderen als den in Bild 3.5 beschriebenen Schallausbreitungsverhältnissen zu rechnen.

Umfangreiche Untersuchungen an Getrieben haben ergeben, daß in Entfernungen größer als ein Meter von der Quelle die Ausbreitungsverhältnisse durch den Pegelabfall pro Abstandsverdoppelung (DdB) beschrieben werden können. Der Raumkorrekturwert K_2 kann dann über die Gleichung

$$K_2 = \left(10 - \frac{DdB}{\lg 4}\right) \cdot \lg \frac{S}{S_0} - (8,3 - 1,3 \cdot DdB) \quad [dB] \tag{3.18}$$

berechnet werden. Der DdB-Wert wird aus dem Pegelabfall der jeweiligen Ausbreitungsrichtung gemittelt. Messungen dieser Art werden mit Hilfe einer Referenzschallquelle durchgeführt, die ein breitbandiges Geräusch konstanter Schalleistung abstrahlt. Die Schallquelle wird in der Nähe der jeweils zu korrigierenden Meßpunkte aufgestellt. Im allgemeinen wird der DdB-Wert aus den Meßentfernungen 1m/2m, 2m/4m und 3m/6m bestimmt.

Die Umgebungsrückwirkungen, die im Rahmen von Serienmessungen an Orten, wo Getriebe üblicherweise aufgestellt werden, gemessen wurden, sind in Bild 3.6 aufgenommen [3.21].

Im Mittel beträgt der Raumkorrekturwert 2 dB mit einer Standardabweichung von s = 1,3 dB. In sehr kleinen Räumen bzw. bei schallharten Wänden können Korrekturfaktoren bestimmt werden, die über die in der Norm vorgegebene Grenze von 3 dB weit hinausgehen. In diesen Fällen wird empfohlen, auf die in DIN 45635, Teil 2 oder Teil 3, beschriebenen Hallraumverfahren auszuweichen oder eine Ausbreitungsmessung mit Hilfe einer Referenzschallquelle durchzuführen.

3.1.2.3 Sondermeßverfahren

Selektivanalyse

Grundlage dieses Verfahrens ist die Tatsache, daß Zahnradgetriebe in der Regel stark einzeltonhaltige Geräusche abstrahlen, deren wesentliche Komponenten aus dem konstruktiven Aufbau des Getriebes bestimmt werden können.

Mit Hilfe schmalbandiger Frequenzanalysen (Luftschall) werden die Einzelpegel bei den Drehfrequenzen der Wellen, den Zahneingriffsfrequenzen, den Lagerfrequenzen sowie den entsprechenden Harmonischen bestimmt.

Weitere Geräuschanteile sind dann in die Auswertung mit einzubeziehen, wenn die Anregungsmechanismen bekannt sind und aufgrund von gemessenen Drehzahlen entsprechende Frequenzberechnungen durchgeführt werden können.

Die Selektivanalyse ist jedoch unbrauchbar, wenn über eine Körperschalleitung getriebespezifische Frequenzen von der Antriebs- oder Abtriebsseite in das Getriebe geleitet werden. Stimmt z.B. die Motordrehfrequenz mit der Getriebeeingangsdrehfrequenz überein, so kann die spezifische Frequenz nicht eindeutig zugeordnet werden.

Die Summe aller gemessenen getriebespezifischen Einzelpegel L_{pAi}, deren Leistungen aufzuaddieren sind, ergibt einen Getriebepegel, der niedriger oder höchstens gleich dem wahren Wert ist. Dies ist darauf zurückzuführen, daß – wie die Praxis gezeigt hat – nicht alle vom Getriebe erzeugten Frequenzen erkannt werden. Dies gilt z.B. für periodische Profil- und Teilungsabweichungen, deren Frequenzen nur aus Verzahnungsmeßschrieben abgeleitet werden können.

Die rechnerische Addition der Einzelpegel erfolgt gemäß nachstehender Beziehung:

$$\overline{L}_{pA,\,Getriebe} = 10 \cdot \lg \sum_{i=1}^{n} 10^{\,0,1 \cdot L_{pAi}} \quad . \tag{3.19}$$

Dabei gibt n die Anzahl der berücksichtigten Frequenzen i und L_{pAi} die A-Schalldruckpegel bei diesen Frequenzen an.

Eine Messung nach dieser Methode (vereinfachte Auswertung: Zahneingriffsfrequenz + Harmonische) zeigt Bild 3.7.

Mit dem im oberen rechten Bildteil skizzierten Kegelstirnradgetriebe wird eine Förderband-Antriebstrommel angetrieben. Ein eigenes Fundament besteht für das Getriebe nicht; es hängt, abgestützt durch eine am Gehäuse befestigte Drehmomentstütze, an der Bandantriebstrommel. Die Fremdgeräusche stammen also vom Antriebsmotor, vom Band und von der Trommel. Weitere Schallquellen haben aufgrund des zu großen Abstandes vom Getriebe keinen nennenswerten Einfluß.

Die Tabelle oben links zeigt die berechneten Zahneingriffsfrequenzen beider Stufen, die zugehörigen Harmonischen und die aus der unten abgebildeten Frequenzanalyse entnommenen Einzelpegel. Die Fremdgeräuschkorrektur beträgt in diesem Fall 2,5 dB. Die geringen Unstimmigkeiten in der Lage der Frequenzen sind darauf zurückzuführen, daß diese Analyse aus Einzelmessungen gemittelt wurde, wobei die Drehzahlen des Getriebes schwankten. Zusätzlich ist dem Bild zu entnehmen, daß

	Radsatz I		Einzelpegel dB	Radsatz II		Einzelpegel dB
Radnummer	1	2		3	4	
Zähnezahlen	20	79		31	113	
Drehzahl Hz	16	4		4	1	
Zahneingriff Hz	325		79,2	128		73,9
1.Harmonische Hz	650		75,2	255		79,0
2.Harmonische Hz	975		76,4	383		76,0
3.Harmonische Hz	1300		65,0	510		71,9
Gesamtpegel des Radsatzes dB			82,1			82,0

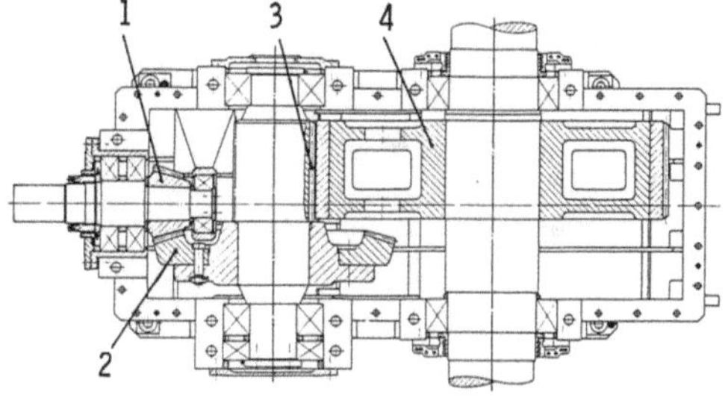

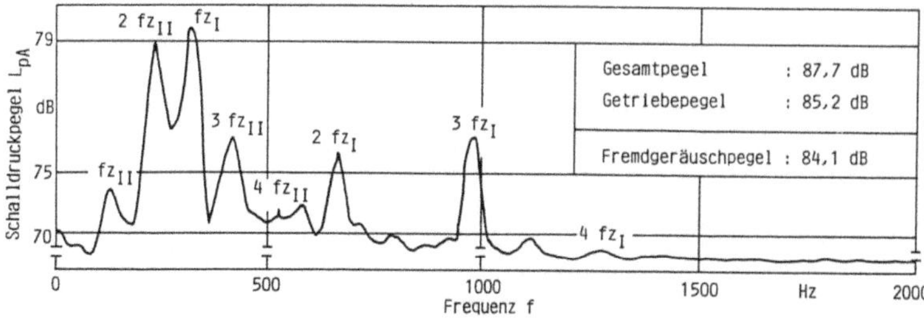

Bild 3.7. Selektivanalyse am Beispiel eines Kegel-Stirnradgetriebes

Auswertungen nach diesem Verfahren den Vergleich der Geräuschanteile einzelner Getriebestufen untereinander ermöglichen.

Kohärenzverfahren

Das Kohärenzverfahren ermöglicht die Filterung des Getriebegeräusches aus dem Gesamtgeräusch einer Anlage. Dieses Verfahren ist nur dann einsetzbar, wenn keine Körperschallkopplung des Getriebes mit den verbundenen Anlageteilen vorliegt. Die Verarbeitung der Luft- und Körperschallsignale erfolgt mit einem digital arbeitenden 2-Kanal Fast-Fourier-Analysator, der die mathematische Behandlung der einzelnen Spektren ermöglicht.

Beim Kohärenzverfahren nutzt man die Tatsache, daß ein unmittelbarer Zusammenhang zwischen dem vom Getriebe abgestrahlten Luftschall und dem Körperschall auf der Getriebegehäuseoberfläche besteht. Den grundsätzlichen Ablauf des Verfahrens zeigt Bild 3.8.

Das Gesamtluftschallsignal, also das Geräusch der ganzen Anlage, wird mit einem Luftschallmikrofon gemessen. Gleichzeitig wird das Körperschallsignal des zu untersuchenden Getriebes an einer charakteristischen Stelle des Gehäuses abgenommen. Diese Meßstelle auf der Getriebegehäuseoberfläche muß repräsentativ

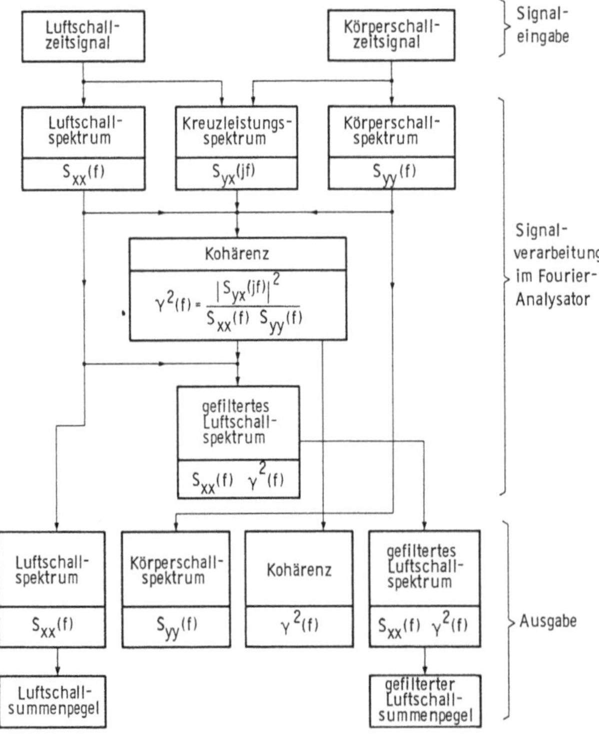

Bild 3.8. Fremdgeräuscheliminierung mit Hilfe des Kohärenzverfahrens

sein, d.h. daß sie möglichst an einer steifen Stelle des Gehäuses und im Kraftfluß liegen sollte. Günstig sind Bereiche in der Nähe der Lagersitze der schnellaufenden Welle. Auf keinen Fall darf der Beschleunigungsaufnehmer auf membranartigen Gebilden, wie z.B. vorstehenden Rippen, angeschraubten Deckeln oder Verkleidungsblechen befestigt werden, da diese das Ergebnis stark verfälschen können.

Beide Zeitsignale (Luft- und Körperschall) werden synchron in einen Fast-Fourier-Analysator eingelesen und in den Frequenzbereich transformiert. Als Ergebnis der ersten Signalverarbeitung liegen das Luftschallspektrum $S_{xx}(f)$, das Körperschallspektrum $S_{yy}(f)$ und das aus beiden Einzelspektren gebildete Kreuzleistungsspektrum $S_{yx}(f)$ vor.

In der nächsten Stufe wird aus diesen drei Spektren die Kohärenzfunktion $\gamma^2(f)$ gebildet. Sie gibt für jedes Frequenzband das Maß des kausalen Zusammenhanges zwischen dem Körperschall des Getriebes und dem Luftschall an. Das Gesamtluftschallspektrum wird anschließend mit der Kohärenzfunktion gewichtet, d.h. multipliziert, so daß eine Zuordnung nach Anteilen zum Körperschall des Getriebes ermöglicht wird. Nach jeder Messung liegen das Gesamtluftschallspektrum und der zugehörige Summenpegel, das Körperschallspektrum, die Kohärenz sowie das gefilterte bzw. gewichtete Luftschallspektrum und dessen zugehöriger Summenwert als Ausgabe vor.

Bild 3.9 zeigt exemplarisch die Ergebnisse einer derartigen Messung an einem Kegelstirnradgetriebe. Im oberen linken Bildteil sind die Meßdaten angegeben. Die wesentlichen Kenngrößen sind der Frequenzbereich (0 bis 3,2 kHz) und die Fre-

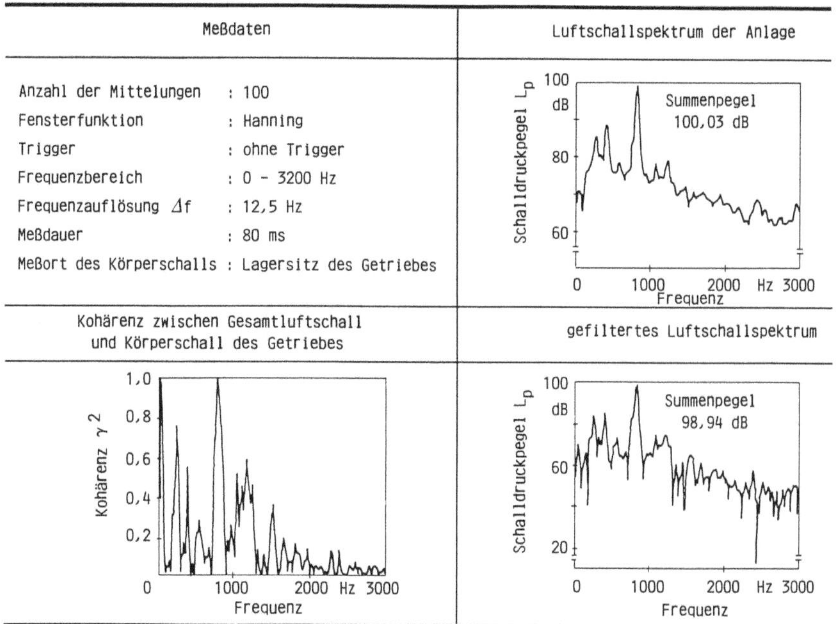

Bild 3.9. Filtern von Störgeräuschen mit Hilfe der Kohärenzfunktion

quenzauflösung Δf (12,5 Hz). Im Bildteil oben rechts ist die spektrale Zusammensetzung des Gesamtgeräusches der Anlage dargestellt. Deutlich sind einige herausragende Tonkomponenten zu erkennen, die die Höhe des Gesamtgeräusches bestimmen. Die beiden höchsten Pegel liegen bei 407 Hz und 814 Hz. Da die Zahneingriffsfrequenz der Kegelradstufe rechnerisch bei 407 Hz liegt, sind also beide Bänder (die Grundfrequenz und die 1. Höherharmonische) eindeutig auf das Getriebe zurückzuführen. Der Luftschallsummenpegel der Anlage beträgt 100 dB.

Die im unteren Bildteil dargestellte Kohärenzfunktion hat ihren höchsten Wert bei der 1. Höherharmonischen der genannten Zahneingriffsfrequenz, dem lautesten Einzelton überhaupt. Daher wird dieser Ton bei der Filterung (Bildteil unten rechts) auch voll durchgelassen, während andere Bänder je nach der Eindeutigkeit ihrer Zuordnung reduziert werden. Der „gefilterte" Summenpegel liegt bei 99 dB, d.h. das Gesamtgeräusch der Anlage wird bis auf 1 dB vom Getriebe selbst bestimmt und läge – ohne Getriebe – bei 93,5 dB. Diese Aussagen gelten stets nur für die jeweilige Meßstelle. Das Verfahren wird daher für jeden Meßpunkt auf der Hüllfläche angewendet.

3.1.3 Schallintensitätsmeßtechnik

Im Gegensatz zu dem in Abschnitt 3.1.2 beschriebenen Schalldruckmeßverfahren auf einer Hüllfläche, bei dem Fremdgeräusch und Raumeigenschaften durch gesondert zu ermittelnde Korrekturfaktoren berücksichtigt werden müssen, vereinfacht sich die Schalleistungsbestimmung bei Einsatz eines Intensitätsmeßsystems. Das Schallintensitätsmeßsystem in Bild 3.10 ist die gerätetechnische Realisierung der Gleichungen (3.11) und (3.12).

Der durch senkrechte Linien abgetrennte Mittelteil beinhaltet die Meßmethode der zeitgleichen Terzanalyse. An dieser Stelle wäre auch jede andere, z.B. eine schmalbandige Frequenzanalyse, denkbar. Ebenso läßt sich ein einfaches analoges Meßgerät realisieren, wenn an dieser Stelle ein Bandpaßfilter für jeden Kanal eingesetzt wird. Diese Filter sind notwendig, da bei der Intensitätsmessung nach dem Druckgradientenprinzip systembedingte Fehler sowohl bei hohen als auch bei niedrigen Frequenzen auftreten.

Durch verschieden große Mikrofonabstände können unterschiedliche Frequenzbereiche bei der Messung erfaßt werden. Für drei Mikrofonabstände zeigt Bild 3.11 nutzbare Frequenzbereiche bei einer vorgegebenen Genauigkeit von ±1 dB.

Die Pegelabweichung ΔL vom exakten Wert ist bei niedrigen Frequenzen von der Phasenverschiebung zwischen den beiden analogen Meßketten, bestehend aus Mikrofon-, Vor- und Hauptverstärker, abhängig. Durch genauen Abgleich und Paarung der üblicherweise eingesetzten Kondensatormikrofone sind heute maximale Winkelfehler von nur $\varphi = 0,3°$ erreichbar, aus denen die angegebenen Pegelabweichungen und damit die unteren Bereichsgrenzen resultieren.

Zusammen mit den systematischen Pegelabweichungen, die bei hohen Frequenzen durch die Näherung des Druckgradienten an den Differenzenquotienten hervorgerufen werden, ergeben sich die oben im Bild angegebenen Frequenzbereiche.

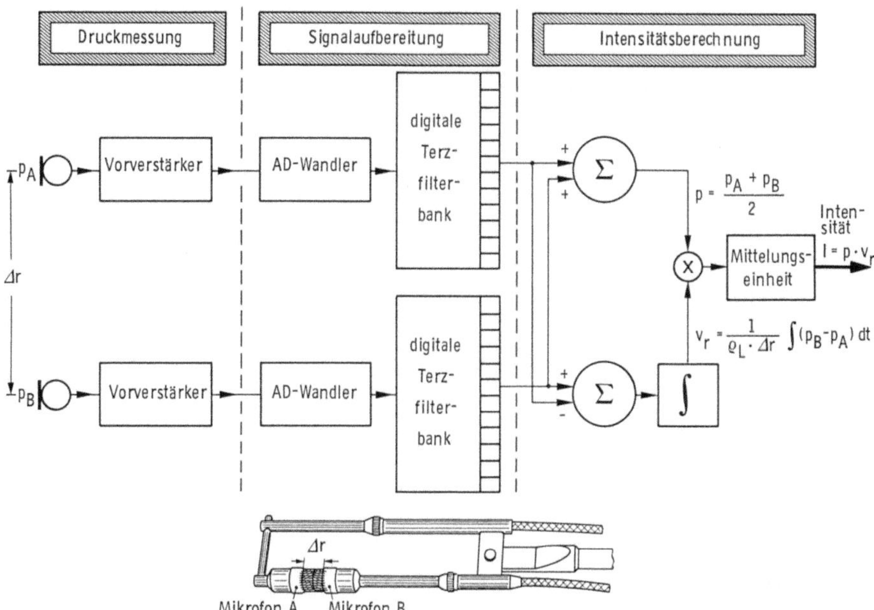

Bild 3.10. Aufbau eines Intensitätsmeßsystems

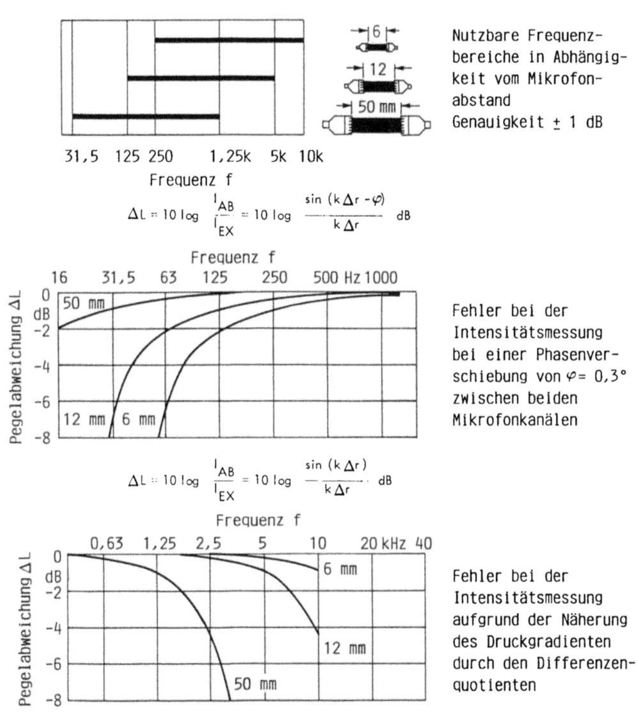

$$\Delta L = 10\log\frac{I_{AB}}{I_{EX}} = 10\log\frac{\sin(k\,\Delta r - \varphi)}{k\,\Delta r}\ \mathrm{dB}$$

$$\Delta L = 10\log\frac{I_{AB}}{I_{EX}} = 10\log\frac{\sin(k\,\Delta r)}{k\,\Delta r}\ \mathrm{dB}$$

Bild 3.11. Frequenzbereiche des eingesetzten Intensitätsmeßverfahrens

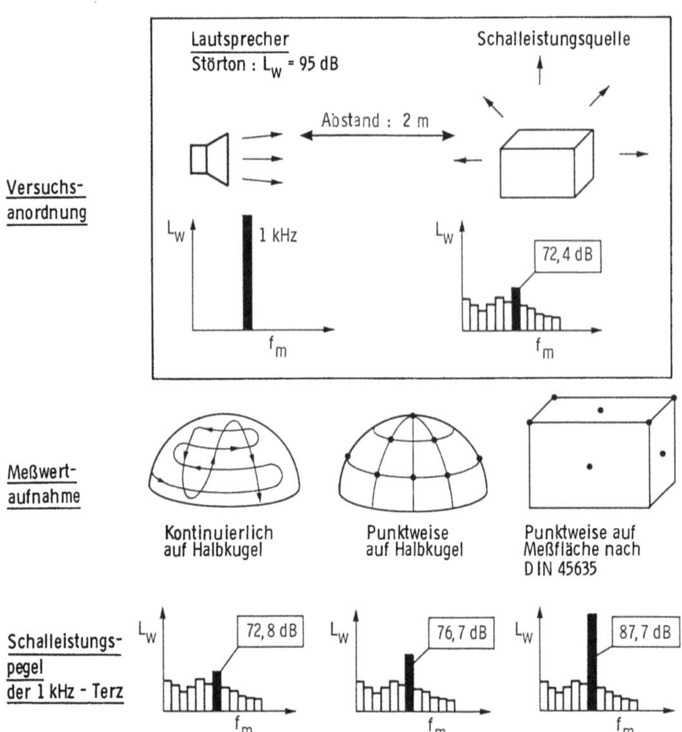

Bild 3.12. Einfluß der Meßwertaufnahme auf die Güte der Ergebnisse bei der Schallintensitätsmessung

Im Gegensatz zur Schalleistungsbestimmung mit Hilfe von Schalldruckmessungen, bei der auf einer Hüllfläche im Abstand von 1 m gemessen wird, lassen sich Intensitätsmessungen im Nahfeld durchführen. Der Einfluß der gewählten Meßfläche und der Meßwertaufnahme auf die Güte einer Intensitätsmessung ist in Bild 3.12 dargestellt.

Mit einem Lautsprecher wurde ein Störton von 1 kHz erzeugt, dessen Schalleistungspegel mit 95 dB deutlich über dem der 1 kHz-Terz der Normschallquelle lag (72,4 dB). Der Abstand zwischen Lautsprecher und Normschallquelle maß 2 m.

Bei kontinuierlichem Messen über eine Zeit von 64 Sekunden auf einer halbkugelförmigen Fläche, deren Abstand von der Schallquelle 30 cm betrug, wurde ein Schalleistungspegel L_{WA} = 72,8 dB für die 1 kHz-Terz ermittelt.

Der Unterschied von nur 0,4 dB gegenüber dem wahren Schalleistungswert L_{WA} = 72,4 dB der Schalleistungsquelle zeigt, daß der Störton bei der Messung völlig eliminiert wird. Eine Meßwertaufnahme an 10 Punkten über je 4 s auf der gleichen Meßfläche ergibt ein deutlich schlechteres Ergebnis (L_{WA} = 76,7 dB). Wird auf einer Meßfläche entsprechend der DIN 45635 in 1 m Abstand um die Geräuschquelle (9 Meßpunkte) gemessen, so versagt die Intensitätsanalyse bezüglich der Fremdgeräuschkorrektur. Der ermittelte Intensitätspegel liegt 15 dB zu hoch. Die Fehlerquelle liegt darin, daß der durch die Meßfläche strömende Schallfluß bei punktueller

Meßwertaufnahme auf einer großen Fläche nicht genau ermittelt werden kann, da die einzelnen Flächenanteile nicht richtig gewichtet werden. Eine gute Fremdgeräuschkorrektur ist deshalb immer nur dann gegeben, wenn die Vorteile des Intensitätsmeßsystems genutzt werden. Dies benutzt die Nahfeldmessung und die Pegelaufnahme über längere Zeiten (hohe Anzahl von Einzelwerten), wobei bei gleichmäßigem Abstreichen der Meßfläche eine gute Erfassung der Intensität über der Fläche gewährleistet wird.

Aufgrund der Arbeitsweise des Schallintensitätsmeßsystems wird nur die nach außen gerichtete Intensität I_r bei der Schalleistungsbestimmung berücksichtigt. Stationäre Fremdgeräusche und an der Gehäuseoberfläche reflektierte Schallanteile werden daher automatisch kompensiert. In schallharten Räumen durchgeführte Untersuchungen zeigen ebenfalls, daß reflektierte Schallanteile, die den Luftschallpegel beträchtlich erhöhen, bei der Intensitätsmessung ohne Einfluß auf den ermittelten Pegel sind.

Um subjektive Einflüsse, die beim kontinuierlichen Messen von Hand auftreten können, zu vermeiden, wäre eine automatisierte Führung der Mikrofone auf der Meßfläche denkbar. Dies erhöht jedoch den Aufwand für eine Schalleistungsbestimmung beträchtlich. Untersuchungen der Reproduzierbarkeit von Schallintensitätsmessungen beim Führen der Mikrofonsonde von Hand ergaben zudem ausreichend genaue Ergebnisse.

3.1.4 Vergleich und Bewertung von Sondermeßverfahren

Die bei Geräuschmessungen an Getrieben oft vorhandenen Fremdgeräuschanteile machen in den meisten Fällen die Anwendung eines der beschriebenen Sondermeßverfahren erforderlich.

Die Entscheidung, welches Sondermeßverfahren im konkreten Fall einzusetzen ist, hängt von vielen Faktoren ab und kann nur vor Ort mit Hilfe schmalbandiger Frequenzanalysen entschieden werden. Hierbei sind sowohl die Gesamt-Luftschallsignale als auch die Körperschallsignale des Getriebes, der angekoppelten Aggregate und des Getriebefundamentes zu bewerten.

So kann z.B. die Körperschallübertragung vom Getriebe ins Fundament und in die Nachbaraggregate überprüft werden, indem von den Fußpunkten des Getriebes anfangend die Schnellepegelabnahme bei den getriebetypischen Frequenzen (Zahneingriffsfrequenzen und Harmonische) über die Entfernung hin gemessen wird. Die Körperschallübertragung von außen ins Getriebegehäuse kann analog beurteilt werden.

Weiterhin ist eine Beurteilung darüber, welche Bauteile einer Anlage für bestimmte Schallanteile verantwortlich sind, anhand von schmalbandigen Schallintensitätsmessungen möglich. Hierzu wird die Richtungsempfindlichkeit der Intensitätssonde zur Schallortung ausgenutzt.

Bei der Verwendung von Schmalbandanalysatoren ist zur schnellen Identifikation wesentlicher Körperschallanteile die lineare Darstellung des Frequenzspektrums sinnvoll, da hohe Einzeltöne dann wesentlich stärker betont werden. Platteneigenfrequenzen der verschiedenen Aggregate und Bauteile einer Anlage können relativ einfach identifiziert werden, indem bei stillgesetzter Anlage die Bauteile mit Hilfe eines

Hammers an steifen Stellen angeschlagen und der entstehende Luft- oder Körperschall frequenzabhängig (schmalbandig) gemessen wird.

Bei Serienmessungen hat es sich immer wieder gezeigt, daß genau dann hohe Luftschallpegelwerte bei diskreten Frequenzen auftreten, wenn Platteneigenfrequenzen und Anregungsfrequenzen (z.B. Zahneingriff) übereinstimmen.

Für die Anwendung von Sondermeßverfahren sind erforderlich:

a) Meßgeräte: Luftschallmeßkette,
Körperschallmeßkette,
Drehzahlmeßgerät und
Schmalband-Fourieranalysator (möglichst zweikanalig).
b) Technische Unterlagen zu sämtlichen Aggregaten, die während der Geräuschmessung betrieben werden müssen. Beispiele für wesentliche Daten:

Zähnezahlen,
Flügelzahlen der Lüfter,
Läufernutzahlen (elektrische Maschinen),
Kolbenzahlen (Ölpumpen) usw.

Entscheidungshilfen für die Auswahl des geeigneten Sondermeßverfahrens sind:

Kriterium	Sondermeßverfahren
1. Im Körperschall des Getriebes finden sich deutliche Spitzen bei Frequenzen, die von den Nachbaraggregaten erzeugt werden.	Selektivanalyse
2. Getriebe ist von den Nachbaraggregaten weitgehend akustisch entkoppelt (keine nennenswerte Körperschalleitung).	Kohärenzverfahren, Schallintensitätsmessung
3. Getriebeunterbau strahlt stark mit Getriebefrequenzen ab (z.B. stählerner Kasten), Getriebekörperschall selbst ist jedoch nur vom Getriebe bestimmt.	Schallintensitätsmessung
4. Enger Umbauungsraum des Getriebes; schallharte Umgebung; sehr hohe Fremdgeräusche.	Schallintensitätsmessung

Die Korrekturverfahren Selektivanalyse und Kohärenzverfahren sowie die Intensitätsmeßtechnik haben sich bei der Durchführung von Serienmessungen bewährt. Es muß jedoch darauf hingewiesen werden, daß bei den genannten Verfahren unzulässig große Fehler auftreten können, wenn die Auswahl des Verfahrens, die

Durchführung der Messungen und die Auswertung nicht mit der nötigen Sorgfalt erfolgen.

Dies bedeutet z.B., daß in den Selektivanalysen, die an sämtlichen Meßpunkten auf der Hüllfläche zu erstellen sind, neben dem höchsten Einzelpegel alle diejenigen Pegelspitzen eindeutig zugeordnet werden müssen, die bis zu 10 dB unter dem höchsten Pegelwert liegen (10 dB-Kriterium).

Wenn das 10 dB-Kriterium erfüllt ist und nachgewiesen werden kann, daß die getriebespezifischen Frequenzen nur vom Getriebe selbst abgestrahlt werden, so können hinsichtlich der Fremdgeräuschkorrekturen mit der Selektivanalyse Meßunsicherheiten von etwa ± 1 dB erreicht werden.

Die Nachteile der Selektivanalyse liegen zum einen im Aufwand, der zur Auswertung der getriebespezifischen Frequenzen erforderlich ist, zum anderen darin, daß z.B. durch Verzahnungsfehler vom Getriebe Schallspektren erzeugt und abgestrahlt werden können, die nicht unmittelbar aus den Anlagedaten hervorgehen und damit nicht erkannt und erfaßt werden.

Das Kohärenzverfahren ist stets dann von Vorteil, wenn das Getriebe Schallanteile bei Frequenzen erzeugt und abstrahlt, deren Frequenzlage auf einfache Weise nicht berechnet werden kann. Vorausgesetzt wird hierbei der Nachweis, daß die Anregungsspektren nicht von außen auf das Getriebe wirken. Dies ist z.B. über Kohärenzmessungen mit den anderen Aggregaten (Motor, Arbeitsmaschine) möglich.

Das Kohärenzverfahren versagt in denjenigen Fällen, in denen eine nennenswerte Körperschalleinleitung von außen in das Getriebegehäuse stattfindet; ebenso im umgekehrten Fall, wenn Geräuschanteile, die von An- und Abtriebsmaschinen sowie vom Fundament abgestrahlt werden, auf das Getriebe zurückzuführen sind. Die erreichbare kleinste Meßunsicherheit beträgt beim Kohärenzverfahren ± 1 dB.

Eine Schalleistungsbestimmung mit Hilfe der Schallintensitätsmessung kann nahezu in allen Fällen wirkungsvoll eingesetzt werden. Einzige Ausnahme besteht dann, wenn nennenswerte Spektren vom Getriebe abgestrahlt werden, die von den Nachbaraggregaten herrühren, d.h. die durch Körperschalleitung auf das Getriebegehäuse übertragen werden.

Einen Vergleich von ermittelten Schalleistungspegeln L_{WA}, die mit Hilfe des Kohärenzverfahrens sowie durch Schallintensitätsmessungen an zwei Getrieben ermittelt wurden, zeigt Bild 3.13. Als Meßobjekte wurden ein Stirnrad- und ein Planetengetriebe ausgewählt. Beide werden als Untersetzungsgetriebe zwischen Dampfturbine und Generator eingesetzt. Die Stromerzeugungsanlagen stehen in einer schallharten Maschinenhalle, so daß die Geräusche der Untersuchungsobjekte sowohl durch Fremdgeräusch wie auch durch Raumrückwirkungen erheblich beeinflußt werden.

Die Getriebe tragen nur einen kleinen Teil zum Gesamtgeräusch in der Halle bei. Im wesentlichen ist es von den Turbinen und von Kesselspeisepumpen geprägt. Die durchgesetzte mechanische Leistung bei den Messungen betrug 12,2 MW bei dem Stirnradgetriebe und 2,8 MW bei dem Planetengetriebe.

Die im oberen Bildteil dargestellte Methode, die Schalleistung aus Schalldruckpegelmessungen zu bestimmen, erfordert einen wesentlich größeren Aufwand als die Intensitätsmessung. Die Ermittlung der Fremdgeräuschkorrektur K_1 erfolgte über die

		Stirnrad-getriebe	Planeten-getriebe
Kohärenz-verfahren	Schalldruckpegel L_{pA} (Meßabstand d = 1 m)	95,9 dB	93,1 dB
	-Korrekturwert K_1	3,2 dB	11,0 dB
	=Korrigierter Schalldruckpegel $L_{pA}^{\bullet}$	92,7 dB	82,1 dB
	-Raumeinfluß K_2	3 dB	2 dB
	=Meßflächen-schalldruckpegel $\overline{L_{pA}}$	89,7 dB	80,1 dB
	+Meßflächenmaß L_S	16,5 dB	12,5 dB
	Schalleistungspegel L_{WA}	106,2 dB	92,6 dB
Inten-sitäts-messung	Schallintensitätspegel L_{IA} (Meßabstand d = 0,3 m)	93,4 dB	84,1 dB
	+Meßflächenmaß L_S	12,7 dB	7,4 dB
	Schalleistungspegel L_{WA}	106,1 dB	91,5 dB

Bild 3.13. Vergleich des Kohärenzverfahrens mit der Schallintensitätsmessung

Kohärenzfunktion zwischen Luft- und Körperschall; der Korrekturwert K_2, der den Raumeinfluß berücksichtigt, wurde aus dem Quotienten Raumvolumen zu Meßfläche nach Norm [3.9] ermittelt.

Der mit dem Kohärenzverfahren ermittelte Schalleistungspegel stimmt bei dem Stirnradgetriebe mit dem Pegelwert aus der Schallintensitätsmessung nahezu überein. Der relativ niedrige Korrekturwert $K_1 = 3{,}2$ dB zeigt, daß das Getriebegeräusch und das Fremdgeräusch die gleiche Größenordnung haben. Im Gegensatz dazu ist der Schallanteil des gering belasteten Planetengetriebes am Gesamtgeräusch minimal. Auch subjektiv war an diesem Turbinensatz das Getriebe nicht zu hören. Der Korrekturwert von $K_1 = 11{,}0$ dB liegt hier jedoch weit über den nach DIN 45635 zulässigen 3 dB, so daß in diesem Fall das Kohärenzverfahren als Sondermeßverfahren zur Schalleistungsbestimmung nicht in Frage kommt. Die durchgeführte Intensitätsmessung zeigt einen um 1,1 dB differierenden Schalleistungspegel gegenüber dem Kohärenzverfahren. Dennoch ist die Übereinstimmung der beiden Schalleistungspegel in diesem Extremfall als sehr gut anzusehen. Bei dem hohen Fremdgeräuschkorrekturwert von $K_1 = 11$ dB wird hier die gerätetechnisch bedingte Auflösung des Kohärenzverfahrens erreicht.

3.1.5 Emissionskennfelder

Die in diesem Abschnitt vorgestellten Emissionskennfelder zeigen den Stand der Technik in Hinsicht auf die Schallemission von unterschiedlichen Getriebetypen. Die Kennfelder können sowohl für die akustische Beurteilung eines Getriebes im Betrieb herangezogen werden, als auch zur Abschätzung der zu erwartenden Schallleistung in der Planungsphase einer Anlage. Die Kennfelder beruhen auf Geräuschuntersuchungen an 149 Getrieben von insgesamt 37 Herstellern.

Da zur Gesamtheit der Leistungsgetriebe sehr unterschiedliche Getriebetypen wie z.B. Stirnrad-, Kegelrad-, Kegelstirnrad- und Planetengetriebe gehören, die sich hinsichtlich der konstruktiven Art der Verzahnung, der Verzahnungsherstellung sowie der realisierten Fertigungsqualitäten unterscheiden, ist eine Aufteilung der untersuchten Getriebe in die verschiedenen Typenklassen sinnvoll.

Bild 3.14 dokumentiert zunächst die Gesamtheit aller Messungen. Aufgetragen ist der A-bewertete Schalleistungspegel über der mechanischen Leistung.

Den daraus abgeleiteten Emissionsdiagrammen von fünf gewählten Getriebetypen liegt als Ordnungsfunktion eine logarithmische Regression des allgemeinen Typs

$$L_{WA} = A + B \cdot \lg \frac{P_{mech}}{P_0} \quad [dB(A)] \tag{3.20}$$

zugrunde. Der Hintergrund für diese Regression ist im physikalischen Zusammenhang zwischen anregender Energie, ausgedrückt durch die mechanische Leistung, und dem emittierten Luftschall des Getriebes zu sehen.

Bei der Einordnung der gemessenen Getriebegeräuschemissionen in verschiedene Typklassen ist stets die Frage von Bedeutung, ob diese Werte tatsächlich eine Gruppe darstellen. Eine Antwort liefert der sogenannte Dixon-Test [3.30], in dem geprüft wird, ob die am weitesten vom Durchschnittswert der Gruppe entfernt liegenden Einzelwerte noch zur Gruppe gehören oder als Ausreißer zu bezeichnen sind. Der Test wurde in allen Getriebetypenklassen bzgl. der Getriebegeräuschemission durchgeführt. Die Ausreißer wurden aus der jeweiligen Typklasse gestrichen. Im nächsten

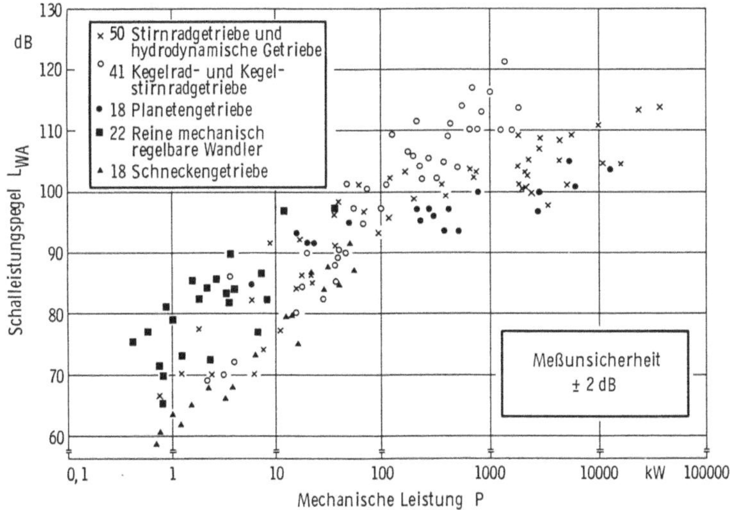

Bild 3.14. Geräuschemission von Leistungsgetrieben (Stand 1981)

Schritt wurde die angenommene Gaußsche Verteilung der Meßwerte mit entsprechenden Testverfahren [3.30] geprüft. Sämtliche Tests verliefen negativ.

Daraufhin wurde ein wesentlich gröber arbeitendes Testverfahren angewandt: das verteilungsfreie Abschätzverfahren nach der Methode der nichtparametrischen Statistik [3.11, 3.27]. Bild 3.15 erläutert die grundsätzliche Vorgehensweise dieses Verfahrens und zeigt an einem Beispiel die praktische Anwendung.

Gegeben sei eine definierte Anzahl von Meßwerten, über deren Verteilung nichts bekannt ist. Es wird also keine Normalverteilung vorausgesetzt. Mit einer Aussagewahrscheinlichkeit von P = 90 % soll nun eine Aussage getroffen werden, wieviel Prozent weiterer Meßwerte in einem bestimmten Streubereich angetroffen werden. Das gesamte Streufeld der bisherigen Meßergebnisse wird dazu nach den Regeln der nichtparametrischen Statistik geordnet. Eine besondere Bedeutung kommt dabei dem Ordnungsprinzip zu. Im gezeigten Beispiel und bei den Auswertungen der Getriebemessungen wurde als Ordnungsfunktion die logarithmische Regression, resultierend aus den Meßwerten, angesetzt.

Im oberen Teil von Bild 3.15 sind für achtzehn Getriebe die Meßpunkte für die gewonnene Abhängigkeit des Schalleistungspegels L_{WA} von der mechanischen

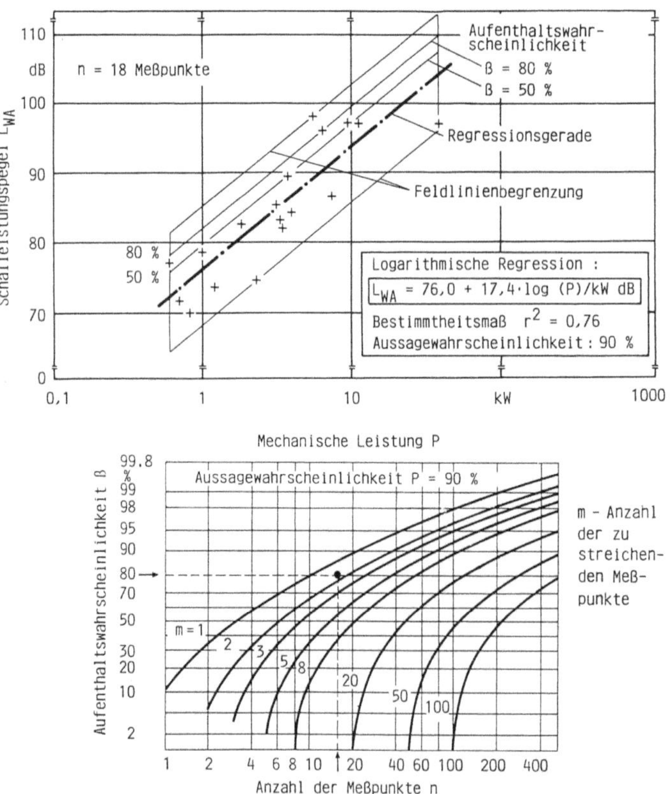

Bild 3.15. Verteilungsfreies Abschätzverfahren nach der Methode der nichtparametrischen Statistik

Getriebeleistung P_{mech} aufgeführt. Zur Feldbegrenzung und damit zur Festlegung des Gültigkeitsbereiches werden durch die am weitesten von der Regressionsgeraden entfernten Meßwerte Parallelen zur Regressionsgeraden gelegt. Ebenso werden bei den höchsten und niedrigsten gemessenen Leistungen Parallelen zur Ordinate eingezeichnet. Nur für dieses so begrenzte Feld kann eine Aussage gemacht werden. Mit Hilfe der im unteren Bildteil dargestellten Kurvenschar läßt sich ermitteln, wieviel weitere Meßwerte in einem bestimmten Streubereich liegen werden. Im Beispiel wird eine Grenzlinie gesucht, unter der bei weiteren Messungen 80 % der Meßwerte liegen werden.

Diese 80 % Linie wird wie folgt bestimmt: Die Anzahl der vorhandenen Meßwerte (hier n = 18) und die angestrebte Aufenthaltswahrscheinlichkeit (β = 80 %) ergeben im Diagramm (Bild 3.15 unten) einen Schnittpunkt mit der Kurvenschar. Dieser Schnittpunkt ist die Anzahl der zu streichenden Meßwerte m. Im Beispiel wird für m ein Wert von 2 ermittelt, d.h. zwei Meßwerte müssen in Richtung der Ordnung (siehe Bild 3.15 oben) von der oberen Begrenzung des Streufeldes ausgehend gestrichen werden. Durch den zweiten Meßwert verläuft dann parallel zur Regressionsgeraden die 80 % Linie.

Für die Abschätzung der Meßergebnisse der Serienmessungen wird die 80 % Linie gewählt, gleichzeitig wird zur Orientierung innerhalb des Feldes zusätzlich die 50 % Linie eingezeichnet. Die 80 % Linie, die auch durch die in den typenspezifischen Bildern angegebene logarithmische Gleichung ausgedrückt wird, sagt aus, daß bei gleichem Stand der Technik im Getriebebau 80 % aller gemessener Getriebe der betreffenden Getriebeart unterhalb dieser Kurve liegen werden. Dieser Aussage liegt eine Aussagewahrscheinlichkeit von 90 % zugrunde.

Diese Aussagewahrscheinlichkeit wird erreicht, da das Verfahren für geringe Probenzahlen wesentlich gröber arbeitet als z.B. das Normalverteilungsverfahren. Wären die Abweichungen normalverteilt, so würden auch 50 % der neu gemessenen Werte unterhalb der Regressionsgeraden liegen. Die 50 % Linie nach Murphy liegt jedoch deutlich darüber. Bei gleicher Streubandbreite nähert sich die 50 % Murphy Linie mit steigender Anzahl von Meßpunkten immer mehr der Regressionsgeraden.

3.1.5.1 Stirnradgetriebe

Die Stirnradgetriebe wurden in zwei Typenklassen aufgeteilt, die sogenannten Industriegetriebe und die Turbogetriebe. In diesen sind ein- und mehrstufige Getriebe mit außenverzahnten Stirnrädern sowie die Kombination Stirnradgetriebe mit hydrodynamischem Element, d.h. mit Wandler oder Kupplung, enthalten.

Bild 3.16 zeigt für die Teilgruppe der Industriegetriebe (Stirnradgetriebe, Gruppe 1) die Auswertung der gemessenen Schalleistungspegel. Diese Getriebe weisen bezüglich ihrer technischen Kenndaten (Antriebsdrehzahl, Übersetzung, Gehäuse, Herstellverfahren und Verzahnungsqualität) sehr große Übereinstimmungen auf. Dies schlägt sich in einem hohen Bestimmtheitsmaß (r^2 = 0,83) der Regression nieder.

Die zweite Teilgruppe, die im höheren Leistungsbereich über 380 kW bis 42000 kW angesiedelt ist, beinhaltet aufgrund der höheren Drehzahlen ausschließlich gleitgelagerte Getriebe. Von diesen insgesamt 21 Getrieben weisen 17 Getriebe Umfangs-

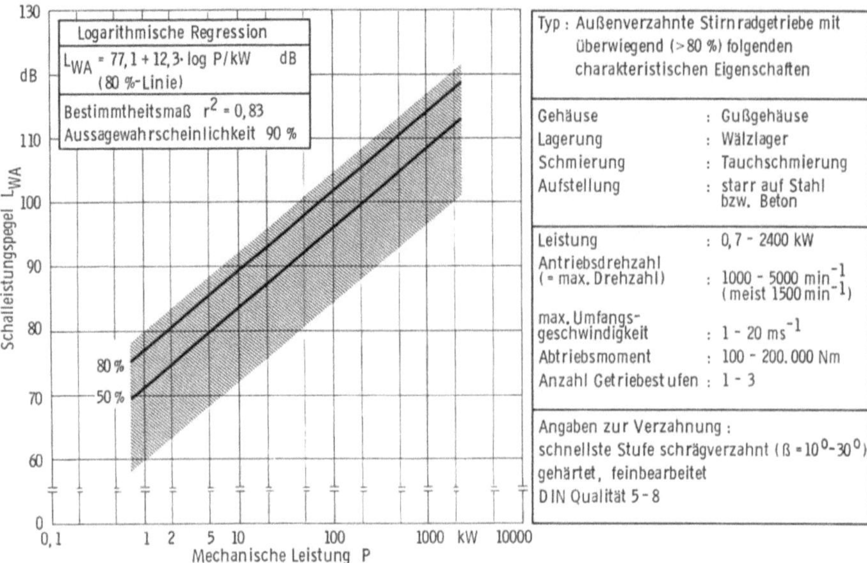

Bild 3.16. Geräuschmessungen an Leistungsgetrieben – Stirnradgetriebe 1

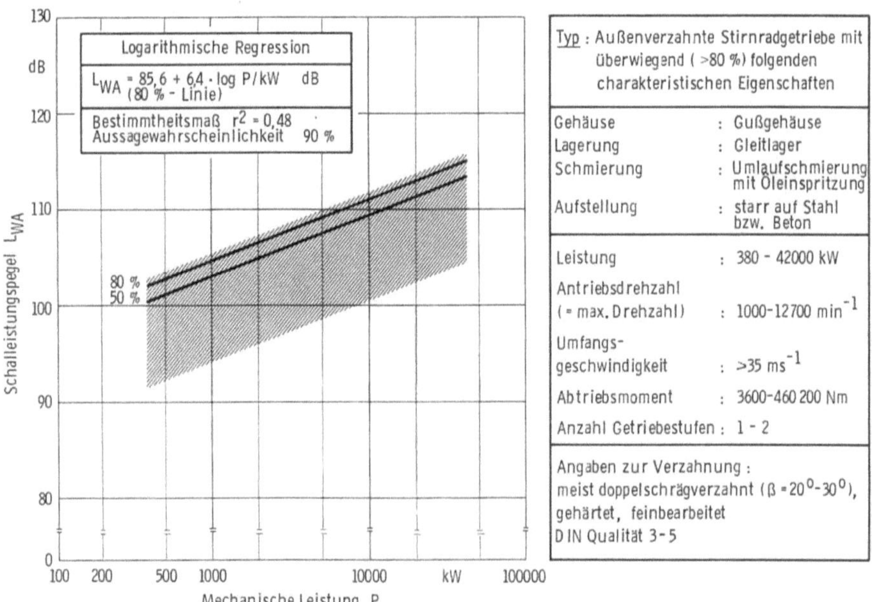

Bild 3.17. Geräuschmessungen an Leistungsgetrieben – Stirnradgetriebe 2 (Turbogetriebe)

geschwindigkeiten > 35 m/s an der Verzahnung der schnellsten Stufe auf (Turbogetriebe). Die Gehäuse sind zumeist in Guß ausgeführt, die Stufenzahl liegt bei 1 bis 2.

Bild 3.17 zeigt die Auswertung der gemessenen Schalleistungspegel für diese Getriebe. Für weitere Getriebegeräuschmessungen ist gerade in dieser Gruppe aufgrund der außerordentlich problematischen Fremdgeräuschermittlung mit großen Meßunsicherheiten zu rechnen, denn diese Getriebe können wegen der hohen mechanischen Leistungen nur in seltenen Fällen, z.B. als Verspannungssystem zweier identischer Getriebe, auf Prüfständen gemessen werden. Im Regelfall wird die Messung vor Ort, d.h. nach der Endmontage vorgenommen.

Hohe Meßgenauigkeiten erfordern daher Abschirmungen der Nachbaraggregate des Getriebes, die Schallintensitätsmessung oder aufwendige meßtechnische Korrekturverfahren.

Über den gesamten Leistungsbereich beider Teilgruppen gesehen sind einige Tendenzen zu erkennen, die im Einzelfall zu größeren Abweichungen nach oben und unten führen können. So liegen der angegebenen 80 % Linie in der Teilgruppe 1, zumindest in der schnellsten, geräuschbestimmenden Stufe, nahezu ausschließlich Schrägverzahnungen mit Schrägungswinkeln um $\beta = 10°$ zugrunde. Sämtliche Getriebe der Teilgruppe 2 sind schräg- bzw. doppelschrägverzahnt, die Schrägungswinkel liegen in der Regel zwischen 20° und 30°.

Die Lagerung der Wellen erfolgt in der Teilgruppe 1 über Wälzlager, in der Teilgruppe 2 sind alle Getriebe gleitgelagert. Aufgrund des günstigen Körperschallsperrverhaltens von Gleitlagern kann bei einem Getriebe beim Übergang von Wälz- auf Gleitlager mit einer Luftschallpegelreduzierung gerechnet werden.

Der Einfluß des Gehäusematerials (Guß oder Stahl) ist in der Vergangenheit etwas überbewertet worden. Wesentlich ist die akustisch günstige Gehäusekonstruktion, die mit einer Schweißkonstruktion genau so gut möglich ist. Eine besondere Bedeutung kommt dabei der Steifigkeit des Gehäuses und den Massenkonzentrationen im Bereich der Krafteinleitungsstellen (Lagersitze) zu.

Etwas problematisch ist der Leistungsbereich zwischen 100 und 1000 kW, da hier der Übergang von den normalen Industriegetrieben (Teilgruppe 1) zu den schnellaufenden Turbogetrieben (Teilgruppe 2) erfolgt. In diesem Bereich sollten die konstruktiven Merkmale des jeweiligen Getriebes bei der Beurteilung der Geräuschemission berücksichtigt werden. Dazu zählen neben der bereits genannten Art der Lagerung und dem Schrägungswinkel (schnellste Stufe) die Stufenzahl des Getriebes, das Abtriebsmoment, das die Gehäusegröße bestimmt, und der konstruktive Aufbau des Gehäuses selbst.

Bei den Turbogetrieben erfolgt die Schmiermittelversorgung über zusätzliche Ölpumpen. Für spezifisch hoch belastete Getriebe der ersten Gruppe ist im höheren Leistungsbereich meist eine Zusatzkühlung (Kühler und Lüfter) vorgesehen. Zu beachten ist, daß das Geräusch der Ölpumpe und das Lüftergeräusch das Getriebegeräusch erhöhen können.

3.1.5.2 Kegel- und Kegelstirnradgetriebe

Die hier betrachtete Gruppe umfaßt reine Kegelradgetriebe und Kegelstirnradgetriebe. Bei mehrstufigen Getrieben besteht in der Regel die schnellaufende Eingangsstufe aus dem Kegelradsatz, an den sich eine oder zwei meist schrägverzahnte Stirnradstufen anschließen.

Der Leistungsbereich der gemessenen Getriebe liegt zwischen 2 und 1800 kW. Die Auswertung der gemessenen Emissionskennwerte zeigt von der Verteilung her eine eindeutige Zuordnung zur mechanischen Leistung. Dieser Trend bestätigt sich auch durch die Regressionsrechnung, die eine sehr gute Annäherung (r^2= 0,88) an den gewählten logarithmischen Regressionstyp erkennen läßt. Das Streuband der Abweichungen umfaßt insgesamt nur 20 dB. Die Auswertung der Schalleistungspegel zur Darstellung des Standes der Technik ist in Bild 3.18 wiedergegeben.

Der wesentliche Unterschied zu den Stirnradgetrieben der ersten Teilgruppe liegt im steileren Anstieg der Regressionsgeraden. Die Leistungsabhängigkeit ist für Kegelradgetriebe also deutlich größer. Ein Vergleich der Steigungsmaße zeigt, daß der Schalleistungspegel eines entsprechenden Stirnradgetriebes bei Leistungsverzehnfachung um 12,3 dB ansteigt im Gegensatz zum Kegelradgetriebe, bei dem ein Anstieg um 15,9 dB zu verzeichnen ist. Für Leistungen von etwa 1000 kW ergeben sich damit bereits Unterschiede zwischen den beiden Gruppen von 5,4 dB, während bei 32 kW Leistung die rechnerischen Schalleistungspegel aufgrund des unterschiedlichen Basiswertes gleich sind (95,6 dB).

Die zum Teil sehr günstigen Werte der Kegelstirnradgetriebe bei niedrigen Leistungen lassen sich durch eine konstruktive Maßnahme erklären, da bei fünf Getrieben die Kegelradstufe nicht in den schnellaufenden Eingangsteil, sondern erst in die zweite Stufe gelegt wurde. Ohne Berücksichtigung dieser Getriebe ergeben sich im Bereich 3 bis 30 kW um ca. 2 dB höhere Werte. Mit zunehmender Leistung wird die Kegelradstufe schließlich zum dominierenden Schallerzeuger.

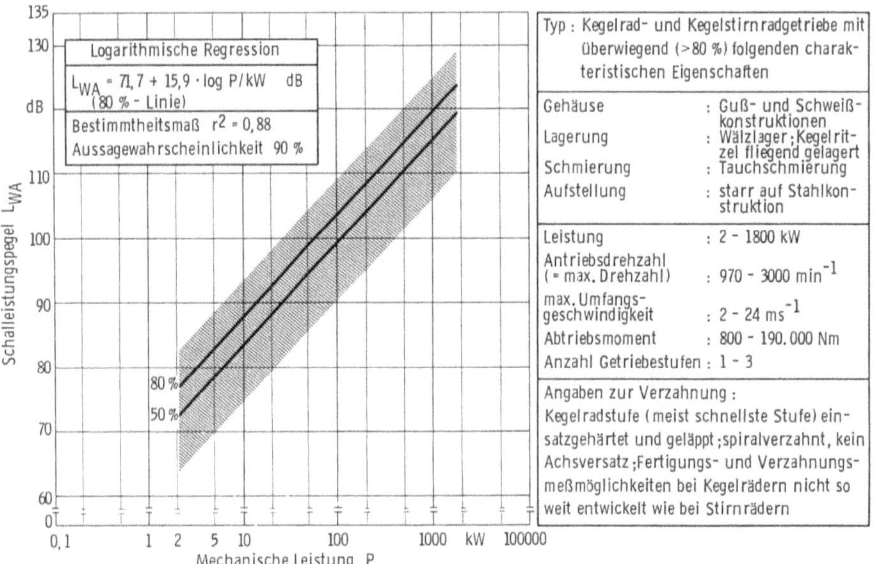

Bild 3.18. Geräuschmessungen an Leistungsgetrieben – Kegelrad- und Kegelstirnradgetriebe

Die Wellen aller untersuchten Kegelrad- und Kegelstirnradgetriebe sind wälzgelagert; bezüglich der Gehäuse gelten die gleichen Aussagen wie bei den Stirnradgetrieben.

Es bleibt festzuhalten, daß Kegelrad- und Kegelstirnradgetriebe bei niedrigen bis mittleren Leistungen ähnliche Schalleistungen haben wie Stirnradgetriebe (Teilgruppe 1), während bei hohen Leistungen die Kegelradstufe die Geräuschemission der Getriebe steigert.

3.1.5.3 Planetengetriebe

Diese Gruppe enthält achtzehn Planetengetriebe im Leistungsbereich 6,3 bis 12500 kW. Die Sonderbauart der Zykloidengetriebe wurde in diese Gruppe eingeschlossen.

Obwohl die mechanischen Leistungen einen weiten Bereich überdecken, liegen die Schalleistungen in einem schmalen Band zwischen 85 und 105 dB. Das heißt: das Geräuschverhalten eines Planetengetriebes wird zwar durch die mechanische Leistung bestimmt, die Pegelerhöhung ist mit zunehmender Leistung jedoch wesentlich geringer als bei den Stirnrad- und Kegelradgetrieben.

Der Stand der Technik läßt sich aus Bild 3.19 ablesen. Wie dem Steigungsmaß der Regression zu entnehmen ist, führt eine Verzehnfachung der mechanischen Leistung nur zu einem Geräuschanstieg von 4,4 dB. Das Streuband um die abgeschätzte 50 % Linie hat eine Breite von 8 dB, ist also unter Zugrundelegung der Meßunsicherheit von 2 dB extrem schmal. Bei den Planetengetrieben niedriger Leistung handelt es sich meist um Langsamläufer, bei solchen hoher Leistung um Schnelläufer. Die Lei-

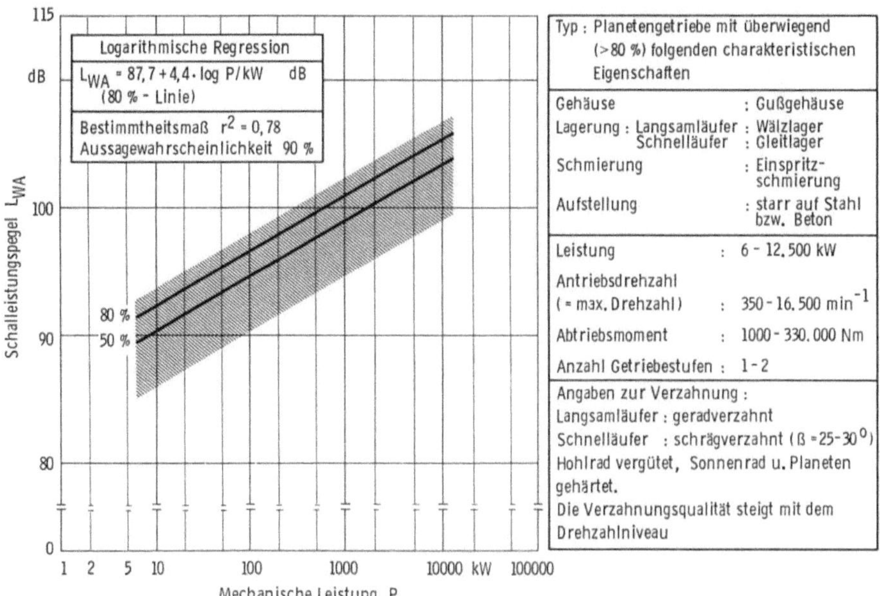

Bild 3.19. Geräuschmessungen an Leistungsgetrieben – Planetengetriebe

stungserhöhung durch Erhöhung des Drehzahlniveaus ist mit konstruktiv höherem Aufwand (z. B. Schrägverzahnungen) und häufig aus dynamischen Gründen auch mit wesentlich höheren Fertigungsqualitäten verbunden.

Beide Faktoren wirken sich günstig auf die Geräuschanregung aus, und da die geräuschabstrahlende Gehäuseoberfläche bei den Getrieben hoher Leistung in der Regel nicht größer ist als bei den Langsamläufern, steigt die abgestrahlte Schalleistung nur geringfügig an.

Bei dieser Getriebegruppe sind im Bereich hoher Drehzahlen und Leistungen weitere Verbesserungen des Geräuschverhaltens zum heutigen Zeitpunkt nur noch durch Sekundärmaßnahmen erreichbar, z. B. durch dickere Gehäusewände.

3.1.5.4 Schneckengetriebe

Es wurden achtzehn Getriebe im Leistungsbereich 0,7 bis 56 kW untersucht. Dabei handelt es sich ausschließlich um reine Schneckengetriebe (einstufig). Getriebe mit mehreren Stufen, z. B. Stirnradstufen, wurden nicht berücksichtigt.

Die gemessenen Schalleistungspegel weisen Schneckengetriebe als die leisesten aus, vor allem im niedrigen Leistungsbereich. Neben den akustisch günstigen Eingriffsverhältnissen zwischen Schnecke und Schneckenrad sind hierfür auch die Gehäuse verantwortlich, die zur besseren Wärmeabfuhr generell stark verrippt ausgeführt sind. Das wirkt sich auch im Hinblick auf das Geräusch-Abstrahlverhalten günstig aus.

In der Praxis, d.h. in normalen Betriebsräumen, können Schneckengetriebe geringer Leistung aufgrund ihrer niedrigen Schalleistungspegel in der Regel nicht gemes-

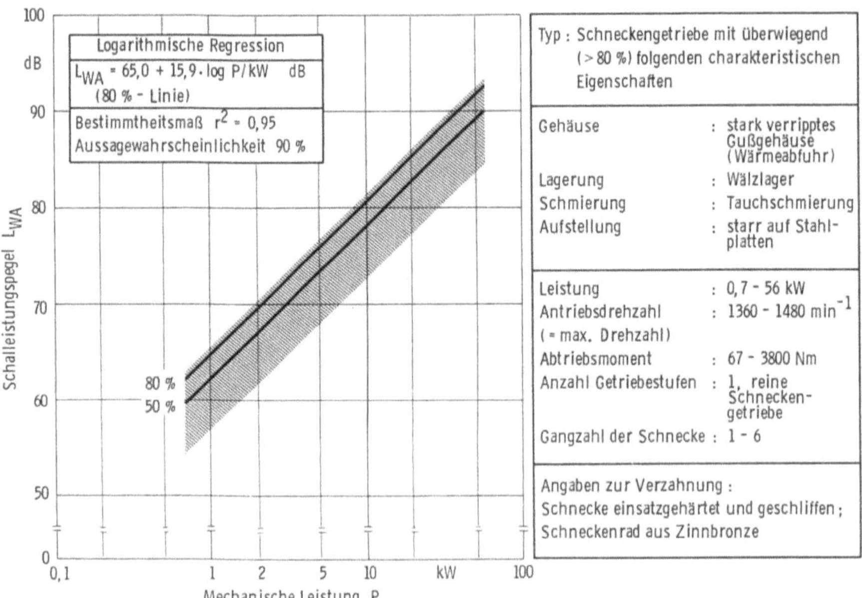

Bild 3.20. Geräuschmessungen an Leistungsgetrieben – Schneckengetriebe

sen werden. Der Fremdgeräuschpegel überdeckt das Geräusch des Schneckengetriebes. Hier müssen die in Abschnitt 3.1.2 und 3.1.3 beschriebenen, höherwertigen Meßverfahren weiterhelfen.

Der Stand der Technik ist in Bild 3.20 dargestellt, die Regressionsgerade wurde aus 18 Meßwerten berechnet.

Da die Eingangsdrehzahl für nahezu alle Getriebe gleich ist (n_0 = 1500 1/min), wird die recht große Abhängigkeit des Schalleistungspegels von der mechanischen Leistung indirekt durch das zu übertragende Antriebsmoment hervorgerufen. Bei einer Verzehnfachung der Leistung und damit des Antriebsmomentes steigt der Geräuschpegel um 16 dB an. Schneckengetriebe mit großen Übersetzungen ins Langsame weisen ein etwas günstigeres Geräuschverhalten auf als solche mit geringeren Übersetzungen.

3.1.5.5 Mechanisch regelbare Wandler

Für diese Getriebe wird kein Emissionskennfeld dargestellt, da aufgrund der geringen Probenzahl eine gesicherte statistische Darstellung nicht möglich ist. Deswegen ist die Einzeldarstellung von Meßergebnissen gewählt worden, die als Orientierungshilfe bei der Beurteilung der Schallemission dieser Getriebe dienen soll. Der untersuchte Leistungsbereich umfaßt Getriebe zwischen 0,5 und 38 kW. Dabei handelt es sich ausschließlich um reine Wandler, d. h. vor- bzw. nachgeschaltete Getriebestufen anderer Bauart werden bei der Angabe des Schalleistungspegels nicht mitbewertet. Das gleiche gilt für den normalerweise direkt angeflanschten Antriebsmotor. Innerhalb dieser Gruppe sind konstruktiv verschiedene Ausführungen gemessen worden: Im einzelnen waren dies Kettentriebe, Riementriebe, Kugelumlaufgetriebe, Reibradgetriebe, Kegelscheibengetriebe sowie ein Schwinghebeltrieb. Zu beachten ist, daß bestimmte Ausführungen nur in der niedrigen Leistungsklasse zu finden sind, da höhere Momente prinzipbedingt nicht übertragen werden.

Der Leistungsbereich der rein mechanisch regelbaren Wandler ist im Vergleich zu den Zahnradgetrieben nach oben sehr stark begrenzt, da die Momentenübertragung in der Regel kraftschlüssig erfolgt: In der Übertragungsstelle treten sehr hohe spezifische Belastungen auf.

In Bild 3.21 sind die Ergebnisse der Serienmessungen dargestellt. Hierbei wurden die Wandler in zwei konstruktiv verschiedene Gruppen aufgeteilt. Im einzelnen sind dies:

– Riemengetriebe und Doppelscheibenantriebe,
– Ganzmetallgetriebe.

Die zur Gruppe der Ganzmetallgetriebe gehörigen Kettengetriebe wurden wegen ihrer Bedeutung und ihres großen Einsatzbereiches aus dieser Gruppe herausgenommen und getrennt dargestellt. Die Bild 3.21 zugrundeliegenden Schalleistungspegel wurden gemäß dem Vorschlag in der DIN 45635, Teil 23, im mittleren Drehzahlbereich bei maximalem Moment gemessen. Die Beurteilung der Ergebnisse muß unter Berücksichtigung der konstruktiven Ausführungen und der Leistungsbeschränkung geschehen – dies gilt vor allem für rein rollend arbeitende Systeme, die zum Teil auf Leistungen unter 1 kW beschränkt sind.

Die Art der Geräuschanregung rein mechanisch regelbarer Wandler kann durch stoßartige Bewegungen, durch Riemen- bzw. Kettenschwingungen oder durch gleitende, rollende oder schraubende Bewegungsabläufe erfolgen. Die quasi stoß- und schwingungsfrei übertragenden Systeme sind naturgemäß am leisesten, lassen sich jedoch bei den mechanischen Verstellgetrieben höherer Leistung nicht mehr verwirklichen.

Die Riemengetriebe und Doppelscheibenantriebe laufen in der Regel mit festen Drehzahlen, die durch den Antriebsmotor und das Übersetzungsverhältnis vorgegeben sind. Bei stufenlos regelbaren Getrieben sind naturgemäß die Übersetzungsverhältnisse nicht konstant. Meist wird mit einer festen Drehzahl angetrieben, und die Abtriebsdrehzahl wird entsprechend der momentanen Anforderungen eingestellt. Die Meßergebnisse von Bild 3.21 beziehen sich jedoch auf einen einzigen Belastungs- und Betriebszustand:

$$\bar{n} = \frac{(n_{max} + n_{min})}{2} , \qquad (3.21)$$

$$T = T_{max} \text{ bei } \bar{n}. \qquad (3.22)$$

Um aussagefähige Informationen zu erhalten, müßte eigentlich das gesamte Kennfeld $L_{WA} = f\,(n,T)$ gemessen werden.

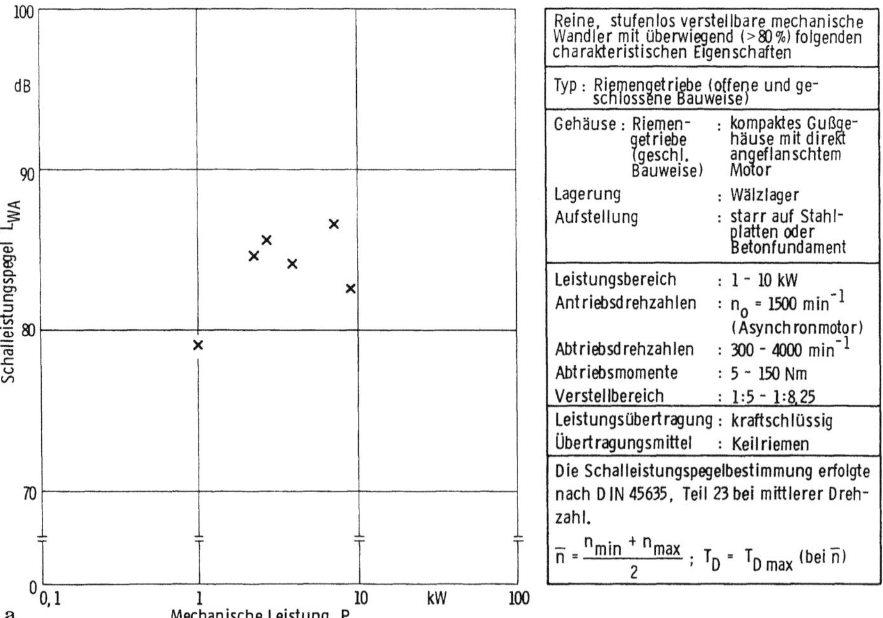

Bild 3.21a-c. Geräuschmessungen an Leistungsgetrieben – reine, stufenlos verstellbare mechanische Wandler. **a** Riemengetriebe und Doppelscheibenantriebe

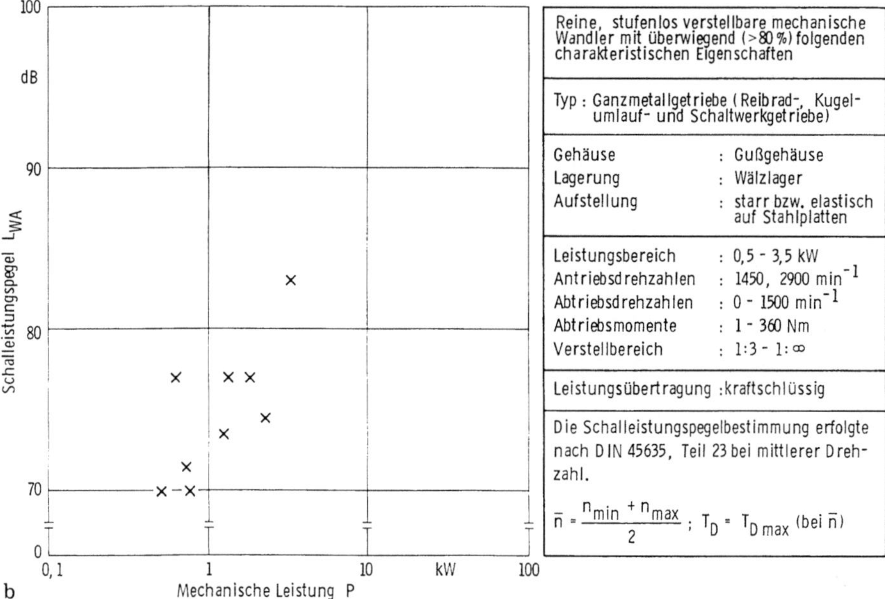

b

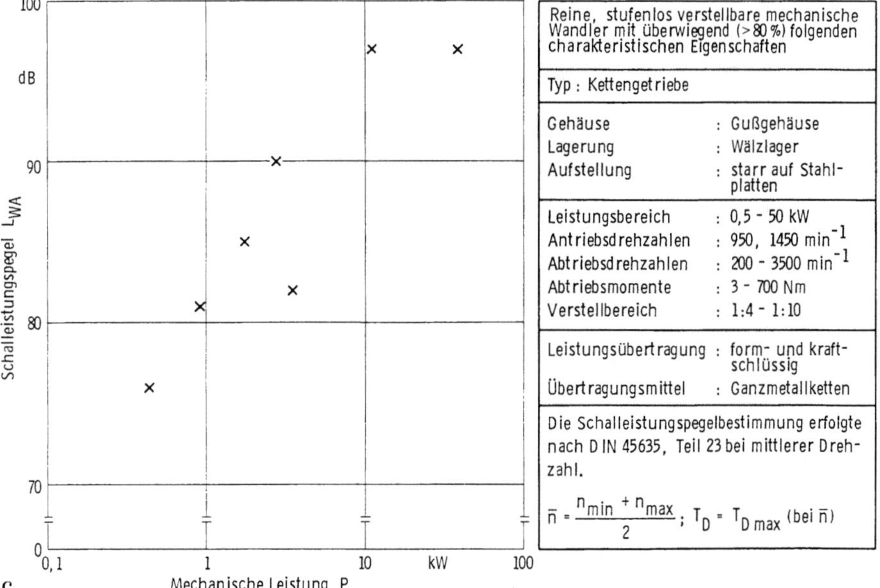

c

Bild 3.21. b Ganzmetallgetriebe; **c** Kettengetriebe

3.1.5.6 Anwendung von Emissionskennfeldern

In Abschnitt 3.1.5 wird die Geräuschemission verschiedener in Typenklassen eingeordneter Getriebe beschrieben, die nach einheitlichen Meßverfahren (s. Abschnitt 3.1.1 bis 3.1.4) ermittelt wurde. Zur Beschreibung der Geräuschemission dienen Emissions-Kennfelder, die auf einem sorgfältig ausgewählten, umfangreichen Versuchsprogramm basieren [3.33].

Für die Anwender dieser Kennfelder – Planer, Hersteller, Betreiber und Institutionen, die für eine Beurteilung, Prüfung oder Überwachung der Geräuschemission solcher Getriebe zuständig sind – stellen sie eine Entscheidungshilfe zur akustischen Beurteilung eines Getriebes dar.

Erwartungswerte für Getriebe, die in Zukunft entwickelt bzw. hergestellt werden, können mit Hilfe der Kennfelder abgeschätzt werden. Damit wird vermieden, daß für jedes neue Getriebe eine Einzelmessung durchgeführt werden muß. Dies gilt auch dann, wenn die Grenzen des Geltungsbereiches geringfügig überschritten werden.

3.2 Entstehung von Getriebegeräuschen, Einflußgrößen und Geräuschminderungsmaßnahmen

3.2.1 Entstehung von Getriebegeräuschen

Faßt man ein Getriebe nach [3.24] als eine Schallquelle mit mechanisch-akustischem Übertragungsverhalten auf, so läßt sich sein Emissionsverhalten mit der in Bild 3.22 dargestellten Gleichung beschreiben.

Das maschinenakustisch orientierte Emissionsmodell geht davon aus, daß dynamische Kräfte F auf eine Struktur wirken und innerhalb dieser Struktur Schwingungen verursachen, die an der Oberfläche in die umgebende Luft übertragen werden, so daß sie als Luftschall P wahrnehmbar sind. Dabei läßt sich die Luftschallemission in Form der abgestrahlten Schalleistung P aus den mechanisch-akustischen Größen einer Struktur, der Eingangsimpedanz Z_E, der Übertragungsadmittanz $h_{ü}$ sowie dem Abstrahlgrad σ herleiten [3.15].

Gemäß Bild 3.22 wird die aufgeprägte Energie durch Körperschalleitung auf die Getriebegehäuseoberfläche übertragen. Die hier auftretende Körperschallschnelle verursacht nicht nur den direkt wahrnehmbaren Primär-Luftschall P, sondern bewirkt auch eine Weiterleitung des Körperschalls über die Koppelpunkte (Aufstellpunkte) des Getriebes zu angrenzenden Strukturen (Fundament). Dadurch kann eine Sekundärschallabstrahlung verursacht werden.

Aus Bild 3.22 wird deutlich, daß es grundsätzlich mehrere Möglichkeiten gibt, das Emissionsverhalten von Getrieben zu vermindern. Diese beziehen sich auf die Beeinflussung der:

– Körperschallanregung,
– Übertragungseigenschaften,
– Abstrahleigenschaften.

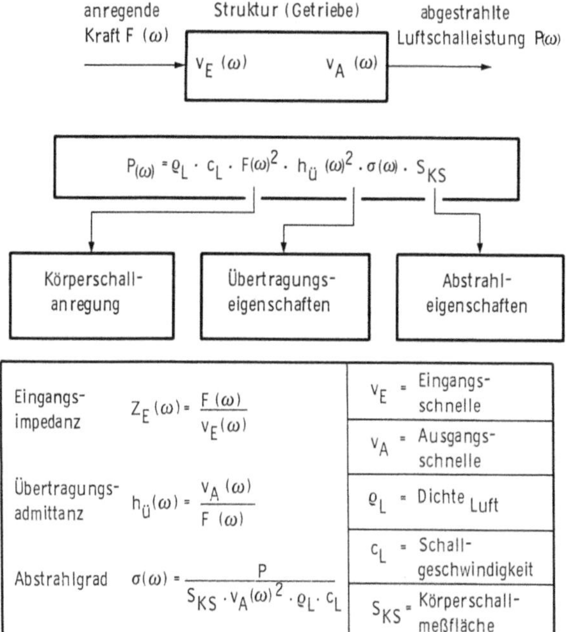

Bild 3.22. Das Getriebe als Schallquelle mit mechanisch akustischem Übertragungsverhalten

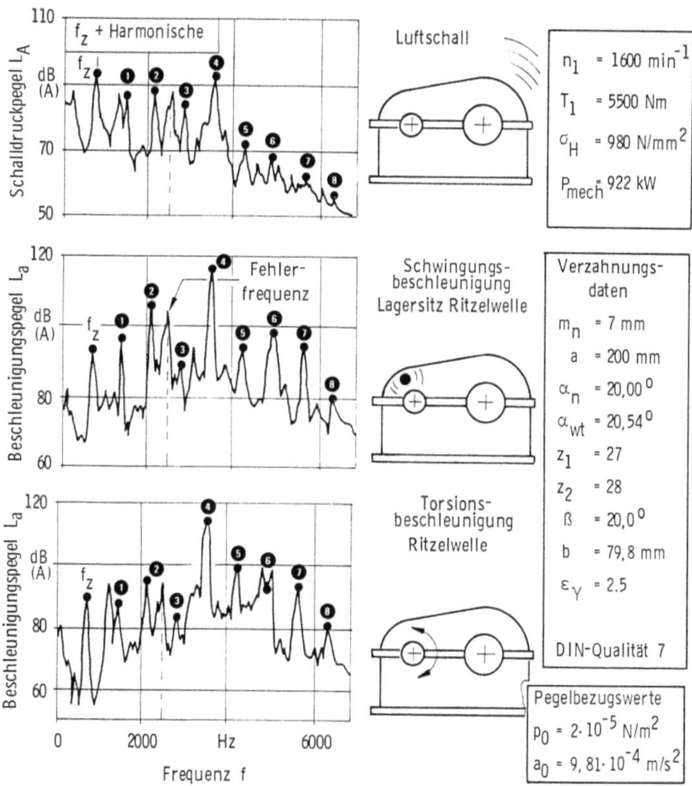

Bild 3.23. Gemessene Spektren in der Schallübertragungskette eines Leistungsgetriebes

Erfahrungsgemäß stellen die Anregungsmechanismen aus dem Zahneingriff den größten Anteil der gesamten Körperschallanregung eines Leistungsgetriebes dar, so daß Laufgeräusche von funktionstüchtigen Wälz- und Gleitlagern in der Mehrzahl der Fälle vernachlässigt werden können. Dieses Verhalten wird auch aus Bild 3.23 deutlich, das in allen gemessenen Körper- und Luftschallspektren pegelbestimmende Frequenzen aufweist, welche ausschließlich aus der Anregung im Zahneingriff herrühren.

Neben der Zahneingriffsfrequenz und der Reihe ihrer Höherharmonischen ist im Bild zwischen der 2. und 3. Höherharmonischen eine weitere dominante Frequenz zu erkennen, welche aus Verzahnungsabweichungen resultiert und in keinem ganzzahligen Verhältnis zur Zahneingriffsfrequenz zu stehen braucht.

Im folgenden werden die einzelnen Anregungsmechanismen aus dem Zahneingriff näher erläutert und Maßnahmen aufgeführt, die zu einer Absenkung der Geräuschemission führen.

3.2.2 Äußere Anregung des Getriebes durch Fremdeinwirkung

Bei der Körperschallanregung im Zahneingriff kann zwischen innerer Anregung aus dem Zahneingriff und äußerer Anregung unterschieden werden. Bild 3.24 zeigt, daß es sich bei äußerer Anregung prinzipiell um eine Fremdanregung des Getriebes handelt.

Durch ungleichförmige Momente oder Drehzahlen an der Getriebeeingangs- bzw. -ausgangswelle entstehen Zusatzkräfte und -bewegungen im Zahneingriff, die zu einem erhöhten Anregungspegel im Zahneingriff führen, aus dem wiederum eine erhöhte Luftschallemission resultiert. Neben ungleichförmigen Antriebsaggregaten (z. B. Verbrennungsmotoren), Momentüberträgern wie Kupplungen und Gelenkwellen und Arbeitsmaschinen (z.B. Hydraulikmotor) können Ausrichtfehler in der Gesamtanlage Ursachen äußerer Getriebeanregung (bzw. Fremdanregung) sein. Diese von außen auferlegten Belastungen beanspruchen das Getriebe entweder stochastisch oder periodisch, wobei die Periodendauer in der Regel nicht in Zusammenhang mit der Zahneingriffsfrequenz, jedoch meistens in Zusammenhang mit der Drehfrequenz von An- oder Abtriebswelle des Getriebes steht. In Resonanzfällen kann es bei Fremdanregung zum Zahnflankenabheben kommen. Das Zahnflankenabheben ist akustisch deutlich wahrnehmbar und wird Zahnflankenhämmern genannt. Das charakteristische Geräusch (Hämmern) ist nach dem Abheben der Zahnflanke durch das Wiederauftreffen auf die Lastflanke bzw. durch das Anschlagen an die Rückflanke zu erklären.

Da die Auswirkung der äußeren Anregung in Zusammenhang mit dem dynamischen Verhalten des gesamten Antriebsstranges gesehen werden muß und daher vom jeweiligen Einsatz des betrachteten Getriebes abhängig ist, läßt sich diese Problematik nicht generell behandeln. Vielmehr muß jeder Einzelfall gesondert betrachtet werden. Prinzipiell sollten Leistungsgetriebe vom An- und Abtriebsstrang dynamisch entkoppelt sein, sofern mit äußeren Stoßbelastungen, Momenten- und/oder Drehzahlschwankungen gerechnet werden muß. Hier können zur optimalen Auslegung drehelastischer Kupplungselemente und zur Ermittlung der Getriebebelastung numerische Simulationsprogramme eingesetzt werden (vgl. Abschn. 3.3), um das

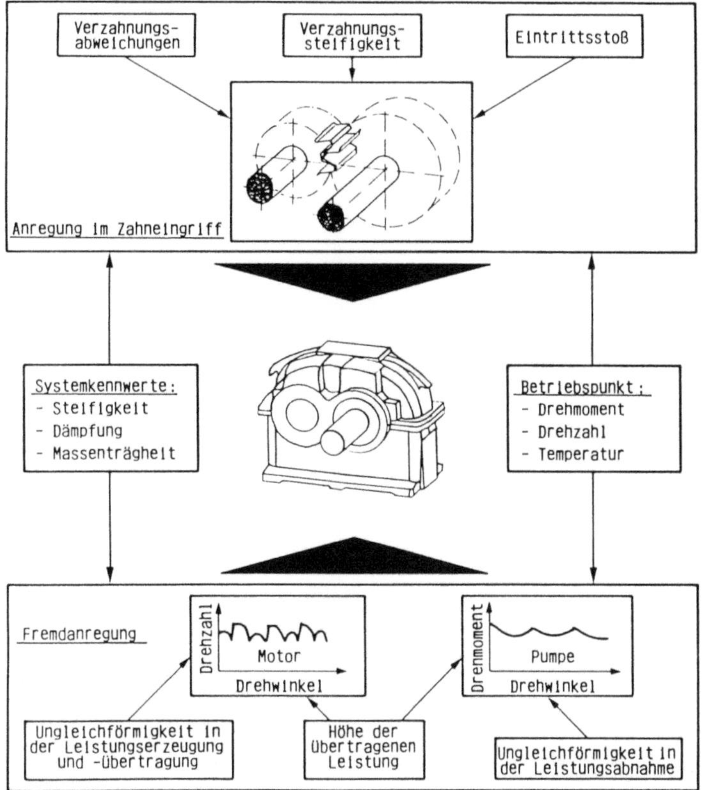

Bild 3.24. Unterschiedliche Anregungsarten an einem einstufigen Getriebe (Beispiele)

dynamische Verhalten des gesamten Antriebsstranges zu approximieren und geeignete Entkopplungsmaßnahmen zu wählen.

3.2.3 Innere Anregung des Getriebes durch den Zahneingriff

Im Gegensatz zur äußeren Anregung wird die innere Anregung eines Getriebes direkt durch die Verhältnisse im Zahneingriff bzw. auf den Zahnflanken bestimmt (Bild 3.25).

In Abhängigkeit von der ausgeführten Verzahnungsgeometrie und den vorliegenden Belastungszuständen, d.h. Lastmoment und Drehzahl, wirken auf das Schwingungssystem „Getriebe" Störgrößen ein, welche entsprechend ihrer theoretischen Anregungscharakteristik in verschiedene Mechanismen unterteilt werden können.

Die sich periodisch ändernde Gesamt-Zahnfedersteifigkeit wirkt als Parameteranregung für das Stirnradgetriebe. Durch geeignete Auslegung der Verzahnungsgeometrie läßt sich der Gesamt-Zahnfedersteifigkeitsverlauf optimieren.

Lastbedingte Verformungen, fertigungs- und montagebedingte Geometrie-, Einbau- und Einstellabweichungen prägen dem Getriebe Weganregungen im Zahnein-

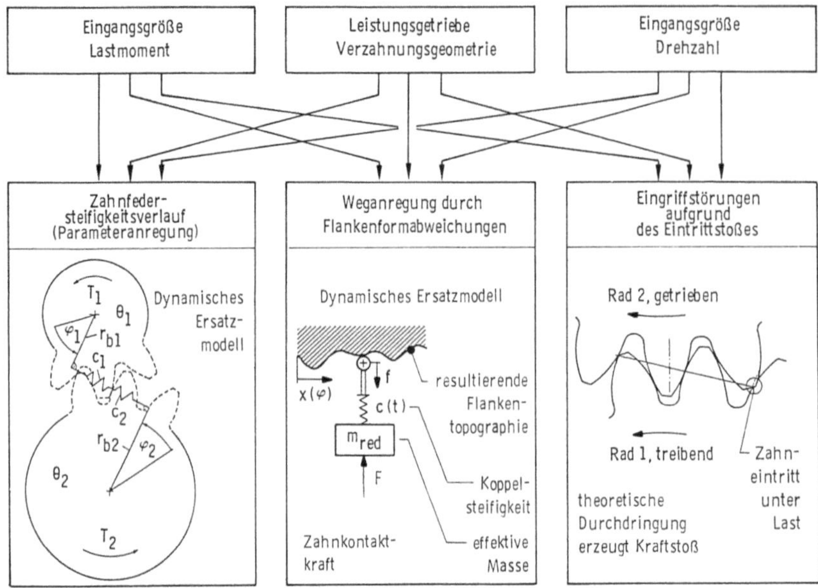

Bild 3.25. Wirkungsmäßige Zusammenhänge von Betriebszustand, Systemverhalten und Anregungsmechanismen im Zahneingriff eines Leistunsgetriebes

griff auf. Aufgrund lastbedingter Verformungen der im Eingriff befindlichen Zähne erfährt das in Zahneintritt kommende Zahnpaar einen Kraftstoß, der als zusätzliche Störgröße auf das System einwirkt.

Welcher der drei genannten Anregungsmechanismen (Steifigkeitsmodulation, Geometrieabweichung oder Eintrittsstoß) für die Körperschallanregung am bedeutendsten ist, läßt sich nur in Zusammenhang mit der Belastung des Getriebes angeben. Der Einfluß der einzelnen Anregungsmechanismen auf die Geräuschabstrahlung wird im folgenden näher erläutert.

3.2.3.1 Eintrittsstoß

Theoretisch abweichungsfrei hergestellte und montierte Verzahnungen erfahren im unbelasteten Zustand keinen Eintrittsstoß, da der erste Zahnkontakt in der theoretischen Sollposition erfolgt und somit ein tangential gleitender Zahneintritt erfolgt. Im belasteten Zustand werden die an der Drehübertragung beteiligten Zähne durch die Zahnnormalkräfte im Zahneingriff verformt. Die Tatsache, daß die Zähne bei Eintrittsbeginn lastfrei, d.h. unverformt einlaufen, und die im Eingriff befindlichen Zähne entsprechend der zu übertragenden Kräfte elastisch um einen bestimmten Betrag deformiert sind, führt zu gestörten kinematischen Eingriffsbedingungen im Zahneintritt. Bild 3.26 zeigt, wie lastbedingte Eintrittsstörungen entstehen.

Die im Zahneingriff deformierten Zähne bewirken eine lastabhängige Teilungsabweichung am lastfrei einlaufenden Zahnpaar. Dadurch erfolgt die in Bild 3.26 oben angedeutete theoretische Durchdringung der Zahnflanken. Zusätzlich ist zum Zeit-

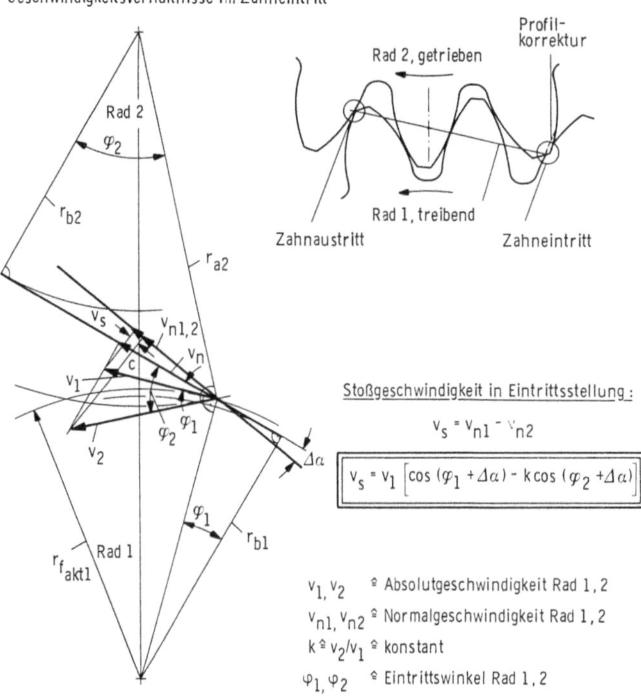

$$v_s = v_{n1} - v_{n2}$$

$$v_s = v_1 \left[\cos(\varphi_1 + \Delta\alpha) - k\cos(\varphi_2 + \Delta\alpha) \right]$$

Bild 3.26. Kinematische Verhältnisse im Zahneingriff

punkt des Zahneintritts das global vorliegende Übersetzungsverhältnis nicht mehr vorhanden. Es bildet sich eine von der exakten Eingriffsebene abweichende Normalebene aus, in der die Projektionen der Absolutgeschwindigkeiten v_1 bzw. v_2 von Rad 1 und Rad 2 nicht mehr übereinstimmen und die Zahnflanken zum Zeitpunkt des ersten Kontakts theoretisch ineinanderdringen. Die Differenz der projizierten Absolutgeschwindigkeiten wird als Stoßgeschwindigkeit bezeichnet [3.31]. Bei der Betrachtung der Geschwindigkeitsverhältnisse bei Zahneintritt kann aus Anschauungsgründen zwischen den Fällen einer korrigierten und einer unkorrigierten Flanke unterschieden werden. Die Herleitung der Stoßgeschwindigkeit ist in beiden Fällen identisch, lediglich die Ermittlung der beschreibenden geometrisch-kinematischen Größen ist im Fall einer korrigierten Verzahnung einfacher, so daß zunächst anhand dieses Falles die Stoßgeschwindigkeit bestimmt wird.

Die Differenzgeschwindigkeit v_S (Stoßgeschwindigkeit) zwischen den Flankennormalgeschwindigkeiten von Rad 1 (Ritzel, treibend) und Rad 2 (Rad, getrieben) errechnet sich zu:

$$\begin{aligned} v_s &= v_1 \cdot \cos(\varphi_1 + \Delta\alpha) - v_2 \cdot \cos(\varphi_2 + \Delta\alpha) \\ &= v_1 \cdot \cos(\varphi_1 + \Delta\alpha) - k \cdot v_1 \cdot \cos(\varphi_2 + \Delta\alpha) \end{aligned} \tag{3.23}$$

mit:

$$\Delta\alpha \,\hat{=}\, \text{Normalenfehlerwinkel,}$$

$$K = \frac{v_2}{v_3} = \frac{\cos\varphi_1}{\cos\varphi_2} = \frac{r_{a2}}{i \cdot r_{f1}},$$

$$\cos\varphi_1 = \frac{r_{b1}}{r_{f1}}; \quad \cos\varphi_2 = \frac{r_{b2}}{r_{a2}}.$$

Der Normalenfehlerwinkel $\Delta\alpha$ in Gleichung 3.23 resultiert aus einer angenommenen Profilrücknahme an einer korrigierten Verzahnung. Für eine einfache evolventische Profilrücknahme (vgl. Abschn. 3.2.4.2, Bild 3.45) errechnet sich der Normalenfehlerwinkel $\Delta\alpha$ an einem vorgegebenen Punkt auf der Flanke, gegeben durch seinen Radius r_y, aus der Differenz der Profilwinkel:

$$\Delta\alpha = \arccos\left(\frac{r_b^*}{r_y}\right) - \arccos\left(\frac{r_b}{r_y}\right) \tag{3.24}$$

mit dem zur Korrekturevolvente gehörigen, modifizierten Grundkreisdurchmesser r_b^* (vgl. Bild 1.21).

Die Hilfswinkel φ_1 und φ_2 stellen die Eintrittswinkel bezüglich der Grundkreisstrahlen $r_{b1,2}$ dar, die bei unbelasteter, abweichungsfreier und unkorrigierter Verzahnung auftreten. Diese Annahme ist hier gültig, da bei richtig dimensionierter Korrektur die Eintrittswinkel von Ritzel und Radflanke der unkorrigiert und abweichungsfrei laufenden Verzahnung entsprechen. Durch Umformen und Anwendung von Additionstheoremen errechnet sich die Stoßgeschwindigkeit bei Zahneintritt zu:

$$V_S = V_1 \cdot \sin\Delta\alpha \left[\frac{r_{a2}}{i \cdot r_{f1}} \cdot \sqrt{1 - \left(\frac{r_{b2}}{r_{a2}}\right)^2} - \sqrt{1 - \left(\frac{r_{b1}}{r_{f1}}\right)^2} \right]. \tag{3.25}$$

Diese Gleichung zeigt, daß die Stoßgeschwindigkeit im Zahneintritt einer korrigierten Verzahnung direkt vom Normalenfehlerwinkel abhängig ist, da die übrigen Größen für eine konkrete Laststufe als konstant angesehen werden können.

Im Fall einer unkorrigierten Verzahnung bleibt der Ansatz für die Stoßgeschwindigkeit bestehen. Lediglich der aktive Kontaktradius bei Zahneintritt r_{f1} des Ritzels erfährt aufgrund des vorzeitigen Zahneintritts eine Vergrößerung. Um den neuen aktiven Kontaktradius bei Zahneintritt bzw. den Hilfswinkel φ_1 zu bestimmen, sind sehr aufwendige trigonometrische Beziehungen zu lösen. Berechnungsansätze der teilweise transzendenten Gleichungssysteme sind in [3.31] angegeben.

Aus den bisherigen kinematischen Betrachtungen läßt sich ableiten, daß zur Abschwächung des Eintrittsstoßes ein kleiner Normalenfehlerwinkel zu Eintrittsbeginn angestrebt werden muß. Für eine unkorrigierte Verzahnung bedeutet dies, daß die lastbedingte Teilungsabweichung möglichst klein sein sollte, um den Normalenfehlerwinkel $\Delta\alpha$ zu minimieren [3.31]. Um die Stoßgeschwindigkeit bzw. den Stoßimpuls bei korrigierten Verzahnungen vollständig zu vermeiden, muß gemäß Gleichung 3.25 aus kinematischer Sicht bei Zahneintritt des zunächst noch unbelasteten Zahnpaares ein Geschwindigkeitsverhältnis vorliegen, welches dem globalen Übersetzungsverhältnis der Räder entspricht, d.h. der Normalenfehlerwinkel muß Null sein (vgl. Abschn. 3.2.4.2, Bild 3.45).

Für den körperschallanregenden Kraftimpuls ist neben den veränderten Normalenverhältnissen zum Zeitpunkt des Zahneintrittes auch der sich theoretisch ergebende Betrag der Durchdringung der Zahnflanken von Bedeutung. Aufgrund der Zwangsführung von Ritzel- und Radflanke durch die Drehbewegung findet diese theoretische Durchdringung in einem vorgegebenen Zeitraum statt. Eine genaue Bestimmung des auftretenden Stoßkraftverlaufs ist jedoch nur schwer möglich, da der zeitliche Ablauf der Zahnverformung und der damit verbundene impulserzeugende Geschwindigkeitsgradient durch die gesamte Dynamik im Zahneingriff sowie die Deformationsvorgänge an der realen Verzahnung vorgegeben sind.

In Bild 3.27 ist das Frequenzspektrum eines körperschallerzeugenden Kraftimpulses dargestellt, wie er durch den Eintrittsstoß erzeugt wird.

Gemäß maschinenakustischer Zusammenhänge [3.24, 3.43] gibt es folgende Möglichkeiten, den Eintrittsstoß zu minimieren:

- Minimierung der beteiligten Stoßmassen, wodurch der Stoßkraftimpuls aufgrund der Verkleinerung der mechanischen Massen bzw. Eingangsimpedanzen abnimmt.
- Minimierung der lastbedingten Teilungsabweichung durch eine hohe Gesamt-Zahnfedersteifigkeit, um den Normalenfehlerwinkel zu reduzieren und eine geringe theoretische Durchdringung der einlaufenden Zahnpaare zu gewährleisten.
- Weiche Gestaltung des Zahneintritts durch Verzahnungen mit kleinen Zahnfedersteifigkeiten zu Eintrittsbeginn (Schräg- und/oder Hochverzahnungen). Eine größere Elastizität der beteiligten Elemente verursacht bei vorgegebener elastischer Verformung (lastbedingte Teilungsabweichung) ein Absenken der Stoßkraftamplitude.
- Abschwächung der Stoßenergie durch Profilrücknahmen im Zahneintritt. Durch die Zwangsführung der beteiligten Stoßmassen um die Drehachsen der betrachteten Zahnräder wird mit Profilrücknahmen erreicht, daß der Betrag der theoretischen Durchdringung kleiner wird, was zu einem Absenken der Stoßenergie führt. Durch den länger zur Verfügung stehenden Zeitraum zur Aufnahme der vorgegebenenVerformung erfolgt nach Bild 3.27 eine Verlagerung der Eckfrequenz des Stoßanregungsspektrums hin zu niedrigeren Frequenzen.

Der oft zitierte Austrittsimpuls der Verzahnung ist aus physikalischer Sicht für die Körperschallanregung von gänzlich anderem Anregungscharakter. Kommt ein Zahn außer Eingriff, kann er mit seiner (sehr hohen) Eigenfrequenz frei ausschwingen, wodurch keinerlei neue Kraftstoßimpulse erzeugt werden. Bei analytischen Abschätzungen ergeben sich Biegeeigenfrequenzen von Zähnen mit weit über 20 kHz, die in der Regel für akustische Betrachtungen in wahrnehmbaren Frequenzbereichen nicht relevant sind. Das durch die plötzliche Entlastung entstehende Kräfteungleichgewicht muß wiederum der wechselnden Zahnfedersteifigkeit zugeordnet werden. Es wird bei korrekter Erfassung der Parameteranregung (vgl. Abschn. 3.2.3.2) vollständig für die Schwinganregung des gesamten Radsatzes mitberücksichtigt.

Aufgrund der Tatsache, daß die Kontaktverhältnisse zu Eintrittsbeginn einen Einfluß auf den Eintrittsstoß unter Last haben, ist eine analytische Betrachtung der Eingriffsverhältnisse in diesem Bereich sinnvoll. Im Gegensatz zu einer Geradverzah-

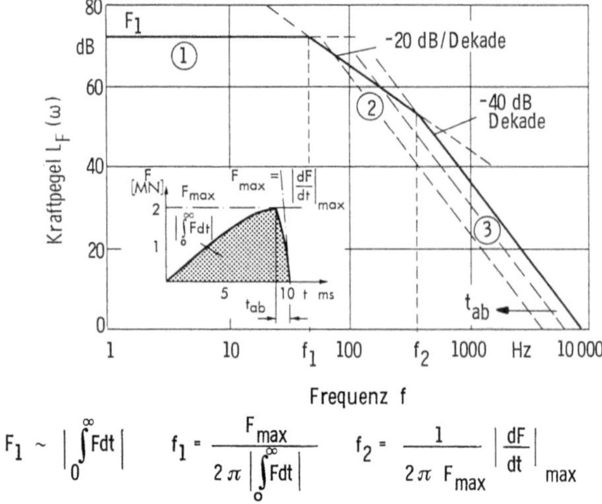

$$F_1 \sim \left| \int_0^\infty F\,dt \right| \qquad f_1 = \frac{F_{max}}{2\,\pi \left| \int_0^\infty F\,dt \right|} \qquad f_2 = \frac{1}{2\,\pi \, F_{max}} \left| \frac{dF}{dt} \right|_{max}$$

Bild 3.27. Frequenzspektrum eines Kraftimpulses

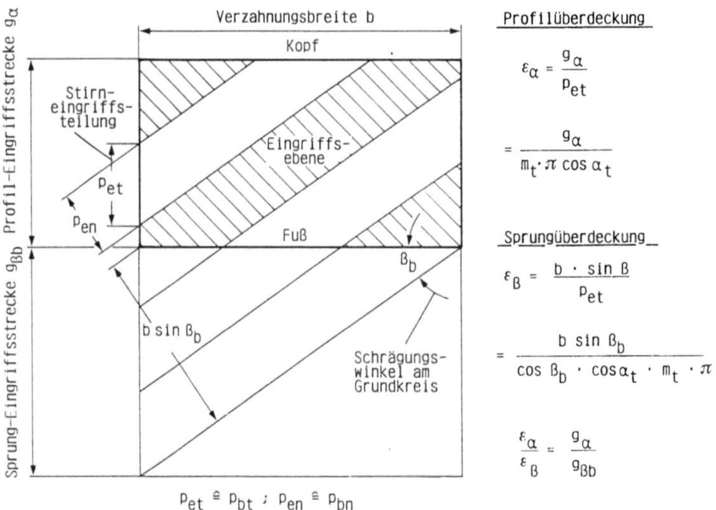

Bild 3.28. Verhältnis von Profil- und Sprungüberdeckung in der Eingriffsebene

nung, bei der die maximale Berührlinienlänge zweier Zahnflanken schon bei Eingriffsbeginn vorliegt und somit ein starker Eintrittsstoß verursacht wird, steigt die
Berührlinienlänge bei Schrägverzahnungen nach Eingriffsbeginn kontinuierlich auf
ihren Maximalwert an.

Die Bilder 3.28 bis 3.30 beschreiben die Berührlinienlängenverhältnisse in der
Eingriffsebene mit verwandten Verzahnungsgrößen nach DIN 3960 [3.7].

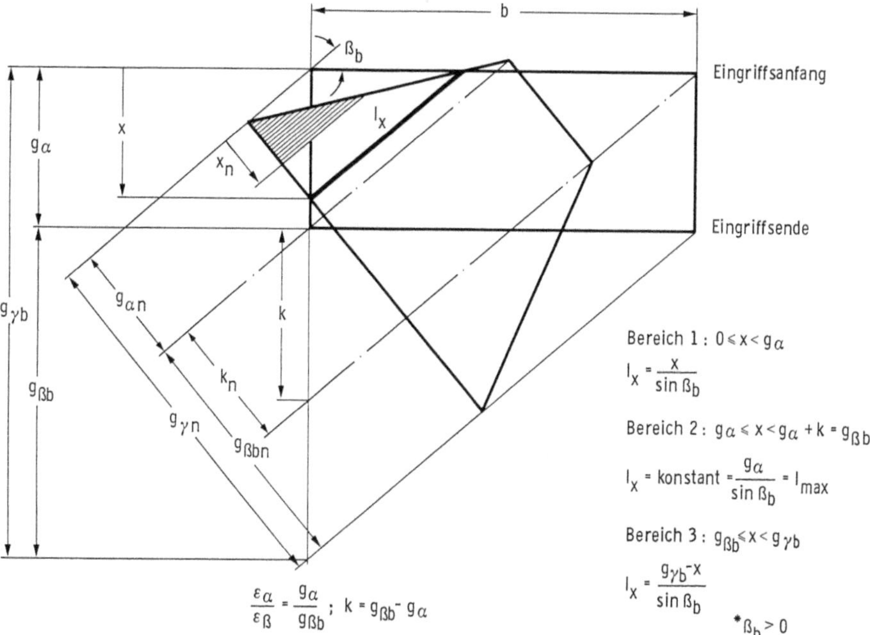

Bild 3.29. Verlauf der Berührlinienlänge über die Gesamteingriffsstrecke $g_{\gamma b}$ bei $\varepsilon_\alpha < \varepsilon_\beta$

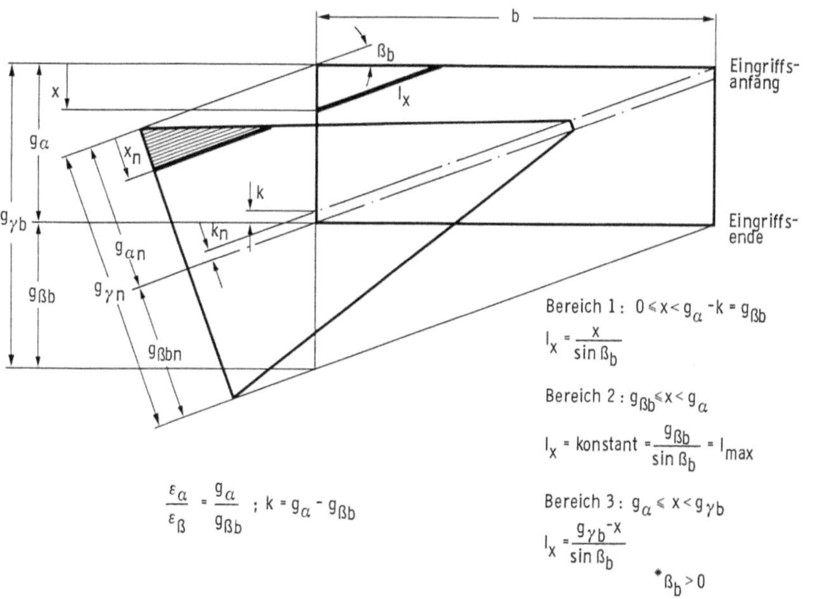

Bild 3.30. Verlauf der Berührlinienlänge über die Gesamteingriffsstrecke $g_{\gamma b}$ bei $\varepsilon_\alpha > \varepsilon_\beta$

Es wird deutlich, daß der Berührlinienlängenverlauf l_x unabhängig von den vorgegebenen Verzahnungsdaten immer eine charakteristische „trapezförmige" Form annimmt. Theoretisch hat die Länge der Berührlinie zweier Zahnflanken zu Eingriffsbeginn den Wert Null. Sie steigt dann linear auf den Maximalwert an. In Abhängigkeit von der Verzahnungsgeometrie bleibt die Länge l_x über einen bestimmten Verdrehwinkel konstant, um dann wieder linear auf den Wert Null abzufallen. Es ist notwendig, die Aufteilung der Gesamtüberdeckung ε_γ in Profilüberdeckung ε_α und Sprungüberdeckung ε_β zu unterscheiden, da die Kontaktverhältnisse durch diese Parameter direkt bestimmt werden. Aus Bild 3.29 und Bild 3.30 folgt:

- Bei $\varepsilon_\alpha < \varepsilon_\beta$ wird die maximale Berührlinie durch den aktiven Kopf- bzw. Fußkreisdurchmesser der Verzahnung begrenzt. Die maximale Berührlinienlänge beträgt $g_\alpha/\sin\beta_b$.
- Bei $\varepsilon_\alpha > \varepsilon_\beta$ wird die maximale Berührlinie durch die aktive Verzahnungsbreite begrenzt. Die maximale Länge der Berührlinie ist gleich $g_{\beta b}/\sin\beta_b$.

Nach den in Bild 3.29 und 3.30 für Bereich „1" angegebenen Gleichungen ergibt sich die theoretische Berührlinienlänge $L_x = \infty$ für $\beta_b = 0°$. Die Länge der Berührlinie wird jedoch bei der Geradverzahnung durch die Verzahnungsbreite begrenzt.

Weiterhin läßt sich zeigen [3.39], daß für den Bereich üblicher Schrägungswinkel β_b die größte Änderung des Berührlinienanstiegs im Bereich von $0° < \beta_b < 30°$ liegt, während eine Änderung des Schrägungswinkels β_b im Bereich über $35°$ lediglich eine geringe Berührlinienlängenänderung bei gegebenem Verdrehwinkel verursacht und zusätzlich die Axialkräfte der Verzahnung mit dem Tangens des Schrägungswinkels heraufsetzt.

Die im Zahneintritt bei Schrägverzahnungen auftretenden kleinen Berührlinienlängen sind hinsichtlich der Minderung des Eintrittsstoßes günstiger zu bewerten als die Eingriffsverhältnisse bei Geradverzahnungen, da hier die durch lastbedingte Teilungsabweichungen schlagartig in Eingriff kommenden kurzen Kontaktlängen nur eine geringe Impulsanregung ermöglichen.

3.2.3.2 Parameteranregung

Ein weiterer Anregungsmechanismus im Zahneingriff belasteter Zahnradgetriebe ist der Steifigkeitswechsel zwischen Einzel- und Doppeleingriff (Geradverzahnung), bzw. zwischen den Mehrfacheingriffen bei Schrägverzahnungen. Anhand des Bildes 3.31 und der Modellvorstellung, derzufolge die Zähne der miteinander kämmenden Räder Federn darstellen, soll dieser Effekt genauer erläutert werden.

Die Zahnkraft, die übertragen werden muß und normal auf die Flanke wirkt, verformt jeden in Eingriff stehenden Zahn. Der Betrag dieser Einzelverformung hängt ab von der Größe der Last, der Lage des Kraftangriffspunktes als Funktion der Eingriffsstellung (Hebelarm), der Verzahnungsgeometrie und den Eigenschaften des Werkstoffs. Da während des Eingriffs der Berührungspunkt (= Kraftangriffspunkt) bei treibendem Ritzel vom Fuß zum Kopf des Ritzelzahnes und vom Kopf zum Fuß des getriebenen Radzahnes läuft, ergeben sich über die Wälzstrecke die in der mittleren Zeile des Bildes 3.32 aufgetragenen Einzel-Zahnfedersteifigkeitsverläufe.

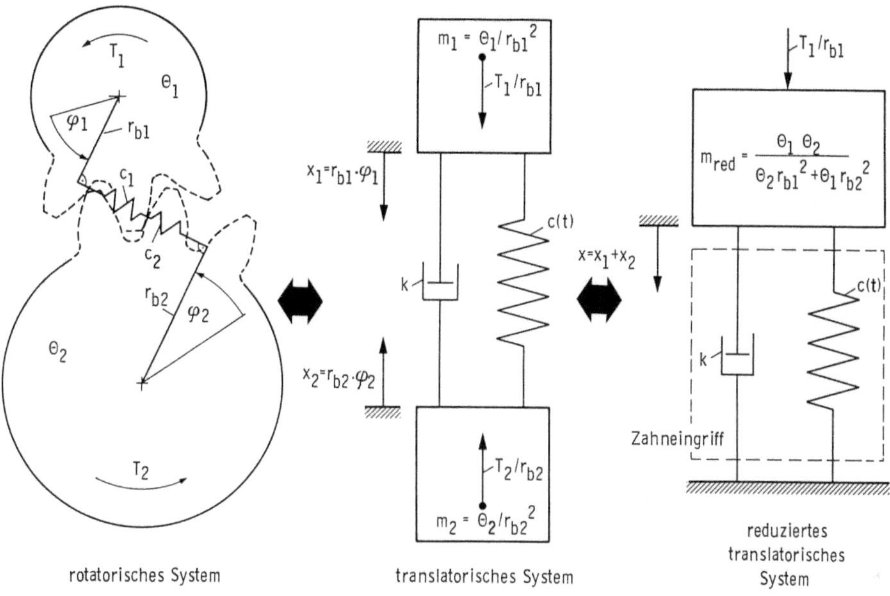

Bild 3.31. Darstellung eines einstufigen Getriebes als reduzierter parametererregter Schwinger

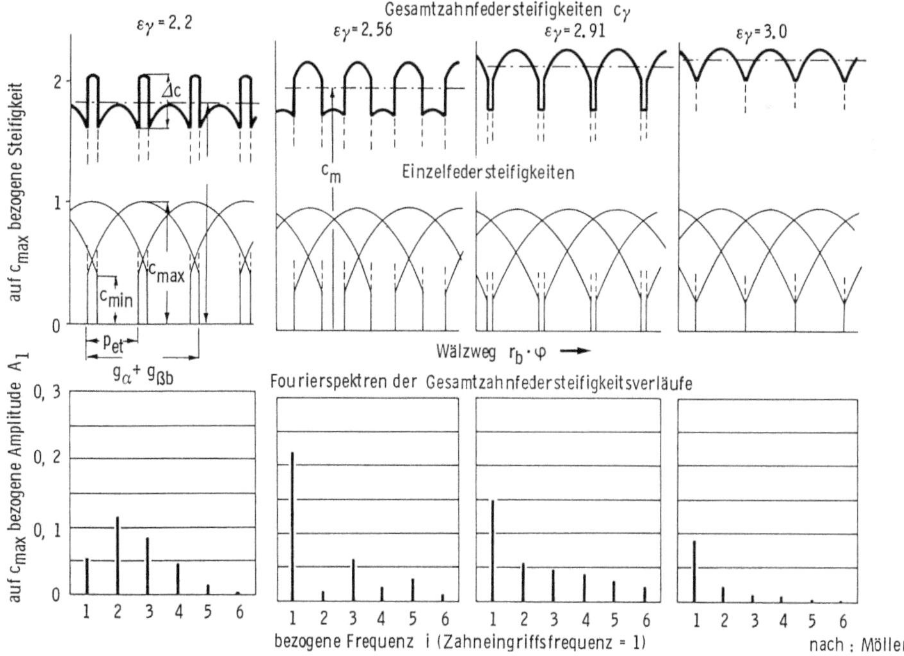

Bild 3.32. Steifigkeitsverläufe von Stirnradverzahnungen und deren Fourierspektren

Überlagert man die Einzel-Zahnfedersteifigkeiten entsprechend der Eingriffsteilung p_{et}, wie im oberen Bildteil gezeigt, so ergibt sich, da die einzelnen Zahnpaare wie parallel geschaltete Federn wirken, aus der Addition unmittelbar der Gesamt-Zahnfedersteifigkeitsverlauf. Die Kenngrößen, die diese Verläufe bestimmen, sind die minimale und maximale Einzel-Zahnfedersteifigkeit (c_{min} bzw. c_{max}), die Länge der Wälzstrecke sowie die Eingriffsteilung p_{et}. Zur Beurteilung des Summenverlaufs werden die Kenngrößen mittlere Gesamt-Zahnfedersteifigkeit c_m und Wechselanteil Δc eingeführt.

Aus der Verzahnungssteifigkeit, die sich periodisch ändert und den konstant anliegenden An- und Abtriebsmomenten resultiert also eine Ungleichförmigkeit in der Drehübertragung des laufenden Radsatzes. Dieser Parameter Zahnfedersteifigkeit, der sich mit der Zahneingriffsfrequenz ändert, ruft dynamische Kräfte hervor, die neben den übrigen Anregungsmechanismen ebenfalls für die Körperschallanregung verantwortlich sind.

Aus Bild 3.32 ist zu entnehmen, daß selbst bei annähernd gleichen Einzel-Zahnfedersteifigkeitsverläufen in Abhängigkeit vom Überdeckungsgrad sowohl quantitativ als auch qualitativ vollkommen unterschiedliche Summenverläufe entstehen. Der zeitliche Verlauf der Gesamt-Zahnfedersteifigkeit beeinflußt das dynamische Verhalten des angenommenen parametererregten Einmassenschwingers aus Bild 3.31 im wesentlichen mit drei Merkmalen:

- Der Mittelwert c_m der Gesamt-Zahnfedersteifigkeit bestimmt zusammen mit den wirksamen Massen die Lage der Hauptresonanz.
- Die Form des Wechselanteils Δc bestimmt die Frequenzzusammensetzung der Anregungsfunktion und verursacht das Auftreten von Vorresonanzen.
- Die Amplitude des Wechselanteils Δc ist ein Maß für die Anregungsintensität und somit für die Größenordnung der Schwingungsanregung.

Die Betrachtung der Spektraldarstellung verschiedener Verzahnungen im direkten Vergleich in Bild 3.32 unten, erlaubt eine Aussage, welche Verzahnung hinsichtlich der Anregung akustisch günstig sein wird (Verzahnung mit $\varepsilon_\gamma = 3,0$) und sie zeigt, welche Frequenzanteile auftreten werden.

Bild 3.33 stellt einen simulierten Hochlauf eines parametererregten Schwingers nach Bild 3.31 bei sinoidalem Verlauf der Gesamtzahnfedersteifigkeit vor.

Durch die parametrische Anregung bilden sich neben der Hauptresonanz mit $N = 1$ Vorresonanzen aus, deren Eigenkreisfrequenzen sich nach der Beziehung

$$\omega = \frac{\omega_0 \cdot 2}{v} \tag{3.26}$$

mit $v = 1,2,3...$ und ω_0 = Hauptresonanzfrequenz

angeben lassen. Von praktischer Bedeutung sind am real laufenden Getriebe solche Drehzahlen, die entweder die Hauptresonanz oder die Vorresonanzen gerader Ordnung anregen ($v = 2,4,6...$) [3.25].

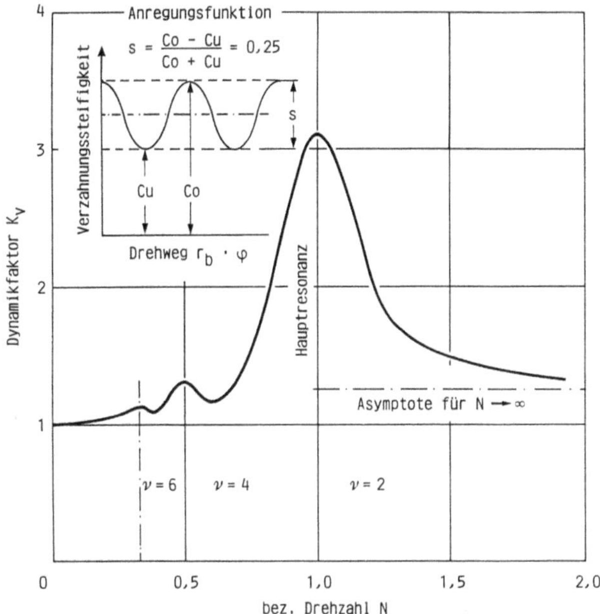

Bild 3.33. Parameterresonanzen eines einstufigen Zylinderradgetriebes

3.2.3.3 Verzahnungsabweichungen

Außer der zu übertragenden mechanischen Leistung und der Verzahnungsgeometrie ist die Verzahnungsqualität eine wichtige Einflußgröße für die Geräuschanregung eines Getriebes. Abweichungsbehaftete Verzahnungen können bereits im lastfreien Zustand zu Störungen des Zahneingriffs und zu geräuschverursachenden Schwingungen führen.

Die wichtigsten Verzahnungsabweichungen, die einen Einfluß auf das Geräuschverhalten eines Leistungsgetriebes ausüben, sind Teilungs-, Profil- und Flankenlinienabweichung. Bild 3.34 zeigt beispielhaft den Einfluß von Teilungsabweichungen auf den emittierten Luftschall.

In den DIN-Normen [3.8] sind die genannten Bestimmungsgrößen bzw. ihre dazugehörigen Toleranzen für Zylinderräder festgelegt.

Eine nennenswerte Körperschallanregung kann auch durch verfahrensbedingte Profilformabweichungen verursacht werden. Da aufgrund des Fertigungsprozesses durch Abwälzen derartige Abweichungen zwar meist drehwinkelproportional, aber nicht zwangsläufig in einem ganzzahligen Verhältnis zur Eingriffsteilung der Verzahnung auftreten, können sie für das Entstehen sogenannter „Geisterfrequenzen" verantwortlich sein. Sie werden in Luft- oder Körperschallspektren gerade daran erkannt, daß ihre („Fehler-") Frequenz zwar drehzahlproportional ist, jedoch in keinem ganzzahligen Verhältnis zur Zahneingriffsfrequenz steht (vgl. Bild 3.23).

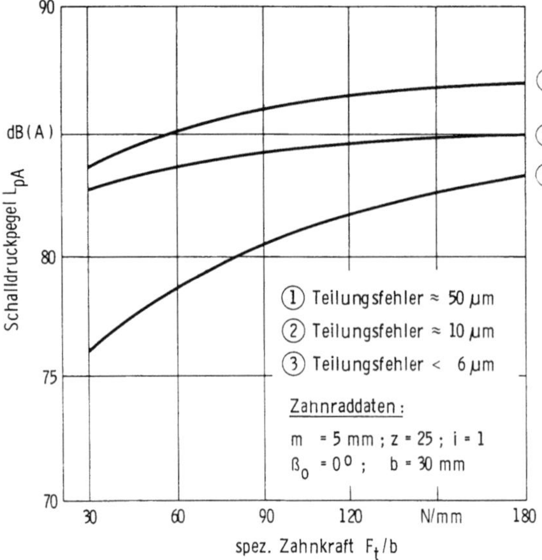

Bild 3.34. Einfluß von Teilungsfehlern auf das Getriebegeräusch

Vom physikalisch-technischen Standpunkt aus gesehen, verursachen alle Verzahnungsabweichungen mit gestörten Flankennormalenverhältnissen (in Form von Teilungs-, Grundkreis- oder Flankenlinienabweichungen) zum Zeitpunkt des Zahneintritts eine stoßförmige Körperschallanregung gemäß Bild 3.26 bzw. Bild 3.27.

Da die abweichungsbehafteten Zahnflanken aufeinander abwälzen, kann man diese Verzahnungsabweichungen als Weganregung im Zahneingriff auffassen. Sie können als Weganregungsspektrum durch eine experimentelle oder „rechnerische" Einflankenwälzprüfung ermittelt werden. Dabei ist zu beachten, daß eine derartige Abschätzung lediglich einen Teil der Gesamtanregungsmechanismen erfaßt (vgl. Bild 3.25) und daß diese Untersuchungen zunächst nur quasistatische Aussagen zulassen.

Die akustischen und dynamischen Auswirkungen einer Verzahnungsabweichung oder von Kombinationen mehrerer Abweichungen sind für den Einzelfall nur sehr schwer vorherzubestimmen, da das Übertragungsverhalten auf Grund der spezifischen Bauart und der Betriebsbedingungen des betrachteten Leistungsgetriebes großen Einfluß auf das gesamte Geräuschverhalten ausübt. Dies kann dazu führen, daß spezifische Einzelabweichungen (bzw. deren Kombinationen) gleicher Größenordnung in verschiedenartigen Getrieben unterschiedliche Auswirkungen auf das Geräuschverhalten haben können. Aus praktischen Untersuchungen ist jedoch bekannt, daß besonders bei niedrigen, spezifischen Belastungen Verzahnungsabweichungen einen großen Einfluß auf das Geräuschverhalten ausüben, während bei hohen, spezifischen Belastungen die lastbedingten Verformungen die Zahnflankenabweichungen zum großen Teil einglätten.

Aus umfangreichen Versuchen wird deutlich, daß je nach vorliegender Verzahnungsqualität bei entsprechender Qualitätssteigerung Geräuschreduzierungen zwischen 3 dB und 10 dB zu erzielen sind [3.32].

3.2.3.4 Lastbedingte Verformung der Wellen- und Lagersysteme

Eine optimale Lastverteilung und ein kinematisch einwandfreier Zahneingriff werden bei Leistungsgetrieben durch die endlichen Steifigkeiten der Wellen-, Lager- und Gehäusebauteile erschwert, die im Kraftfluß liegen. Maßgebliche Einflußgrößen sind hierbei:

– Gehäuse- bzw. Gestellsteifigkeit des Getriebes in radialer und axialer Richtung,
– Lagersteifigkeit in radialer und axialer Richtung und
– Biege- und Torsionssteifigkeit von Wellen- und Zahnradkörpern.

Die genannten Einflußgrößen verursachen ein Schiefstellen, Kippen oder Verdrehen der Verzahnungen zueinander. Dadurch werden ungünstige Lastverteilungen und Eingriffsstörungen erzeugt.

Hohe Leistungsdichten an Zylinderradgetrieben lassen sich meist nur über ausreichend große Verzahnungsbreiten realisieren. Verschiedene Arten der Momenteneinleitung in das Getriebe, die aus konstruktiven Gründen vorgegeben sind, haben einen großen Einfluß auf die Lastverteilung in Zahnbreitenrichtung. Die bei großen Verzahnungsbreiten auftretende ungleichmäßige Lastverteilung führt nicht nur zu den in Abschnitt 3.2.3.1 beschriebenen Eintrittsstörungen, sondern verursacht durch hohe Hertz'sche Pressung auf den Zahnflanken frühzeitigen Verschleiß oder Totalausfall der Verzahnung.

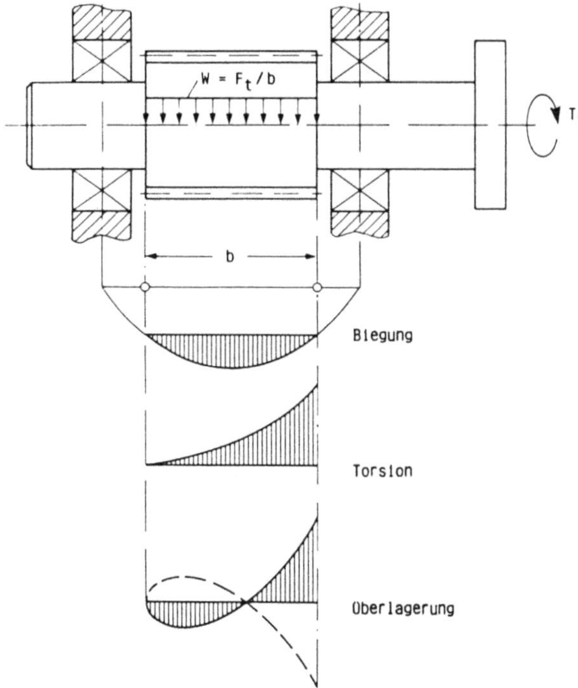

Bild 3.35. Wellenverformung durch Biegung und Torsion

Bild 3.35 zeigt die Auswirkungen von Biege- und Torsionsbeanspruchungen auf eine Ritzelwelle. Bei den aufgeführten Belastungsfällen sind Gehäusedeformationen und Lagernachgiebigkeiten nicht berücksichtigt. Sie können in der Praxis äußerst ungünstigen Einfluß sowohl auf das Laufverhalten als auch auf die Tragfähigkeit der Verzahnung ausüben. Insbesondere bei fliegend gelagerten Ritzel- oder Radwellen ist neben dem Torsions- der Biegeeinfluß der Wellen zu überprüfen.

Bild 3.36 zeigt die prinzipiellen Möglichkeiten der Momentenübertragung an einstufigen Getrieben. Neben den angenommenen Momentenein- und -ausleitungsfällen haben folgende Größen einen Einfluß auf die berechnete Breiten-Lastverteilung auf der Zahnflanke:

– Breiten-Durchmesserverhältnis der Verzahnung,
– Übersetzungsverhältnis,
– Verhältnis von Radkörper- zu Zahnfedersteifigkeit.

Aufgrund der dargestellten Lastverteilungen wird deutlich, daß mit steigendem Übersetzungsverhältnis der Einfluß unterschiedlicher Lasteinleitung abnimmt, da die Torsionssteifigkeit des Rades gegenüber der Torsionssteifigkeit des Ritzels mit

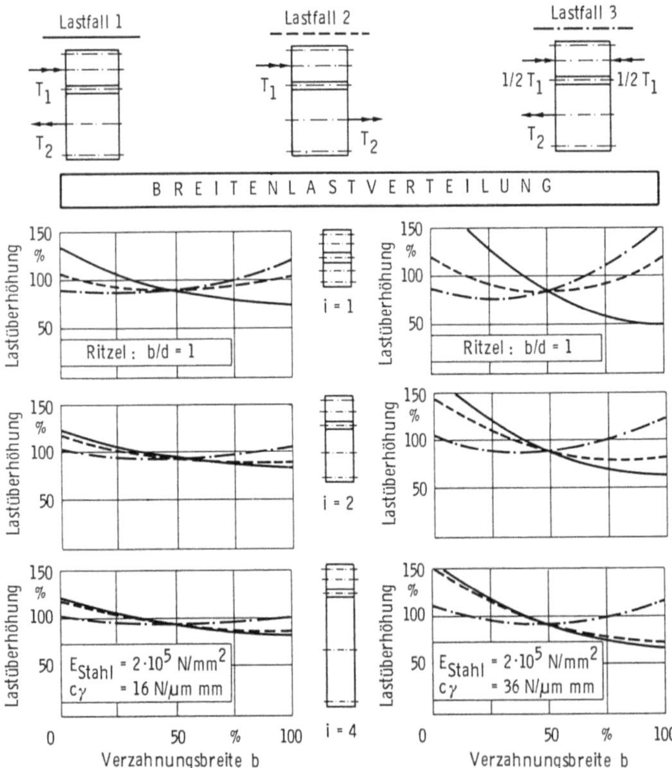

Bild 3.36. Einfluß von Lasteinleitung, Zahnfedersteifigkeit und Übersetzungsverhältnis auf die Lastverteilung in Zahnbreitenrichtung

der 4. Potenz des Übersetzungsverhältnisses zunimmt, und somit lediglich die Ritzelwelle nennenswert tordiert wird. Eine Sonderstellung nimmt die in Bild 3.36 angenommene beidseitige Lasteinleitung am Ritzel ein. Besonders bei großen Übersetzungsverhältnissen ergeben sich hier die günstigsten Lastverteilungen über der Zahnbreite.

Abschließend sei erwähnt, daß das elastische Verhalten von Getriebegehäusen sehr stark von den jeweils vorherrschenden Randbedingungen (Bauform, Aufstellbedingungen etc.) abhängig ist, so daß allgemeingültige Hinweise zur Kompensation lastbedingter Gehäuse- und Lagereinflüsse nur schwer anzugeben sind [3.6]. Hierzu sind Optimierungsrechnungen mit Hilfe der FEM erforderlich, um die erforderliche Gehäusesteifigkeit bei möglichst minimalem Materialeinsatz zu ermitteln.

Bei steigender Gesamt-Zahnfedersteifigkeit c_γ (Bild 3.36, rechte Bildhälfte) nimmt zwar die absolute Starrkörperverdrehung der Zahnräder zueinander ab, jedoch kann die Lastüberhöhung auf den Zahnflanken je nach Belastungsfall stark zunehmen.

3.2.4 Maßnahmen zur Geräuschminderung

Um eine niedrige Geräuschemission eines Leistungsgetriebes zu erzielen, ist darauf zu achten, daß die Zahnräder sorgfältig gefertigt und exakt eingebaut werden. Stellt man an einem Getriebe dennoch einen nicht vertretbar hohen Schalldruckpegel fest, lassen sich oft mit Hilfe von Tragbildabnahmen und Frequenzanalysen Hinweise auf die Eingriffsverhältnisse gewinnen. Aus der Lage und Form von Tragbildern können Rückschlüsse auf eventuelle Flankenlinienwinkelabweichungen, Eingriffswinkelabweichungen, Profilabweichungen und Teilungsabweichungen gezogen werden. Aus den Frequenzanalysen wird ersichtlich, ob das Geräusch primär vom Zahneingriff oder von anderen periodischen Eingriffsstörungen herrührt. Aus der Fehlerfrequenz lassen sich wiederum Rückschlüsse auf die Ursache und den Entstehungsort des Fehlers ziehen. Bei einem fehlerhaften Teil im Getriebezug einer Verzahnmaschine beispielsweise kann eine periodische Flankenformabweichung erzeugt werden, die beim Lauf des Getriebes einen genau definierten Ton erzeugt (vgl. Bild 3.23). Tritt ein derartiger Ton auf, so läßt sich bei Kenntnis der einzelnen Übersetzungsverhältnisse im Getriebezug der Zahnradendbearbeitungsmaschine der Fehler in der Maschinenkinematik nachweisen.

Besitzen Rad und Ritzel Flankenformabweichungen und liegen gleiche Zähnezahlen vor, so kann man das Geräusch oft verbessern, indem andere Zahnpaarungen miteinander in Eingriff gebracht werden. Dabei können unter Umständen die Räder so miteinander gepaart werden, daß sich die Flankenformabweichungen von Rad und Ritzel teilweise wieder kompensieren.

Ähnliches gilt auch für Verzahnungen aus größeren Fertigungslosen, wo durch gezieltes Paaren einzelner Radsätze ebenfalls das Geräusch reduziert werden kann.

Die Möglichkeit der Geräuschminderung durch eine entsprechende Gestaltung der Makro- und Mikrogeometrie, wird in den folgenden Abschnitten näher beschrieben.

3.2.4.1 Auslegung geräuscharmer Zylinderradverzahnungen

Der Unterschied zwischen der hier beschriebenen Auslegungsstrategie und einer üblichen Verzahnungsauslegung ist darin zu sehen, daß die konventionellen Berechnungsverfahren im wesentlichen Nachrechnungen darstellen. D.h. mit vorgegebenen Werkzeugdaten und einigen geometrischen Größen werden Verzahnungen bestimmt, deren kinematische und akustische Kenngrößen (ζ, ε_α, ε_β, c_{min}, c') zunächst weitgehend unberücksichtigt bleiben. Die Auslegung einer Verzahnung auf Geräuscharmut erfordert aber eine Strategie, die sich zusätzlich an akustisch-technischen Vorgaben orientiert; sie besteht in weiten Bereichen in einer Vorausberechnung. Daher wird bei der beschriebenen Vorgehensweise von einem vorgegebenen Profilüberdeckungsgrad auf die erforderliche aktive Flankengeometrie rückgerechnet.

Aus Abschnitt 3.2.3.1 und Abschnitt 3.2.3.2 läßt sich herleiten, daß eine dynamisch-akustisch günstig laufende Verzahnung folgende Eigenschaften aufweisen sollte:

– geringe Wechselanteile im Gesamt-Zahnfedersteifigkeitsverlauf,
– hohe und ganzzahlige Gesamtüberdeckungsgrade und
– kleine c_{min}-Werte bei Eintrittsbeginn für „weiche" Zahneintritte.

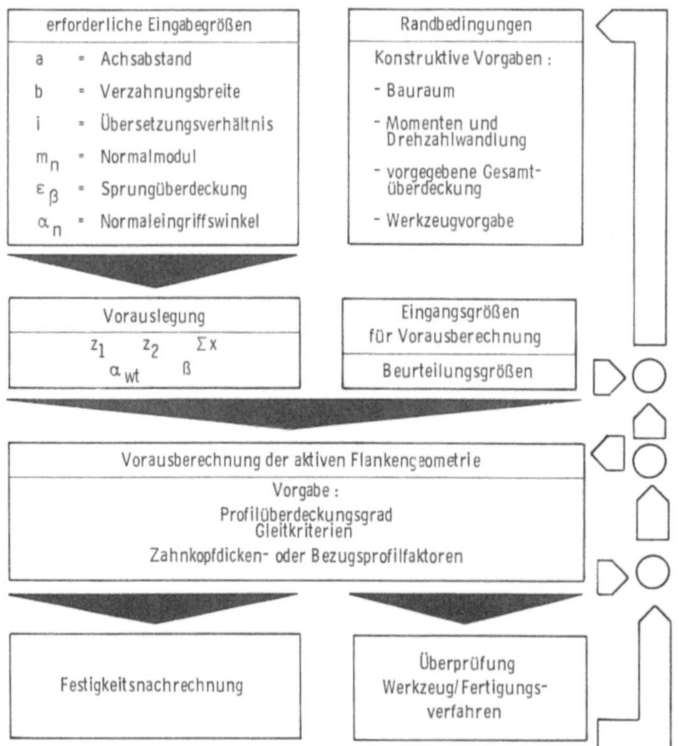

Bild 3.37. Deduktiv analytische Vorgehensweise zur Auslegung der Verzahnungsgeometrie eines Leistungsgetriebes

Um die genannten Eigenschaften zu erzielen, bietet sich häufig eine Erhöhung der Profilüberdeckung (Hochverzahnung) an, zumal durch hohe Zahnprofile aufgrund der günstigen Federeigenschaften der Eintrittsstoß wirksam vermindert werden kann. Bild 3.37 gibt einen Überblick über die erforderliche Vorgehensweise.

Zentraler Punkt ist die Vorausberechnung der evolventischen Flankengeometrie mit vorgegebenem Profilüberdeckungsgrad [3.21]. Bild 3.38 zeigt seine Berechnung als Funktion größenunabhängiger Parameter.

Größen, die zur Berechnung des evolventischen Flankenbereiches benötigt werden, sind durch konstruktiv bedingte Vorgaben weitgehend festgelegt (z_1, z_2, α_n, α_{wt}, β). Als Variationsgrößen müssen so lediglich die Bezugsprofilkopfhöhenfaktoren $h^*_{aPl,2}$ und die Profilverschiebungsfaktoren $x_{1,2}$ betrachtet werden. Der Einfluß dieser wenigen Parameter auf die relevanten Verhältnisse im Zahneingriff kann durch gezielte Parametervariationen in überschaubarer Weise dargestellt werden [3.21]. Mit der Einführung weiterer Beurteilungsgrößen wie Gleitgeschwindigkeiten und Mindest-Zahnkopfdicken läßt sich eine Auslegungsstrategie für Stirnräder entwickeln, deren Ablauf in Bild 3.39 gezeigt ist.

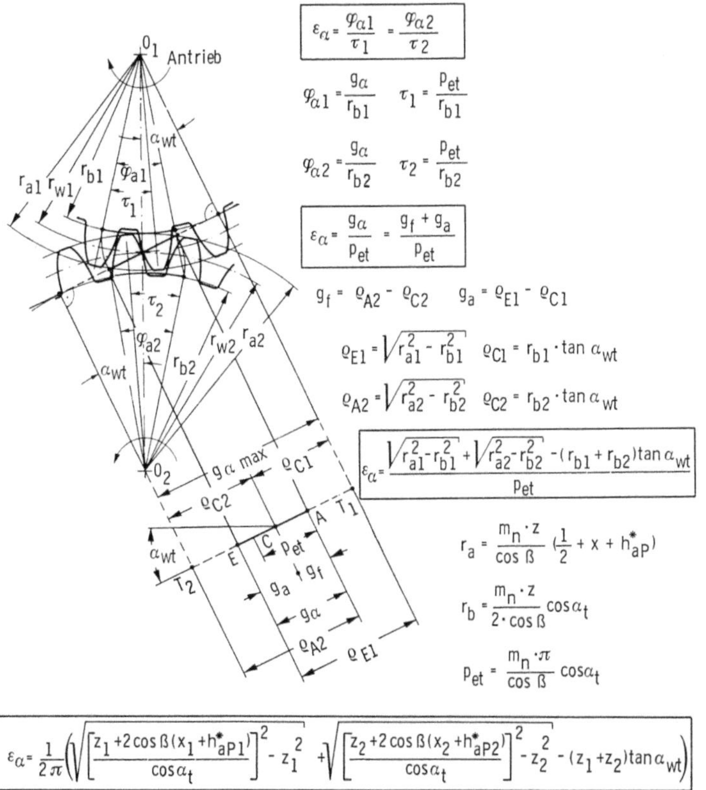

Bild 3.38. Der Profilüberdeckungsgrad als Funktion größenunabhängiger Parameter

Die Mindest-Zahnkopfdicke ist so zu wählen, daß zu spitze Zähne und eine Durchhärtung vermieden werden. Die Grenzen der spezifischen Gleitgeschwindigkeit ergeben sich aus dem jeweiligen Anwendungsfall (z.B. Industriegetriebe $\zeta < 3$).

Ausgehend von den fünf festgelegten Größen wird in der ersten Stufe die bezogene Eingriffsstrecke $g_\alpha{}^*$ festgelegt, indem man den Profilüberdeckungsgrad ε_α vorgibt. In der zweiten Stufe wird diese Eingriffsstrecke aufgrund des vorgegebenen Gleitkriteriums in die Kopf- und Fußeingriffsstrecke g^*_a und g^*_f zerlegt, aus denen die Zahnkopfhöhenfaktoren h^*_{a1} und h^*_{a2} berechnet werden können. Als Kriterien stehen die Gleitwerte der Radpaarung bereits in diesem Stadium fest. Die dritte Randbedingung besteht in gleichen Bezugsprofilkopfhöhen, gleichen Zahnkopfdicken oder der Vorgabe einer festen Zahnkopfdicke für ein Rad. Diese Bedingung führt zur Bestimmung der Profilverschiebungsaufteilung und zur Festlegung der Bezugsprofilkopfhöhenfaktoren. Damit ist der Radsatz geometrisch bestimmt.

Kennwerte für eine akustische Beurteilung der Verzahnung sind neben Profil-, Sprung- und Gesamtüberdeckung die Bezugsprofilkopfhöhenfaktoren sowie die Zahnkopfdicken der Verzahnung. Die Prüfung der dynamischen Eigenschaften kann mit Hilfe von Rechenprogrammen [3.28] erfolgen. Für die Kontrollen hinsichtlich Betriebsfestigkeit, Werkzeug usw. stehen weitere Verfahren [3.2, 3.7, 3.12] zur Verfügung.

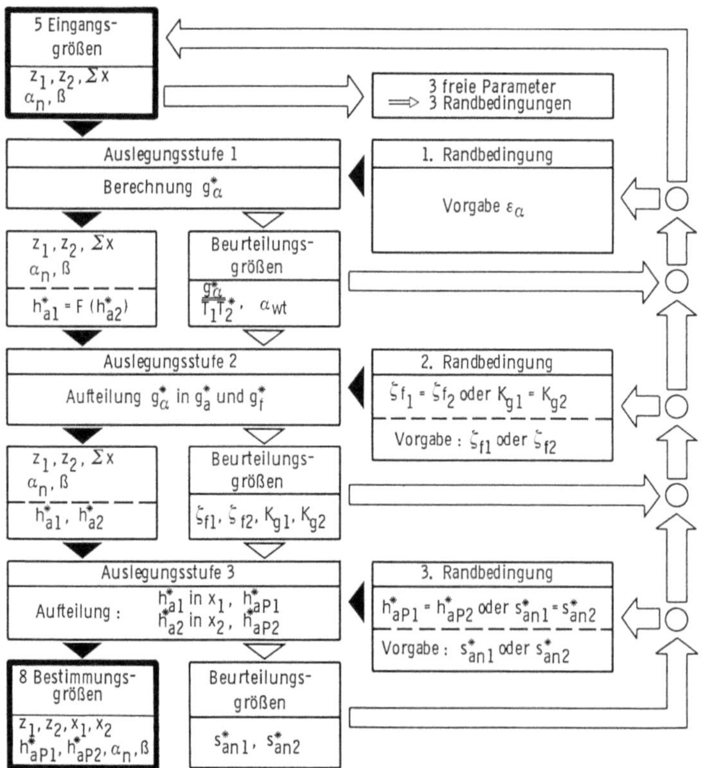

Bild 3.39. Auslegung der dimensionslosen evolventischen Flankengeometrie

Der Vorteil der in Bild 3.37 und Bild 3.39 dargestellten Verfahrensweise beruht auf der deduktiv-analytisch aufgebauten Auslegungsstrategie, so daß für die Berechnungen selbst bei strenger Vorgabe von Randbedingungen (ε_α, ζ_1, ζ_2, s^*_{an1}, s^*_{an2}) kaum Variationsrechnungen durchzuführen sind. Bei entsprechender Aufbereitung des Berechnungsablaufes zu einem dialoggeführten EDV-Programm ist dem Konstrukteur eine rasche Auslegung einer optimierten Verzahnungsgeometrie möglich. Dabei sind die Anforderungen an die Rechnerkonfiguration bezüglich Rechenzeit und erforderlichem Speicherplatz als gering einzustufen.

Der nächste Abschnitt bringt einige Beispiele, anhand derer das Geräuschverhalten konventionell ausgelegter Verzahnungen mit dem von geräuschoptimierten Verzahnungen (Hochverzahnungen) verglichen wird. An einem Verspannungssystem wurden zwei Industrie-Seriengetriebe eingesetzt [3.40], wobei die durchgesetzte Leistung im Prüfgetriebe in Abhängigkeit von Drehzahl, Lastmoment und Modul bis zu 1000 kW betrug. In Bild 3.40 sind beispielhafte Spektralverteilungen der gemessenen Beschleunigungspegel am Lagersitz der Ritzelwelle aufgezeichnet. Das Ritzel-Lastmoment beträgt 5000 Nm, die Drehzahl liegt bei 1600 U/min.

Im linken Bildteil sind jeweils die Verzahnungsgeometrien der Prüfverzahnungen im Stirnschnitt dargestellt. Weiterhin ist die jeweilige Stirneingriffsstrecke g_α eingezeichnet. Die gezeigten Spektren erstrecken sich über einen Frequenzbereich von 0 bis 6400 Hz, also in dem für das menschliche Hörempfinden relevanten Bereich. Pegelbestimmend sind in allen Diagrammen die Zahneingriffsfrequenzen bzw. ihre Höherharmonischen. Interessant ist der geringe Pegel der Zahneingriffsfrequenz der Hochverzahnung im Vergleich zur Normalverzahnung. Er ist durch den kleineren Eintrittsstoß der Hochverzahnung bedingt [3.39]. Das ungünstige dynamische Verhalten der Normalverzahnung läßt sich auch von den Luftschalleistungspegeln einzelner Prüfverzahnungsvarianten her ablesen. Sie wurden mit Hilfe der Schallintensitätsmeßtechnik ermittelt.

Ein weiterer Vergleich ist in Bild 3.41 gezeigt. Hier sind die Ergebnisse für schmale Prüfverzahnungsvarianten der Modulgruppen 3,5 mm und 5,0 mm mit einem Sprungüberdeckungsgrad von $\varepsilon_\beta = 1{,}0$ aufgeführt.

Für den gesamten Drehzahlbereich wurden die diskret vorliegenden Luftschalleistungspegel jeder Verzahnungsvariante in Form von Regressionsgeraden über der Drehzahl für zwei Lastmomente aufgetragen.

Aus der Gegenüberstellung in Bild 3.41 wird das günstige Abschneiden der Hochverzahnungsvarianten im Vergleich zu den Normalverzahnungen deutlich. Die Pegelunterschiede bei Drehzahlen über 1000 U/min liegen durchschnittlich zwischen 3 und 5 dB. Dieses akustisch günstigere Verhalten wird auf den gewählten ganzzahligen Überdeckungsgrad, d.h. auf die geringere Parameteranregung sowie auf die der Hochverzahnungsgeometrie eigene geringere Anfangsfedersteifigkeit mit dem zugehörigen kleineren Eintrittsstoß zurückgeführt. Zusätzlich ist zu erwarten, daß bei der Hochverzahnung aufgrund der höheren Gleitgeschwindigkeiten bei Zahnein- und -austritt eine höhere absolute Dämpfungskomponente auftritt, wodurch das bessere Emissionsverhalten der Hochverzahnungen besonders in höheren Drehzahlbereichen erklärt werden kann.

In Bild 3.42 sind die gemittelten Luftschalleistungspegel für die breiten Prüfverzahnungen Modul 3,5 mm und Modul 5,0 mm mit einem Sprungüberdeckungsgrad von $\varepsilon_\beta = 1,5$ aufgeführt.

Im Gegensatz zu den Varianten in Bild 3.41 haben die Normalverzahnungen ganzzahlige Gesamtüberdeckungsgrade, während alle Hochverzahnungen einen nicht-ganzzahligen Gesamtüberdeckungsgrad aufweisen. Dies ist auch als Grund für die hier nur geringen Pegelverbesserungen bei der Hochverzahnung anzusehen. Zusätzlich sind bei den an dieser Stelle gezeigten Verzahnungsvarianten die spezifischen Zahnbelastungen geringer. Dadurch machen sich die Vorteile der Hochverzahnung – geringerer Eintrittsstoß und kleinere Steifigkeitsmodulation – weniger bemerkbar.

In Bild 3.43 sind die entsprechenden Ergebnisse für einen größeren Modul von 7,0 mm angegeben.

Der große Unterschied der Pegel bei diesen Verzahnungsvarianten für Hoch- und Normalverzahnungen wird darauf zurückgeführt, daß bei niedrigen Drehzahlen Eintrittsstoß und Parametererregung eine untergeordnete Bedeutung haben. Hingegen treten die fertigungsbedingten Verzahnungsabweichungen stärker in den Vordergrund. Die Vorteile der Hochverzahnungen sind daher erst bei großen spezifischen Zahnbelastungen und hohen Drehzahlen wirksam. Bei den vorliegenden Verzahnungen Modul 7,0 mm sind die größten Pegeldifferenzen zwischen Hoch- und Normalverzahnung gemessen worden. Der gemittelte Pegelunterschied zwischen schmaler Normalverzahnung und breiter Hochverzahnung bei 1500 U/min mit einem Ritzel-Lastmoment von 5000 Nm beträgt 14,2 dB. Allerdings muß die unterschiedliche spezifische Belastung beider Verzahnungen mitberücksichtigt werden.

Die in den vorangegangenen Bildern aufgezeigten Tendenzen des Geräuschverhaltens von Normal- und Hochverzahnungen bei Industriegetrieben gelten im

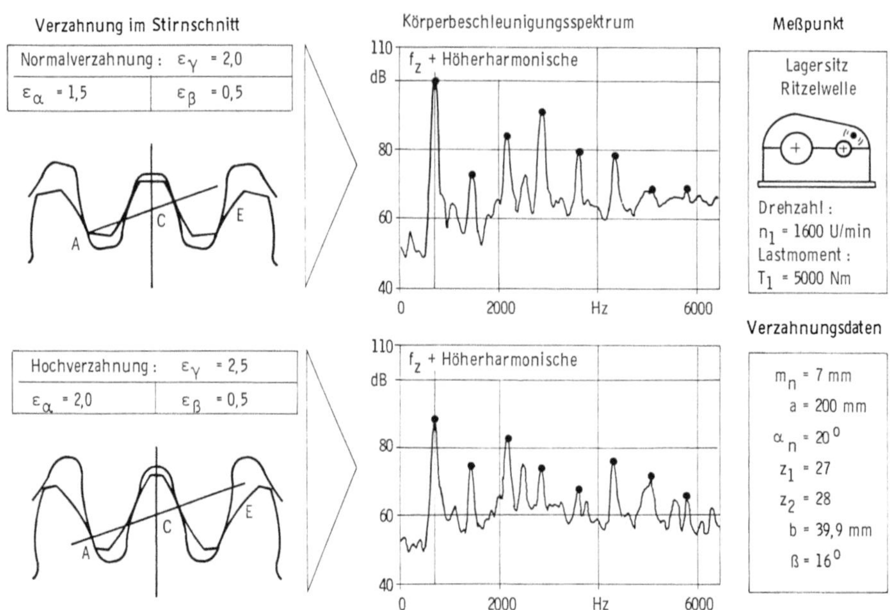

Bild 3.40. Körperschallspektren von Normal- und Hochverzahnung im Vergleich

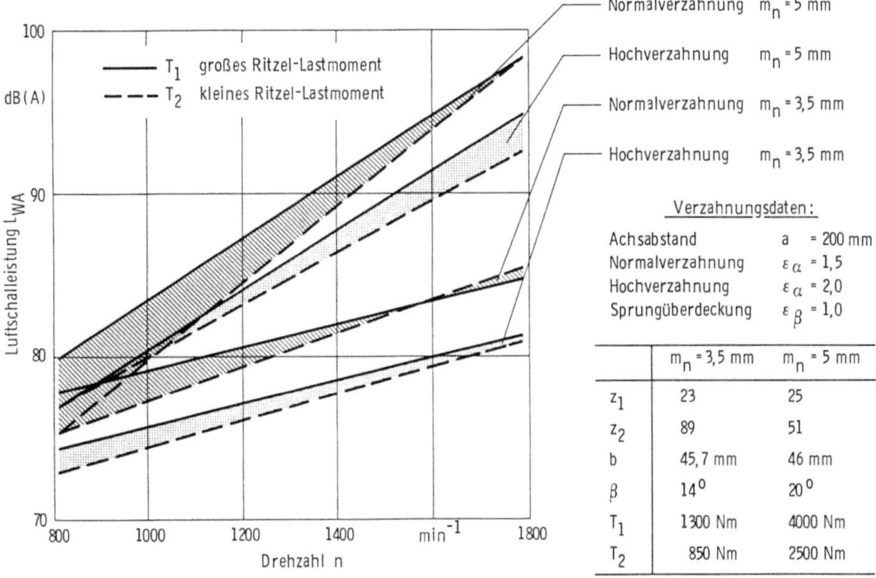

Bild 3.41. Luftschalleistungspegel von Normal- und Hochverzahnung im Vergleich

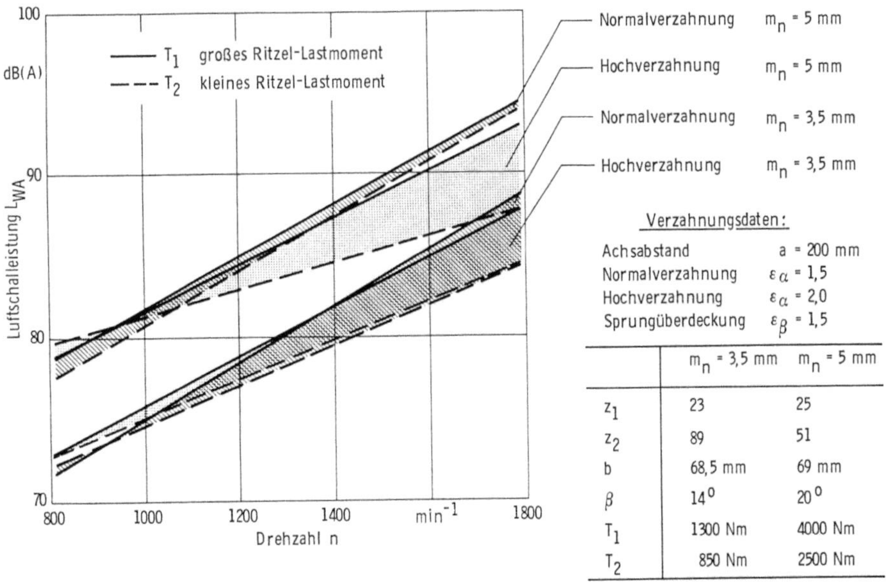

Bild 3.42. Luftschalleistungspegel von Normal- und Hochverzahnung im Vergleich

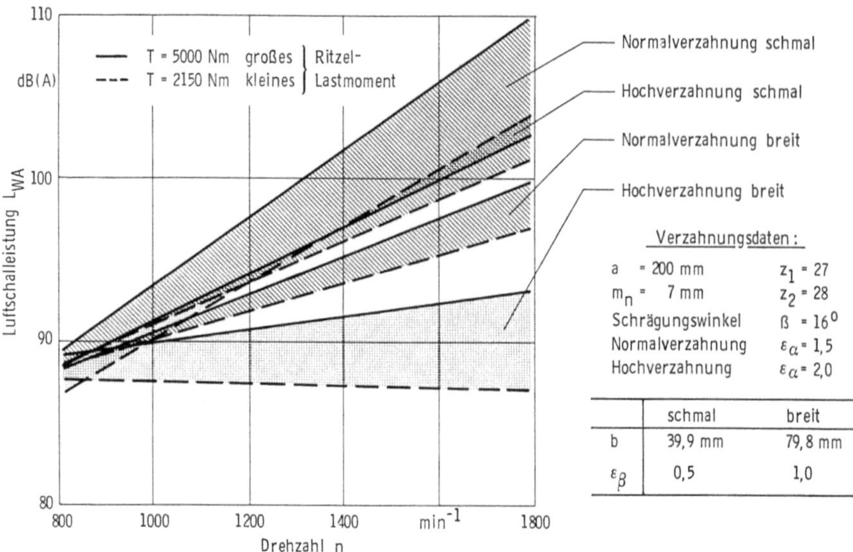

Bild 3.43. Luftschalleistungspegel von Normal- und Hochverzahnung im Vergleich

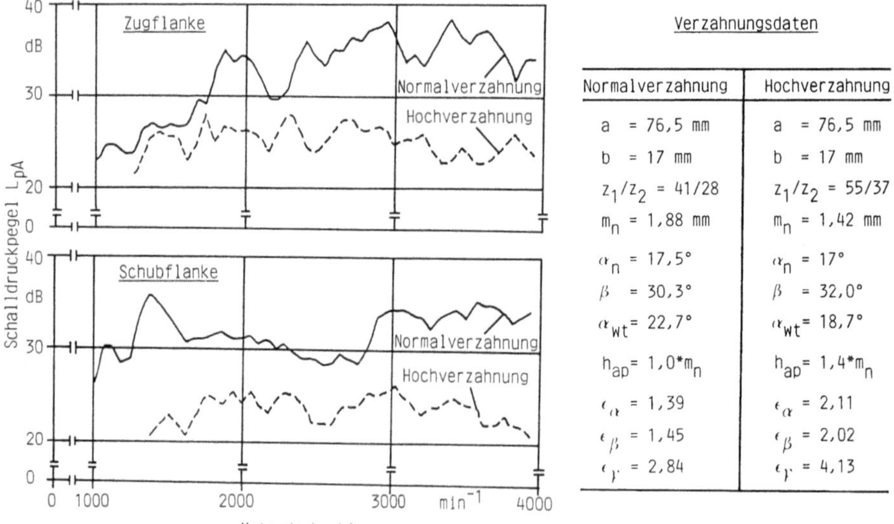

Verzahnungsdaten

Normalverzahnung	Hochverzahnung
$a\ = 76{,}5$ mm	$a\ = 76{,}5$ mm
$b\ = 17$ mm	$b\ = 17$ mm
$z_1/z_2 = 41/28$	$z_1/z_2 = 55/37$
$m_n = 1{,}88$ mm	$m_n = 1{,}42$ mm
$\alpha_n = 17{,}5°$	$\alpha_n = 17°$
$\beta\ = 30{,}3°$	$\beta\ = 32{,}0°$
$\alpha_{wt}= 22{,}7°$	$\alpha_{wt}= 18{,}7°$
$h_{ap}= 1{,}0{*}m_n$	$h_{ap}= 1{,}4{*}m_n$
$\varepsilon_\alpha = 1{,}39$	$\varepsilon_\alpha = 2{,}11$
$\varepsilon_\beta = 1{,}45$	$\varepsilon_\beta = 2{,}02$
$\varepsilon_\gamma = 2{,}84$	$\varepsilon_\gamma = 4{,}13$

Bild 3.44. Drehzahlabhängiges Geräuschverhalten eines PKW-Gangradsatzes – Messung in der Fahrgastzelle

wesentlichen auch für Verzahnungsgeometrien, die in PKW-Getrieben eingesetzt werden. In Bild 3.44 ist das Geräuschverhalten von verschiedenen Geometrieauslegungen für einen Gangradsatz gegenübergestellt. Die Schalldruckmessungen wurden in der Fahrgastzelle in Kopfhöhe des Fahrers durchgeführt; aus dem Luftschall wurden die verzahnungstypischen Frequenzen herausgefiltert. Über den gesamten Drehzahlbereich ist die Hochverzahnung deutlich leiser. Die wesentlichen Geometriedaten sind im rechten Bildteil zusammengestellt.

3.2.4.2 Zahnflankenkorrekturen

An belasteten Verzahnungen in Leistungsgetrieben wirken folgende Größen störend auf die Verhältnisse im Zahneingriff:

- lastbedingte Deformationen der im Eingriff befindlichen Zahnpaare,
- lastbedingte Deformationen und Verlagerungen der im Kraftfluß liegenden Wellen-Lager- und Gehäusebauteile,
- fertigungsbedingte Verzahnungsabweichungen,
- fertigungs- und montagebedingte Einbau- und Einstellabweichungen und
- betriebsbedingte thermische Deformationen und Verlagerungen.

Durch geeignete Zahnflankenkorrekturen lassen sich die genannten Störeinflüsse abschwächen. Dabei müssen die notwendigen dynamischen und kinematischen Grundbedingungen beachtet werden. Neben der Verbesserung der kinematischen Verhältnisse im Zahneingriff wird durch die Anwendung von Zahnflankenkorrekturen angestrebt, die Lastverteilung auf den Zahnflanken zu optimieren, um eine hohe Ausnutzung der vorliegenden Flanken- und Fußtragfähigkeit zu erzielen. So kann mit geeigneten EDV-Programmen die in Bild 3.36 dargestellte, ungleiche Lastverteilung durch Zahnflankenkorrekturen in Zahnbreitenrichtung erheblich verbessert werden [3.13].

Aufgrund der Anregungsmechanismen, die in Abschn. 3.2.1 genannt wurden, lassen sich unter Berücksichtigung der hier aufgeführten Störgrößen für eine optimale Zahnflankenkorrektur drei Ziele ableiten:

- Lastspitzen auf den Zahnflanken sollen abgeschwächt werden.
- Das globale Übersetzungsverhältnis der Räder soll konstant sein, d.h. bei gleichförmiger Antriebsdrehzahl $n1$ ist die Abtriebsdrehzahl n_2 ebenfalls gleichförmig. Die Auslegung solcher Korrekturen erfordert jedoch eine besondere Auslegungsstrategie. Sie ist in Abschnitt 1.4.1 beschrieben.
- Eintrittsstörungen sind durch geeignete Profilrücknahmen am Fuß des treibenden bzw. am Kopf des getriebenen Rades zu kompensieren.

Die Normalenverhältnisse der Zahnflanken, die den Eintrittsstoß bestimmen, werden in Bild 3.45 näher beschrieben. Es zeigt sich, daß unterschiedlich ausgeführte Profilkorrekturen verschieden große Normalenfehlerwinkel $\Delta\alpha$ nach Bild 3.26 bewirken und somit auch unterschiedliche Stoßgeschwindigkeiten bei Zahneintritt erzeugt werden.

Da für jede Profilkorrektur die Bedingung gilt, daß mindestens ein Punkt der Flanke unkorrigiert bleibt (vgl. Abschn. 1.4.1), muß der Korrekturbetrag C in jedem

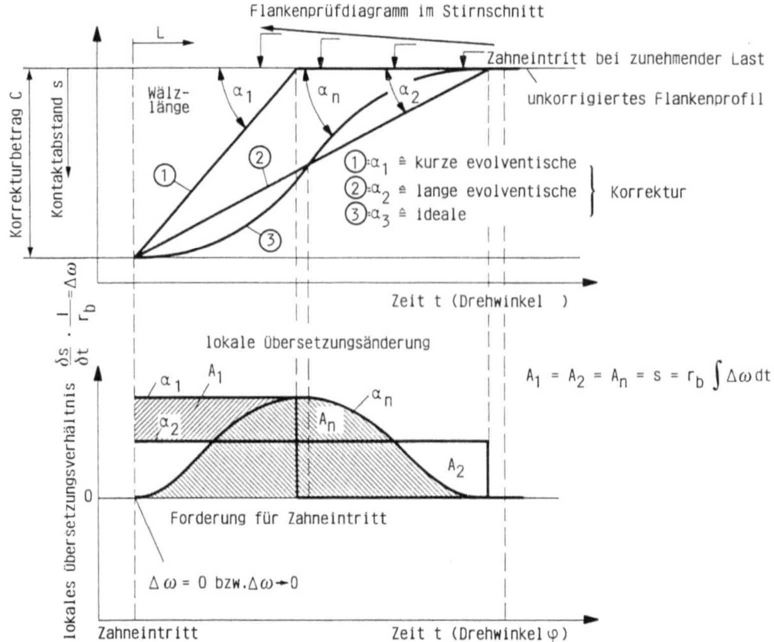

Bild 3.45. Auswirkungen unterschiedlich ausgeführter Profilkorrekturen auf die lokalen Übersetzungsverhältnisse im Zahneingriff bei Mehrfacheingriff

Fall durch eine Zusatzbewegung überbrückt werden. Daraus folgt, daß der globalen Drehgeschwindigkeit des Rades eine lokale Zusatzgeschwindigkeit $\Delta\omega$ auf den Zahnflanken überlagert wird. Diese Zusatzgeschwindigkeit $\Delta\omega$ ist Null, wenn das theoretische Sollprofil aufeinander abwälzt, d.h. wenn die Normalenverhältnisse der unkorrigierten Verzahnung vorliegen.

Aus den Geschwindigkeitsverhältnissen gemäß Bild 3.26 bzw. aus den durch Korrekturen hervorgerufenen lokalen Übersetzungsänderungen in Bild 3.45 wird deutlich, daß der Zahneintritt immer im Bereich kleiner Normalenfehlerwinkel erfolgen sollte. Für ein konstant angenommenes Lastmoment ergibt sich aus der Maximalforderung, daß sowohl der Zahneintritt als auch die Rückführung auf evolventisches Ursprungsprofil tangential erfolgen soll, eine ideale Korrekturfunktion. Sie sollte theoretisch bis zur dritten Ableitung stetig sein. Die stetige dritte Ableitung der Korrekturfunktion ist sinnvoll, um die aus dynamischen Gründen günstige Ruckfreiheit zu gewährleisten [3.26]. Die praktische Realisierung von Profilkorrekturen ist jedoch durch die möglichen Herstellverfahren vorgegeben. Bei Ausführungen einfacher Kopfrücknahmen durch Grundkreisverkleinerungen, wie sie in [3.32] an Geradverzahnungen durchgeführt wurden, wird aus der Darstellung der Geschwindigkeitsverhältnisse in Bild 3.26 und Bild 3.45 deutlich, daß eine „lange" evolventische Korrektur gegenüber einer „kurzen" Korrektur den Vorteil einer kleineren Winkeldifferenz zwischen theoretischer und vorhandener Eingriffslinie besitzt. Dadurch ist die Stoßgeschwindigkeit bei der „langen" Korrektur kleiner. Weiterhin geht aus den genannten Bildern hervor, daß theoretisch nur solche Korrekturen den Eingriffsstoß vollständig vermeiden können, deren Korrekturprofil im Zahneintritt parallel zum evolventischen Ursprungsprofil verläuft; denn nur dann wird der Normalenfehlerwinkel $\Delta\alpha$ zu Null. Aus Bild 3.45 folgt daher, daß eine Korrektur aus kinematischen Gründen so „lang" wie möglich auszuführen ist. Dieser Forderung widerspricht allerdings die hierbei unvermeidliche Abnahme der Kontaktzone im Zahneingriff. Wird die aktive Zahnflanke durch zu große Ausdehnung des Korrekturbereiches verkleinert, so sinken die Überdeckungsverhältnisse. Dadurch nimmt der Drehfehler zu und die Eigendynamik der Verzahnung verschlechtert sich [3.32].

Die Ausführung von Zahnflankenkorrekturen an schrägverzahnten Zylinderrädern läßt sich nach Bild 3.46 entsprechend der geometrischen Form der Korrektur in verschiedene Arten einteilen. Die Berechnungsgrundlagen zur Auslegung der unterschiedlichen Korrekturformen können Abschnitt 1.4.1 entnommen werden.

Um eine vorgegebene Zahnflankenkorrektur fertigungstechnisch realisieren zu können, ist die Auswahl eines geeigneten Fertigungsverfahrens erforderlich. Nach der maschinenspezifischen Bestimmung der notwendigen Maschineneinstelldaten kann die Zahnflankenkorrektur ausgeführt werden. Dabei wird in vielen Fällen eine Überprüfung bzw. eine Nachbearbeitung der Flankengeometrie erforderlich sein.

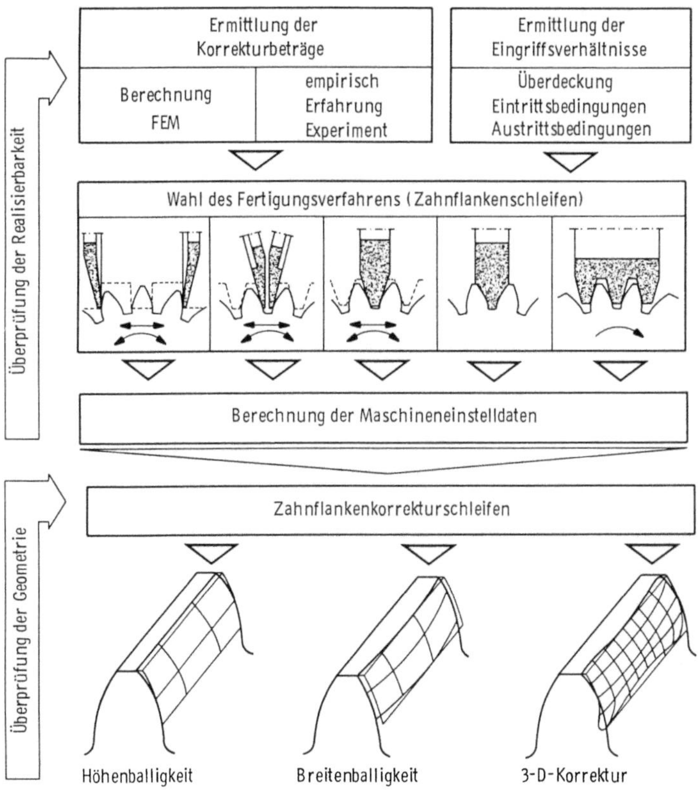

Bild 3.46. Vorgehensweise zur Realisierung von Zahnflankenkorrekturen

Die angewandten Zahnflankenschleifverfahren und deren Korrekturmöglichkeiten werden in Bild 3.47 näher beschrieben. Sowohl die Kinematik als auch die Schleifscheibenform sind bei den einzelnen Konzepten sehr unterschiedlich. Um möglichst wirtschaftlich zu arbeiten, muß der jeweilige Bearbeitungsfall den Randbedingungen eines jeden Schleifverfahrens zugeordnet werden.

Bei den Teilwälzschleifverfahren bilden ein oder zwei Schleifkörper das Profil eines Zahnstangenzahns (Erzeugungszahnstange). Er befindet sich mit dem Werkstück im Eingriff und erzeugt während der Wälzbewegung das Zahnprofil. Die Wälzbewegung zur Herstellung des Zahnprofils entsteht bei allen Teilwälzschleifverfahren durch Überlagerung einer Drehbewegung mit einer Längsverschiebung. Hat sich eine Zahnflanke bzw. -lücke abgewälzt, kommt das Werkzeug außer Eingriff, und vor der Bearbeitung des nächsten Zahnes erfolgt der Teilvorgang.

Beim Formschleifen hat die Schleifscheibe die Form der Zahnlücke bzw. des zu schleifenden Zahnprofils. Nach dem Schleifen erfolgt wie beim Teilwälzschleifen ein Teilvorgang.

Beim kontinuierlichen Wälzschleifen besteht das Werkzeug aus einer Schleifschnecke, die im Normalschnitt das Profil einer Erzeugungszahnstange besitzt. Die Evolventenform wird durch das Abwälzen von Schleifschnecke und Zahnrad erzeugt. Der Schleifprozeß verläuft kontinuierlich, er wird durch Teilvorgänge nicht unterbrochen.

Die theoretischen Kontaktverhältnisse der verschiedenen Verfahren sind ebenfalls in Bild 3.47 dargestellt. Wie unten noch gezeigt wird, haben die Kontaktverhältnisse,

Bezeichnung	Tellerscheibe $0°$	Tellerscheibe $20°$	Doppelkegelscheibe	Profilscheibe	Schleifschnecke
Maschinenkinematik und Kontaktkörpergeometrie* *keine Zustellung	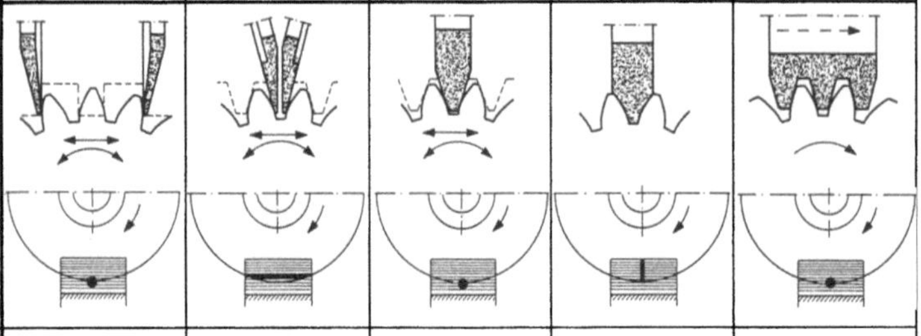				
Prozessablauf	Teilwälzen	Teilwälzen	Teilwälzen	Teilverfahren	kontinuierlich
Schleifen der Rückflanke	nein (Doppelscheibe)	nein (Doppelscheibe)	möglich	möglich	möglich
a) Zahnhöhenrichtung	ja	ja	ja	ja	ja
b) Zahnbreitenrichtung	ja	ja	ja	ja	ja
Kombination aus a) und b)	ja	ja	ja	ja	ja
Eingriffsrichtung	ja	ja	ja	nein	nein
dreidimensional 3-D	ja	ja	nein	nein	nein

(Zeilengruppe a)–3-D: Flankenkorrekturform)

Bild 3.47. Mögliche Zahnflankenkorrekturen an konventionellen Zahnflankenschleifmaschinenkonzepten

die sich zwischen Schleifscheibe und Werkstück ausbilden, einen entscheidenden Einfluß auf die mögliche Realisierbarkeit von Zahnflankenkorrekturen. Hierzu ist zu bemerken, daß die gezeigten Kontaktverhältnisse für eine Berührung zwischen Schleifscheibe und evolventischem Werkstück nur gelten, sofern keine Zustellung vorliegt. Sobald eine endliche Zustellung erfolgt, bilden sich Durchdringungskörper (Kontaktkörper) aus, welche von den gezeigten Kontaktbedingungen aus Bild 3.47 stark abweichen können. Sie schränken somit die theoretischen Möglichkeiten zur Fertigung beliebiger Zahnflankenkorrekturen ein [3.42].

In der Tabelle in Bild 3.47 unten sind die Korrekturmöglichkeiten der einzelnen Verfahren aufgelistet. Durch den zwangsläufigen Schleifscheibenkontakt an Vorder- und Rückflanke ist bei einigen Schleifmaschinenkonzepten die Beeinflussung der Rückflankengeometrie durch die Zusatzstellbewegungen nicht vollständig zu vermeiden, so daß hier eine Zweiflankenbearbeitung möglich ist.

Aus der Darstellung der Kontaktverhältnisse in Bild 3.47 läßt sich die Forderung ableiten, daß eine beliebige 3-D Zahnflankenkorrektur theoretisch nur mit einer punktförmigen Wirkfläche erzeugt werden kann. Im Gegensatz dazu stehen wirtschaftliche Gesichtspunkte, die eine große Wirkfläche zwischen Schleifscheibe und Werkstück erfordern, um die Zeitspanvolumina zu vergrößern und die Bearbeitungszeit zu senken [3.42]. Diese gegenläufigen Tendenzen treten auch bei den betrachteten Verfahren auf. Daher erlauben die Verfahren mit kürzeren Bearbeitungszeiten wie kontinuierliches Wälzschleifen und Formschleifen nur eingeschränkte Korrekturmöglichkeiten. Mit Teilwälzschleifverfahren ist beispielsweise die Fertigung von komplizierten Korrekturformen in Eingriffsrichtung [3.42] oder „topologischer" Art [3.42] möglich, wobei jedoch eine genaue Kenntnis der verwandten Maschinenkinematik erforderlich ist und mit einem insgesamt sehr hohen Fertigungsaufwand gerechnet werden muß. Der Begriff „topologisch" entspricht hierbei dem in Bild 3.47 verwandten Begriff der 3-D-Korrekturen. Allerdings sind auch die Korrekturmöglichkeiten beim kontinuierlichen Wälzschleifen und beim Formschleifen – gezielte Kopf- und Fußrücknahmen durch Schleifscheibenprofilierung sowie gezielte Breitenballigkeiten durch Zusatzzustellbewegungen – in vielen Anwendungsfällen schon ausreichend und lassen eine wirtschaftliche Fertigung zahnflankenkorrigierter Zylinderräder zu [3.42].

Neben den gezielten Korrekturen der exakten Evolventenform treten beim Schleifen von Verzahnungen auch unerwünschte Abweichungen vom Sollprofil auf. In DIN 3960 sind die Abweichungen einzelner Bestimmungsgrößen an einer Stirnradverzahnung erläutert. Die zugehörigen Toleranzen und die Zuordnung von Verzahnungsqualitäten sind in DIN 3962 festgelegt.

Aus durchgeführten Gegenüberstellungen [3.42] läßt sich ableiten, daß in vielen Fällen die vorliegende Flankenformabweichung (Fertigungsqualität nach DIN 3962) und die erforderlichen Zahnflankenkorrekturbeträge (berechnet mit FEM) in ihren absoluten Beträgen in gleicher Größenordnung liegen können. Daher kann in der Regel eine Korrektur nur dann ausgenutzt werden, wenn eine genaue Kenntnis des Last- und Deformationsverhaltens der beteiligten Zahnradstufen vorliegt und ein Fertigungsverfahren mit entsprechend hoher Fertigungsqualität zur Verfügung steht.

In [3.32] sind auf Laufprüfständen Untersuchungen an geradverzahnten Prüfzahnrädern mit verschieden ausgelegten Profilkorrekturen durchgeführt worden. Gegenüber unkorrigierten Verzahnungen werden bei Luftschallmessungen in Abhängigkeit von Drehzahl und Lastmoment Schallemissionsminderungen bis zu 6 dB festgestellt. Die vorliegenden Vergleichsmessungen sind an einer schrägverzahnten Zylinderradverzahnung eines konventionellen Leistungsgetriebes ermittelt worden. Das Eingangsnennmoment beträgt 4000 Nm, die Nennleistung ergibt sich mit n = 1600 min^{-1} zu 670 kW. Bild 3.48 enthält die Verzahnungsdaten.

Die Korrektur mit Kopf- und Fußrücknahmen in Eingriffsrichtung entspricht in globaler Form dem Auslegungsbeispiel aus Abschn. 1.4.1. Die Korrekturfläche ist mit lediglich drei unterschiedlichen (Erzeugungs-) Grundkreisdurchmessern gefertigt. Durch die Anwendung eines Teilwälzschleifverfahrens mit Doppelkegelscheibe war es zudem möglich, die Korrektur in Eingriffsrichtung aufzubringen (vgl. Bild 3.47). Der Vorteil dieser Korrekturform ist darin zu sehen, daß relativ lange Flankenrücknahmen zur Verminderung des Eintrittsstoßes realisiert werden können, ohne die bei konventionellen Korrekturen (Höhen- und/oder Breitenballigkeit) starken Überdeckungsgradeinbußen in Kauf nehmen zu müssen. Bild 3.48 zeigt die Meßschriebe der korrigierten Verzahnung, wobei Profilform und Flankenlinie jeweils dreifach über dem Umfang gemessen sind. Durch die Flankenrücknahmen sinkt der

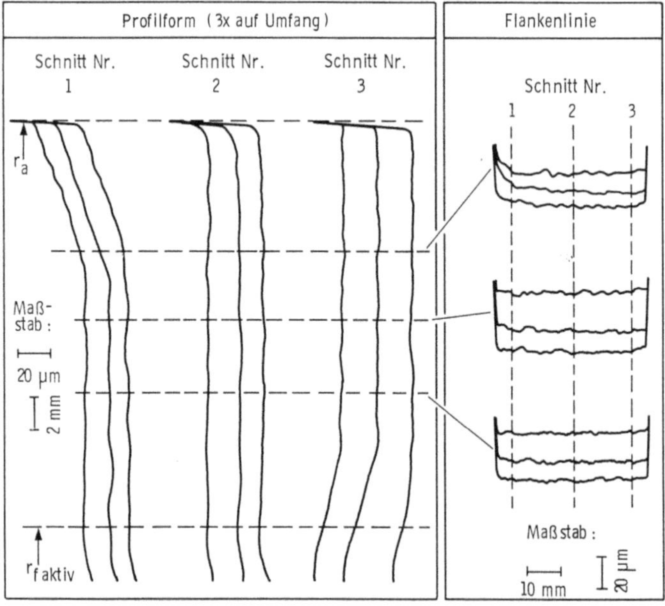

Bild 3.48. Geometrie der zahnflankenkorrigierten Prüfverzahnung

theoretische Überdeckungsgrad auf $\varepsilon_\gamma = 1{,}5$, jedoch ist auch im lastfreien Zustand zu jedem Zeitpunkt gewährleistet, daß unkorrigierte Flankenteile aufeinander abwälzen (vgl. Abschn. 1.4.1).

Die ermittelten Schalleistungssummenpegel von zahnflankenkorrigierter und unkorrigierter Verzahnung sind in Bild 3.49 zu sehen.

Die mit der Schallintensitätsmeßtechnik gewonnenen Schalleistungspegel sind für zwei unterschiedliche Eingangsmomente in einem Drehzahlbereich von 900 min^{-1} bis 1600 min^{-1} dargestellt. Die Art der Meßwerterfassung entspricht somit den durchgeführten Vergleichsmessungen zwischen Hoch- und Normalverzahnung gemäß Abschnitt 3.2.4.1. Die Summenpegel sind in Form einer Regression über der Drehzahl aufgetragen. Dabei werden die Steigung durch die lineare Regressionssteigung und die Bandbreite durch den jeweils minimalen bzw. maximalen Pegelwert festgelegt (Bild 3.15).

Die Messungen ergeben, daß die korrigierte Verzahnung bei niedrigen Drehzahlen n = 900 min^{-1} bei beiden Lastmomenten keine Geräuschemissionsminderung verursacht. Mit größerer Drehzahl steigt die Pegeldifferenz zwischen korrigierter und unkorrigierter Verzahnung zugunsten der korrigierten Verzahnung bei Einzelmessungen auf bis zu 10 dB an. Hierbei beträgt die gemittelte Pegeldifferenz bei Nennlastmoment und n = 1600 min^{-1} 7 dB. Die Schalleistungsminderungen werden dabei

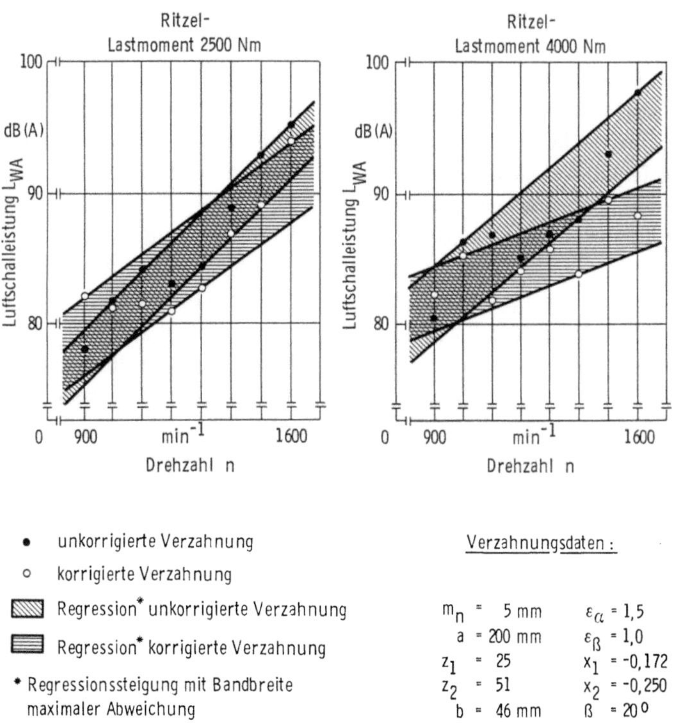

Bild 3.49. Schalleistungssummenpegel von korrigierter und unkorrigierter Verzahnung im Vergleich

von den schon erwähnten Verbesserungen der kinematischen Eintrittsbedingungen hervorgerufen. Bei Betrieb der korrigierten Verzahnung mit kleinem Lastmoment muß davon ausgegangen werden, daß durch die geringe Belastung noch ein Einzeleingriff vorliegt. Die Wirksamkeit der Korrektur wird auf diese Weise abgeschwächt, und es stellt sich daher nur eine geringere Emissionsminderung ein.

Interessant ist der Vergleich der gefundenen Geräuschemissionswerte der korrigierten Verzahnung mit Werten nach [3.36], die dem Stand der Technik von 1982 entsprechen. Hierbei liegt der Schalleistungssummenpegel des untersuchten Leistungs-Industriegetriebes um 12 bis 18 dB unter den gemessenen Schalleistungssummenpegeln von Getrieben gleicher Leistungsklasse. Beachtenswert ist, daß das Getriebe der vorliegenden Untersuchungen einer konventionellen Baukastenreihe entnommen wurde und bis auf die Verzahnungsgeometrie einem Serienstand entspricht. Es liegen also keinerlei sekundäre Geräuschminderungsmaßnahmen (Schallschutzhauben etc.) vor.

3.2.4.3 Auslegung geräuscharmer Kegelradverzahnungen

Im Gegensatz zu Zylinderrädern werden bogenverzahnte Kegelräder in der Regel immer mit Korrekturen gefertigt. Der komplizierte Verzahnungsprozeß der Stirnmesserkopfverfahren bietet eine ganze Palette von Maßnahmen, die zu sinnvollen Korrekturen der kinematisch exakten Flankengeometrie führen. Üblicherweise werden Kegelradverzahnungen mit Balligkeiten in Längs- und Profilrichtung gefertigt. Dadurch existiert im lastfreien Zustand nur Punktkontakt, der sich unter Last zu einer Kontaktellipse ausbildet.

Als Beurteilungskriterium für die Geräuschentwicklung ausgehend von Berechnungsergebnissen z. B. aus der am WZL entwickelten „Programmkette Kegelradberechnung" (vgl. Abschn. 1) können neben Länge und Form des Tragbildes im wesentlichen der Einflankenwälzabweichungsverlauf und der Torsionssteifigkeitsverlauf im Teillastbereich herangezogen werden.

Von den Kontaktgeometrien ausgehend, sind in Bild 1.36 die beiden Grenzfälle der Tragbildformen gezeigt. Das waagerecht verlaufende Tragbild A führt zu einem großen Überdeckungsgrad bei geringen Wälzabweichungen. Wegen der auftretenden Geschwindigkeitsverhältnisse ist dieses Tragbild allerdings bei nicht achsversetzten Kegelradgetrieben problematisch. Ein weiterer Nachteil dieser Tragbildform ist im Verhalten bei Achsverlagerungen durch lastbedingte Deformationen zu sehen; in diesem Fall kann das Tragbild in mehrere Traginseln zerfallen. Das in Bild 1.36 dargestellte Tragbild B verläuft in Profilrichtung. Der Kontakt beginnt an der Kopfkante des Tellerrades und endet an der Kopfkante des Ritzels. Ein Maß für den im Betrieb auftretenden Eintrittsstoß ist die Pressungsspitze an der Tellerradkopfkante (Maximalwert der Pressungen in Bild 1.37, Beispiel B). Demgegenüber besitzt die Pressungsverteilung bei einem waagerechten Tragbild (Beispiel A) das Maximum etwa in der Mitte des Eingriffsgebietes, im Eingriffsbeginn hat sie kleinere Werte.

Eine Tragbildform nach Beispiel B hat große Verlagerungsreserven in Zahnbreitenrichtung. Sie neigt jedoch bei Achsverlagerung dazu, sich z-förmig zu verzerren. Dieser Effekt liefert eine Vergrößerung der Kantenpressungen und führt erfahrungsgemäß zur Steigerung der Geräuschentwicklung. Durch eine günstige Wahl der Balligkeiten, kombiniert mit einer Korrektur, z.B. durch Protuberanz im Ritzelzahn, entsteht eine Kontaktgeometrie, wie sie Beispiel C in Bild 1.36 zeigt. Die Verzahnung C vereinigt die Vorteile der Verzahnungen A und B, ohne deren Nachteile zu besitzen.

Die Aussagen aus dem letzten Abschnitt hinsichtlich notwendiger Flankenkorrekturen zur Geräuschminderung an Stirnradverzahnungen lassen sich weitgehend auch auf Kegelradverzahnungen übertragen.

Durch die rechnerische Analyse einer Kegelradverzahnung besteht die Möglichkeit, die verschiedenen Mechanismen der Geräuschentstehung zu untersuchen und qualitative Aussagen über deren Auswirkung im Betrieb zu treffen.

3.2.4.4 Beeinflussung des Übertragungs- und Abstrahlverhaltens von Getrieben

Aus Abschn. 3.2.1 geht hervor, daß eine Reduzierung der Geräuschemission nicht nur durch eine Verminderung der Körperschallanregung, sondern auch durch eine günstige Beeinflussung des Übertragungs- und Abstrahlverhaltens des Getriebes erreicht werden kann.

Die Beschreibung bzw. Vorausberechnung des Körperschallflusses und Abstrahlverhaltens realer Strukturen ist jedoch von sehr vielen Größen abhängig und läßt sich derzeit nur für einfache Maschinenstrukturen genau bestimmen [3.15, 3.18, 3.43]. Zusätzlich erschweren oft wirtschaftliche Gesichtspunkte, wie niedriges Leistungsgewicht, Service- und Montagefreundlichkeit sowie konstruktiv vorgegebene Randbedingungen, die konsequente Auslegung einer Maschinenstruktur hinsichtlich des optimalen akustischen Verhaltens.

Eine Verbesserung des Übertragungs- und Abstrahlverhaltens kann z. B. durch eine erhöhte Massebelegung (Eingangsimpedanzerhöhung) und/oder Verwendung von Werkstoffen hoher innerer Dämpfung, z. B. durch den Einsatz von Reaktionsharzbeton, erfolgen. Das günstige Übertragungsverhalten eines Getriebegehäuses aus diesem Werkstoff ist aus Bild 3.50 abzulesen [3.38].

Bei den dargestellten Messungen wurde stets derselbe Radsatz verwandt. In Bild 3.50 sind Pegelwerte von drei in der Lage vergleichbaren Strukturpunkten einander gegenübergestellt. Hier treten beim Gußgehäuse die höchsten Pegelwerte an der oberen Meßstelle 1 auf. Die Pegelwerte aller drei Punkte am Betongehäuse sind nahezu gleich.

Bei der Beurteilung des Übertragungsverhaltens am Beispiel der Frequenzanalysen von Punkt 2 fällt auf, daß das Betongehäuse den niedrigsten Grundpegelwert mit etwa 40 dB hat; die Zahneingriffsfrequenzen und deren Höherharmonische treten mit 25 bis 30 dB Erhöhung hervor. Dieser Effekt ist beim Gußgehäuse wesentlich ausgeprägter. Hier verursacht neben dem höheren Grundpegel von ca. 50 dB eine Resonanzüberhöhung zwischen 4 und 5 kHz den Summenpegelwert von 94,6 dB.

In Bild 3.51 sind die Auswirkungen des günstigen Körperschallverhaltens des Betongehäuses auf den abgestrahlten Luftschall aufgezeichnet. Beim Gußgehäuse fällt ein überproportionaler Pegelanstieg ab etwa 1000 min^{-1} auf, der mit Resonanzschwingungen des Gehäuses erklärt werden kann.

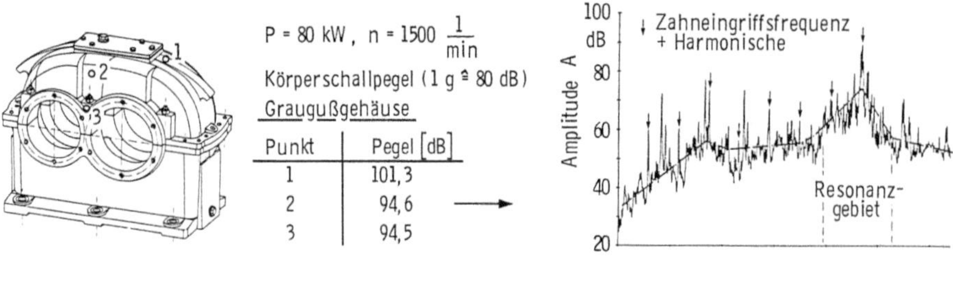

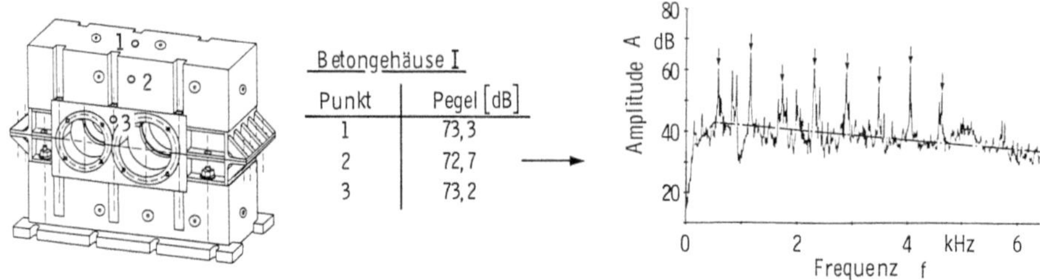

Bild 3.50. Übertragungsverhalten verschiedener Getriebegehäuse

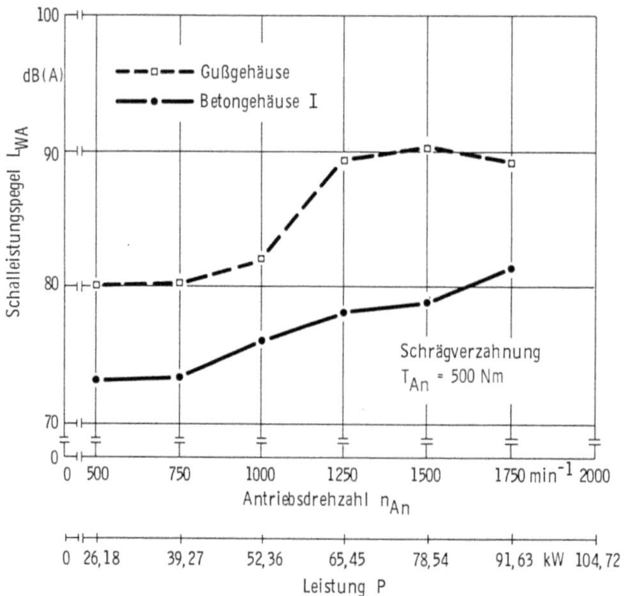

Bild 3.51. Geräuschemission einer Schrägverzahnung bei verschiedenen Gehäusewerkstoffen

Aus diesen Untersuchungen kann gefolgert werden, daß Betongehäuse zu beträchtlichen Pegelsenkungen führen können. Die geringe Übertragungsadmittanz des Werkstoffs bewirkt in Verbindung mit der steifen Gehäuseauslegung, daß Gehäuseresonanzschwingungen und somit die Schallabstrahlung stark gedämpft werden. Bei der Konstruktion eines Getriebegehäuses aus Reaktionsharzbeton ist jedoch zu beachten, daß die Festigkeitswerte des Betons nicht überschritten werden. Kritische Werte sind hier der E-Modul (30 bis 50 kN/mm^2) und die Zugfestigkeit (10 bis 15 N/mm^2). Vorteilhaft auf die Gehäusedimensionierung wirkt sich jedoch das gegenüber Stahl um 70 % geringere Gewicht des Betons aus. Bei gleichem Gewicht können stärkere Wanddicken die Spannnungen vermindern, die Steifigkeit des Gehäuses steigern und Gehäuseresonanzschwingungen (vgl. Bild 3.50) reduzieren. Trotz der scheinbar günstigen Eigenschaften von Betongehäusen darf nicht außer acht gelassen werden, daß zur Zeit noch keine Erkenntnisse über das Langzeitverhalten von RH-Betongehäusen vorliegen.

Bei großen Getriebegehäusen können auftretende Plattenschwingungen einen maßgeblichen Anteil am emittierten Luftschall verursachen. Sofern es sich um untere Schwingungsmoden biegebeanspruchter Platten handelt, lassen sich diese durch Verrippungen der Platten wirkungsvoll abschwächen.

Sind keine konstruktiven Änderungen an der eigentlichen Getriebegehäusestruktur möglich, läßt sich häufig eine wirkungsvolle Geräuschemissionsminderung durch Abkapseln erzielen. Aus der Praxis ist bekannt, daß konstruktiv optimal ausgelegte Kapselungen Luftschallpegelminderungen zwischen 5 dB und 15 dB zulassen. Beim Kapseln von Getriebegehäusen ist jedoch folgendes zu beachten:

Die Kapselung kann den Wärmehaushalt des Getriebes verändern. Verlustwärme, die vor der Kapselung vom Gehäuse an die Umgebung abgegeben werden konnte, staut sich in der Kapselstruktur. Fremdkühlung als eine mögliche Maßnahme gegen die dann unzulässig hohe Betriebstemperatur des Getriebes ist mit zusätzlichen Kosten verbunden.

Eine Kapselung kann nur den emittierten Luftschall der gekapselten Struktur (Getriebegehäuse) dämmen. Sie hat keinen Einfluß auf die Übertragung von Körperschall in andere Strukturen. Daher ist vor Auslegung einer Kapselung zu prüfen, inwieweit maßgebliche Anteile am Gesamtgeräuschpegel durch Übertragung von Körperschall des Getriebes auf andere Strukturen (Fundament, Kupplungen, Wellen) verursacht werden.

3.3 Schwingungssimulation von Getrieben

Bei der Auslegung kompletter Antriebsstränge ist das dynamische Verhalten des gesamten Systems häufig analytisch nicht oder nur mit Einschränkungen zu erfassen. Hier bieten sich numerische Simulationsprogramme auf Digitalrechnern an, um das teilweise recht komplexe Schwingungsverhalten der zu untersuchenden Struktur nachzubilden.

Im Gegensatz zur Berechnung des dämpfungsbehafteten Schwingungsverhaltens diskreter Mehrmassenschwinger mit Differentialgleichungen 2. Grades ermöglichen numerische Simulationsprogramme auch die Lösung von Differentialgleichungen mit zeitvarianten Systemparametern, wie z.B. Federsteifigkeiten oder Zahnflanken-spiel. Zusätzlich sind auch Unstetigkeitsstellen und Totzeitglieder einbeziehbar, wei-terhin sind logische Abfolgen von Getriebevorgängen (z.B. Lastveränderungen, Getriebehochlauf usw.) in der Berechnung möglich.

Die notwendigen Schritte bei der Untersuchung dynamischer Vorgänge mittels Simulationsprogrammen sind in Bild 3.52 aufgezeichnet.

Die rechte Bildhälfte zeigt, daß häufig der erste Schritt, – nämlich die Umsetzung der zu untersuchenden Maschinenstruktur in ein Rechenmodell, – darüber entschei-det, wie genau das Simulationsmodell das reale dynamische Verhalten der Struktur wiedergeben kann. Die darauffolgenden Schritte lassen sich bei entsprechendem programmtechnischen Aufwand teilweise oder vollständig automatisieren [3.23].

Wenn der Konstrukteur das Rechenmodell mit seinen relevanten Systemparame-tern erstellt, sollte er immer um eine Minimallösung bemüht sein, da andernfalls Rechenaufwand und damit Rechenzeit sehr stark ansteigen. Desweiteren kann durch ein zu umfassendes Simulationsmodell die Interpretation der Rechenergebnisse sehr erschwert werden, denn auftretende irrelevante dynamische Effekte im Simulations-modell müssen auch als solche erkannt werden.

Im folgenden Beispiel wird mit einem numerischen Simulationsprogramm das dynamische Leerlaufverhalten eines PKW Getriebes untersucht.

Niedrige Leerlaufdrehzahlen von PKW-Triebwerken führen zu einer Vergröße-rung der Ungleichförmigkeit in der Drehbewegung, wobei an den nachgeschalteten Elementen des Antriebsstranges zusätzliche Weganregungen verursacht werden. Durch den beschriebenen Effekt kann im Getriebe ein „Leerlaufklappern" entstehen, da die nahezu lastfrei mitlaufenden Gangräder ihr Zahnflankenspiel durchlaufen und

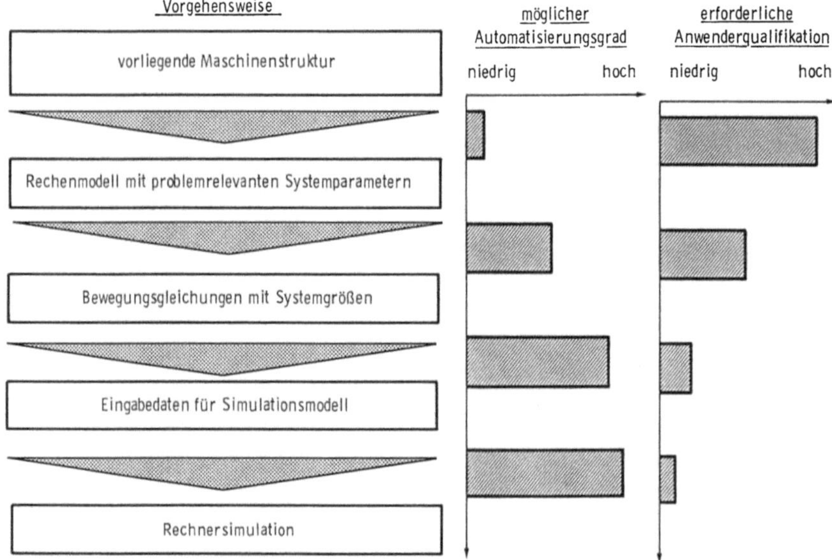

Bild 3.52. Vorgehensweise zur Untersuchung dynamischer Vorgänge an Maschinenstrukturen durch Simu-lationsrechnungen

jeder Flankenanschlag als Stoßanregung auf die Getriebestruktur wirkt. Eine Entkopplung des Triebwerks vom nachgeschalteten Antriebsstrang durch eine besonders ausgelegte „Tilgungsfeder" führt zu einer Abschwächung dieses Effektes. Aufgrund der komplexen Schwingungsvorgänge im Getriebe ist eine analytische Abschätzung des dynamischen Verhaltens des angeregten Systems kaum durchführbar. Zur Analyse des Schwingungsverhaltens bieten sich deshalb numerische Simulationsverfahren an, die bei genügend hohem Aufwand für die Modellfindung eine recht genaue Approximation des nichtlinearen, mit mehreren Freiheitsgraden behafteten Schwingungssystems liefern können. Bild 3.53 zeigt den prinzipellen Aufbau eines 5-Gang-Pkw-Getriebes. Die Tilgungsfeder ist zwischen Kupplungsscheibe und Getriebeeingangswelle angeordnet. Bei Betrieb unter Last wird ihr Federweg durch einen Anschlag begrenzt, wodurch im stationären Lastzustand wieder eine formschlüssige Kopplung zwischen Kupplung und Getriebe vorliegt. Die Getriebeeingangswelle wird über die auszulegende Tilgungsfeder in Form einer Fußpunktanregung zwangsweise angeregt. Der Kraftfluß geht über die Vorgelegewelle auf die Gangräder 1 bis 5, wobei für den Betrieb im 4. Gang die Eingangswelle direkt auf die Ausgangswelle durchgeschaltet wird, also für dieses Übersetzungsverhältnis kein gesondertes Gangrad erforderlich ist. Im Simulationsmodell werden folgende Größen berücksichtigt:

- Trägheitsmomente der beteiligten Massen,
- Zahneingriff mit Zahnflankenspiel, Zahnfedersteifigkeit und Zahneingriffsdämpfung,
- linearisierte Lagerdämpfungen.

Die Wellen und Gangräder werden durch die drehzahlabhängigen Verlustmomente der genannten Bauteile in ihren Lagerungen an ein Absolutsystem gefesselt. Im stationären Zustand entspricht die Summe aller Verlustmomente dem Schleppmoment, das an der Getriebeeingangswelle notwendig ist, um das Getriebe bei einer entsprechenden Motordrehzahl durchzudrehen.

Die systembeschreibenden Differentialgleichungen erhält man durch Bildung des Kräftegleichgewichts an jedem massebehafteten Element des Schwingungssystems.

Bild 3.54 führt vor, wie mit Hilfe von Schalterfunktionen das nichtlineare Schwingungsverhalten der spielbehafteten Einzelmassen nachgebildet werden kann.

Mit der gezeigten Schaltung werden Feder- und Dämpferkräfte zu Null, sobald kein Kontakt mehr zwischen den im Eingriff befindlichen Rädern vorliegt. Besitzt ein Rad eine Beschleunigungs- bzw. Geschwindigkeitskomponente, wird dieser Zustand beim Spieldurchlauf solange beibehalten, bis der zurückgelegte Weg dem Zahnflankenspiel entspricht. Sobald der Aufprall erfolgt, werden die dabei entstehenden Stoßkräfte wiederum als Störgröße auf die Masse (Zahnrad) zurückgeführt.

Aus den Konstruktionsunterlagen des Getriebes lassen sich die Trägheitsmomente der Massen sowie die Zahnflankenspiele der miteinander kämmenden Räder ableiten. Für die Zahnfedersteifigkeit wurde nach DIN 3990 ein mittlerer Wert von $c_\gamma = 15$ N/(μm * mm) angenommen, die Dämpfung im Zahneingriff wurde anhand von Erfahrungswerten mit einem Lehrschen Dämpfungsmaß von $D = 0{,}05$ angesetzt. Für die linearisierten Reibkräfte in den Gleit- und Wälzlagern liegen in Abhängigkeit von Ölviskosität und Lagerbauweise ebenfalls Erfahrungswerte vor [3.10]. Bei

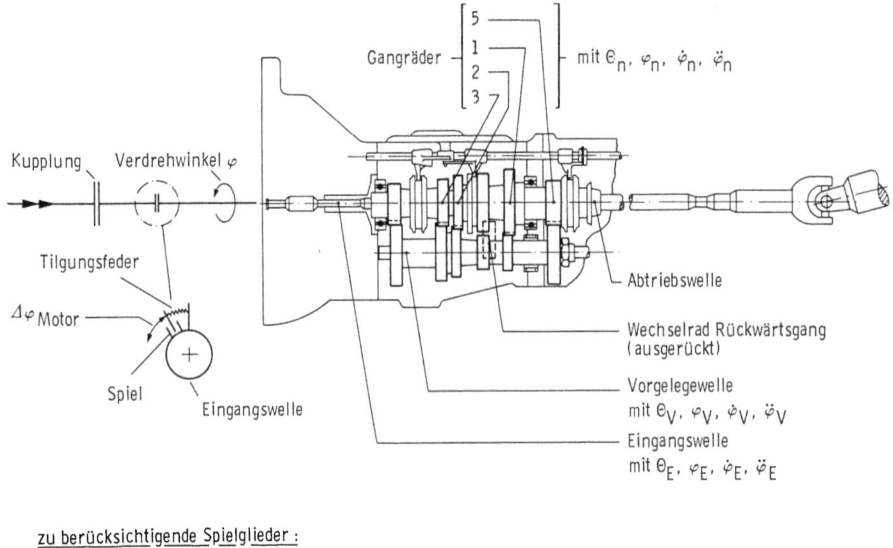

Bild 3.53. 5-Gang-PKW-Getriebe mit Tilgungsfedersystem

„Antrieb" des Modells mit einer bestimmten Nenndrehzahl kann das resultierende „rechnerische Schleppmoment" mit dem aus praktischen Meßergebnissen vorliegenden Wert verglichen werden, so daß eine Überprüfung der angenommenen Systemparameter möglich ist. Ein wesentlicher Schwerpunkt der Simulation ist die Generierung der vom Verbrennungsmotor verursachten Ungleichförmigkeitsbewegung. Zwar lassen sich aus der Zylinderzahl und aus der Zündfolge die prinzipiellen Grundfrequenzen der möglichen Ungleichförmigkeit ableiten, jedoch sind quantitative Abschätzungen über die Höhe der zu erwartenden Amplituden nur schwer zu treffen. Zusätzlich ändert sich die Spektralverteilung in Abhängigkeit von der Drehzahl. Deshalb müssen Messungen am realen Motor die Grundlage für die Simulationsrechnung bilden. Hierzu werden aus gemessenen Ungleichförmigkeitsbewegungen des Motors durch eine Fourier-Analyse einzelne Sinus- und Cosinuskoeffizienten bestimmt. Das Nachbilden der Anregungsfunktion im Simulationsmodell geschieht durch die Überlagerung von Sinus- und Cosinus-Generatoren mit den aus der Fourier-Analyse ermittelten Frequenzen und Amplituden.

Bild 3.55 zeigt einige Simulationsergebnisse. Im Bildteil a) ist links oben die aus Meßergebnissen generierte Anregungsfunktion des Motors aufgezeichnet. Die weiteren Diagramme beinhalten die Tilgungsfederauslenkung, die Tilgungsfederkraft sowie die Zahnnormalkräfte am Eingang der Vorgelegewelle. In der Mitte des Zeitfensters ist ein starkes Ansteigen der Tilgungsfederkraft zu erkennen; hier wird das vorgegebene Federspiel von +1 mm bis −2 mm durchlaufen. Der Anschlag führt zu einer starken Anregung des gesamten Getriebestranges, was anhand der Zahnnormalkräfte der Vorgelegewelle beobachtet werden kann. Am Vorzeichenwechsel der

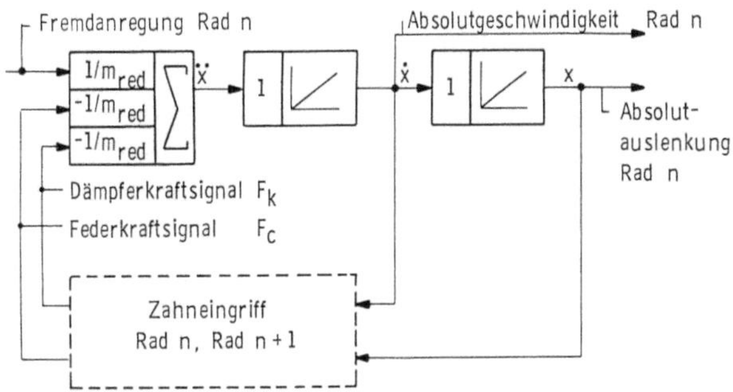

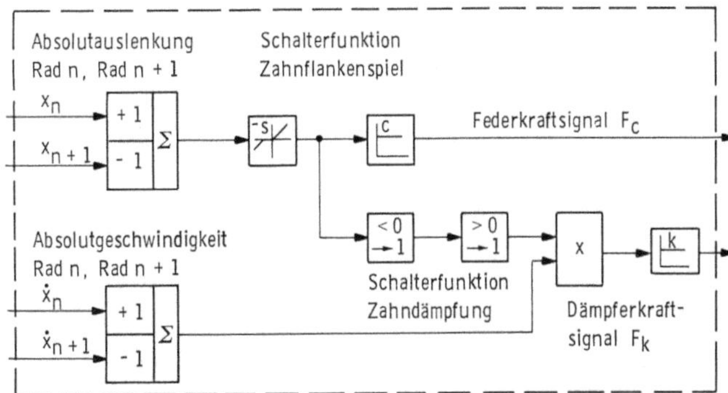

Bild 3.54. UNIDYN-Blockschaltbild zur Simulation eines spielbehafteten Masse-Feder-Dämpfer-Systems in einer Schwingerkette

Zahnkräfte zeigt sich, daß hier ebenfalls das ganze Zahnflankenspiel durchlaufen wird und ein Anschlagen an die Rückflanke erfolgt. Der Grund für die Lastüberhöhung liegt darin, daß die niedrigste Eigenfrequenz des Getriebes (Starrkörperschwingung gegen die Tilgungsfeder) und ein starker harmonischer Anteil der Anregungsfunktion zusammenfallen. Hierdurch wird das Anschlagen der Feder verursacht.

Die optimale Auslegung der beschriebenen Tilgungsfeder wird durch mehrere gegensätzliche Forderungen erschwert. Um die Anregung des Getriebes zu minimieren, ist eine „weiche" Auslegung der Tilgungsfeder notwendig, da dann aufgrund der langen Federwege nur kleine Reaktionskräfte im Getriebe erzeugt werden. Der eingeschränkte Bauraum für die Feder und das nicht beliebig zu vergrößernde Verdrehspiel des Federtellers lassen aber nur bestimmte Grenzwerte zu, wobei vermieden werden muß, daß bereits das stationäre Schleppmoment ein Anliegen der Feder in ihrer Endlage bewirkt. Eine weitere Einschränkung wird durch das dynamische Verhalten des Getriebestranges, der an die Tilgungsfeder angekoppelt ist, verursacht. Fallen harmonische Anteile der Anregungsfunktion mit der ersten Eigenfrequenz des Getriebes zusammen, führt dies zu einer verstärkten Schwingungsanregung im Getriebe.

Bild 3.55 b zeigt die Zahnnormalkräfte an der Vorgelegewelle bei Verdopplung der Tilgungsfedersteifigkeit. Sie vermeidet ein Anliegen der Feder durch das

Schleppmoment. Gleichzeitig liegt die erste Eigenfrequenz des Getriebes zwischen harmonischen Anteilen der Anregungsfunktion. Dadurch wird der Getriebestrang in einem unkritischen Bereich angeregt. Da sich hier nur ein zweimaliges kurzes Anschlagen der Tilgungsfeder ergibt, sind die Reaktionskräfte an der Vorgelegewelle entsprechend geringer, die „Klappergeräusche" also zwangsläufig kleiner. In Bild-

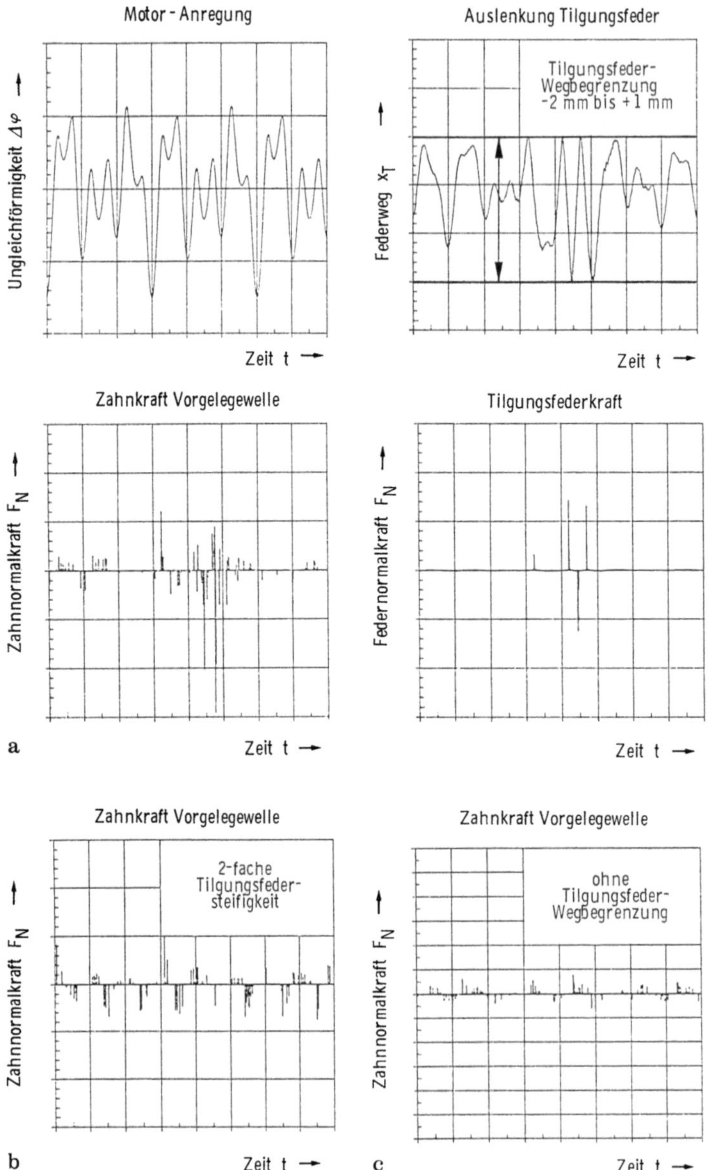

Bild 3.55a-c. Simulation des Leerlaufklapperns. **a** Ausgangszustand, **b** mit verdoppelter Tilgungsfedersteifigkeit, **c** ohne Tilgungsfeder-Wegbegrenzung

teil 3.55 c ist der Zahnkraftverlauf dargestellt, wie er sich bei ursprünglicher Feder-steifigkeit ohne Spielbegrenzung einstellen würde. Aufgrund der langen möglichen Federwege sind die Reaktionskräfte in diesem Fall am geringsten.

Problematisch wird die Auslegung der Tilgungsfeder für einen größeren Dreh-zahlbereich, da sich in Abhängigkeit von der jeweiligen Motordrehzahl das gesamte Anregungsspektrum verschiebt und dann nicht ausgeschlossen werden kann, daß wiederum harmonische Anteile der Anregungsfunktion mit der Eigenfrequenz des Getriebestranges zusammenfallen. Hier kann eine nichtlineare Federkennlinie der Tilgungsfeder sowie eine Dämpfungskomponente das ausgeprägte Resonanzverhal-ten des angekoppelten Getriebestranges abschwächen [3.19].

4 Erfassung und Verarbeitung geometrischer Abweichungen

von G. Bartsch, W. Reuter, H.-J. Stadtfeld und M. Weck

Die Funktionsfähigkeit eines Getriebes hängt wesentlich von der Maßgenauigkeit der einzelnen Zahnräder ab. Aus diesem Grund ist für die Qualitätssicherung die Prüfung einzelner Kenngrößen an einem Zahnrad unumgänglich.

Für kleinere und mittelgroße Zahnräder existieren spezielle Zahnradmeßmaschinen, die einen hohen Automatisierungsgrad erreicht haben. Bei Großzahnrädern erfolgt die Prüfung direkt auf der Verzahnmaschine. Dabei werden transportable Meßgeräte eingesetzt, die alle ausschließlich Einzweckgeräte sind. In zunehmenden Maße werden heute jedoch, sowohl für die Prüfung kleinerer Zahnräder als auch für die Prüfung von Großzahnrädern auf der Maschine, rechnergesteuerte Koordinatenmeßgeräte eingesetzt [4.10, 4.13, 4.14].

Der Einsatz von rechnergesteuerten Meßgeräten ermöglicht eine hohe Flexibilität bei der Auslegung der Meßaufgabe. So sind beim Messen von Zahnrädern einzelne Punkte (Teilung und Rundlauf), einzelne Linien (Profil, Zahnbreite und Eingriff) oder die gesamte Flankentopographie zu prüfen. Die Aufnahme von Geometriedaten kann dabei über eine Datenschnittstelle zu anderen Rechnersystemen (z.B. aus dem CAD-Bereich) erfolgen. Über die gleiche Schnittstelle können Meßergebnisse für weiterführende Berechnungen (Optimierung von Maschineneinstelldaten) zur Verfügung gestellt werden. Auf diese Weise können die Geometrien für Zylinder-, Kegelrad- und Sonderverzahnungen extern berechnet, zur Werkstückmessung an das Koordinatenmeßgerät übertragen und die Meßdaten zum Bestimmen notwendiger Korrekturen für den Herstellprozeß rückgemeldet werden [4.21, 4.23]. Weiterführende Berechnungen wie z.B. die Frequenzanalyse der Meßdaten bei der Wälzprüfung steigern die Aussagekraft, indem zum Beispiel die Möglichkeit zur Analyse der Abweichungskomponenten bei dieser Sammelabweichungsmessung gegeben ist.

4.1 Kenngrößen zur Bestimmung von Verzahnungsqualitäten

Das Gebiet der Verzahnungsprüfung läßt sich in zwei Gruppen einteilen (Bild 4.1). Die erste Gruppe enthält die Prüfung von geometrischen Einzelabweichungen, die zweite umfaßt den Bereich der Wälzprüfungen. In der Regel lassen sich die Wälzprüfungen mit einem geringeren gerätetechnischen Aufwand durchführen und sind deshalb in der Praxis häufiger anzutreffen. Direkte Rückschlüsse auf den Bearbeitungsprozeß oder die Verzahnmaschine lassen sich aber nur aus den Prüfungen der

Einzelabweichungen ziehen. Die Einzelabweichungen für Stirnräder mit Evolventenverzahnungen sind in der DIN 3960 [4.4] definiert.

4.1.1 Ermittlung geometrischer Einzelabweichungen

Die wichtigsten Kenngrößen bei den Einzelabweichungen eines Zahnrades sind die Profil-, Flankenrichtungs- und Teilungsabweichungen. Sie beeinflussen die Funktionsfähigkeit eines Zahnrades wesentlich. Wird ein spielarmer Lauf einer Zahnradpaarung gefordert, so ist zusätzlich die Zahndicke von Bedeutung. Bei den Profilabweichungen unterscheidet man gemäß Bild 4.1 zwischen der Gesamt-, Form- und Winkelabweichung sowie der Profilwelligkeit. Diese Kenngrößen ermöglichen eine Aussage über die Form der Evolvente bzw. die Welligkeit der Zahnflanke und lassen Rückschlüsse auf die Maschineneinstellung und die Stabilität des Fertigungsprozesses zu.

Analoge Unterscheidungen existieren auch bei den Flankenlinien-Abweichungen. Sie werden wie die Profil-Abweichungen bestimmt. Der Flankenlinien-Prüfbereich entspricht in der Regel der gesamten Zahnbreite. Alle genannten Prüfungen für Einzelabweichungen an Verzahnungen wie auch die Kreisteilungsprüfung und die Messung der Zahnweite sind ebenfalls in DIN 3960 [4.4] beschrieben.

Hauptaufgabe der Einzelabweichungsmessung ist es, Fehlerquellen in der Fertigung aufzudecken. Von besonderem Interesse können dabei jeweils mehrere Parameter des Profils, der Steigung und der Teilung sein. Darüber hinaus gibt die Messung der geradlinigen Erzeugenden einer Evolventenschraubenflanke zuverlässig Auskunft über die Einhaltung der Eingriffsbedingungen.

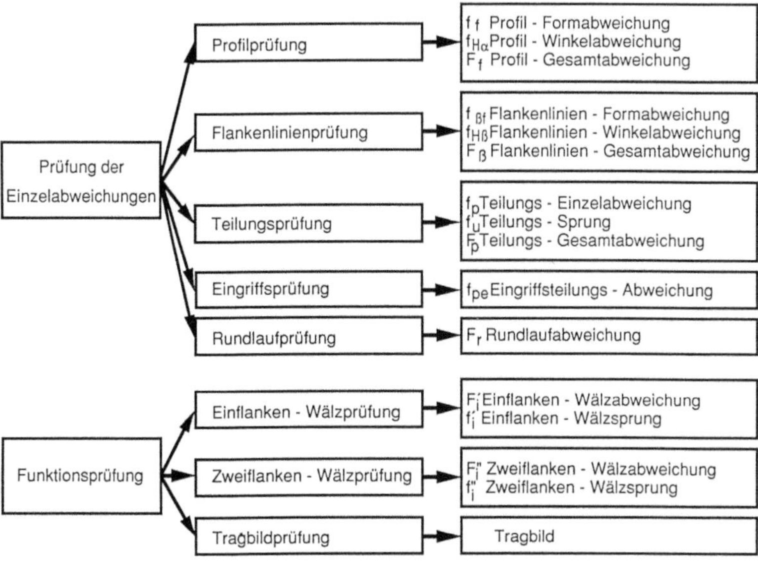

Bild 4.1. Übersicht über die Kenngrößen bei den Prüfungen von Einzelabweichungen und Wälzabweichungen

4.1.2 Ermittlung von Wälzabweichungen

Einfach und rationell läßt sich die Funktionsfähigkeit eines Zahnrades, einer Zahnradpaarung oder eines Getriebes durch die Bestimmung der Sammelabweichungen überprüfen. Bei den Meßverfahren zur Prüfung von Wälzabweichungen unterscheidet man nach der Tragbildprüfung zwischen der Einflanken- und der Zweiflanken-Wälzprüfung. Bei beiden Gesamtabweichungs-Prüfungen werden sämtliche Einzelabweichungen aller Zähne in einem Meßvorgang erfaßt (Bild 4.2). Je nach ihrer Größe und den ihnen zugeordneten Vorzeichen addieren oder subtrahieren sich die Einzelabweichungen von Rad und Gegenrad. Die Sammelabweichung ist ein Kriterium dafür, inwieweit eine Zahnradpaarung im lastfreien Zustand in ihrer Gesamtfunktion den Anforderungen an eine einwandfreie Bewegungsübertragung genügt. Eine Separierung von einzelnen Geometrieabweichungen ist wegen der komplexen Überlagerung der Einzelabweichungen allgemein nicht ohne weiteres möglich, es sei denn, eine Einzelabweichung überwiegt eindeutig [4.6].

Bei der Zweiflankenwälzprüfung berühren sich unter spielfreiem Eingriff die Rechts- und Linksflanken (Bild 4.2). Dies entspricht nicht dem Betriebszustand. Außerdem werden Flankenbereiche abgewälzt, die im Betriebszustand außerhalb des Eingriffsbereiches liegen. Das Maß für den Sammelfehler ist hierbei die durch alle Einzelfehler hervorgerufene Änderung des spielfreien Achsabstandes. Trotz der Mängel wird diese Meßmethode in der Zahnradpraxis häufig angewandt, weil sie meßtechnisch unproblematisch ist.

Wie bei der Zweiflanken-Wälzprüfung besteht auch bei der Einflanken-Wälzprüfung das Meßgetriebe (vgl. Bild 4.2) in der Regel aus einem fehlerfreien Zahnrad (Lehrzahnrad) und dem Prüfling. Die Prüfung erfolgt bei vorgegebenem Achsabstand. Es berühren sich nur jeweils eine Flanke von Rad und Gegenrad. Die Belastung ist nur so groß, daß die Flanken, ohne sich zu trennen, einwandfrei aufeinander abrollen. Mit Ausnahme der Belastung kommt diese Prüfmethode dem Betriebszustand sehr nahe.

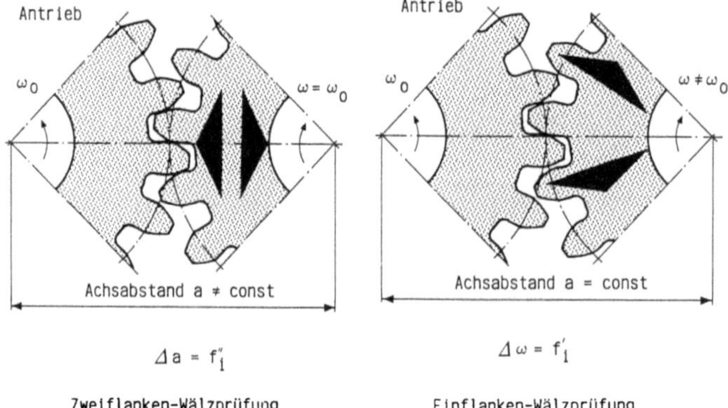

Bild 4.2. Ein- und Zweiflankenwälzprüfung

4.2 Tragbildprüfung

Die Tragbildprüfung gehört ebenfalls zu den Verfahren zur Bestimmung von Wälz-abweichungen. Sie erfolgt nach Einbau der Zahnräder im Getriebe. Unter einem Tragbereich versteht man den Bereich einer Zahnflanke, der unter vorgegebener Belastung mit der Gegenflanke in Kontakt ist. Das Tragbild reproduziert damit die Lage des Kontaktbereiches auf der Zahnflanke.

Der Anwendungsbereich der Tragbildprüfung erstreckt sich von der Qualitätskontrolle bis hin zur Getriebeerprobung. Da das Verfahren sehr oft zum Einsatz kommt, aber nur unter bestimmten Randbedingungen verwertbare Ergebnisse liefert, werden Möglichkeiten und Grenzen der Prüfung hier näher untersucht.

Bei geometrisch idealen, evolventischen Zahnflanken von Zylinderrädern (Bild 4.3) berühren sich die Flanken entlang einer Kontaktgeraden – der Berührlinie. Für benachbarte Eingriffsstellungen ergeben sich geometrisch verschobene Kontaktgeraden (Berührlinien). Die Summe aller Berührlinien bildet den Kontaktbereich (Tragbereich) auf der aktiven Flanke. Liegen Verzahnungsabweichungen vor, so wird der Tragbereich verzerrt und/oder in seiner Ausdehnung begrenzt.

Das Tragbild gibt Aufschluß über die Größe des Bereiches der Zahnflanke, der an der Kraft- und Bewegungsübertragung beteiligt ist. Die Aufnahme erfolgt durch Abdruck einer Paste (Kontakttragbild) oder durch Fixieren des Abriebs eines Lackes, den man zuvor aufgebracht hat. Verwendet man eine Paste als Kontrastmittel, so interessieren lediglich die Applizierbarkeit, die Stärke der Kontrastwirkung und die Reproduzierbarkeit der Schichtdicke. Anders verhält es sich bei Prüflacken,

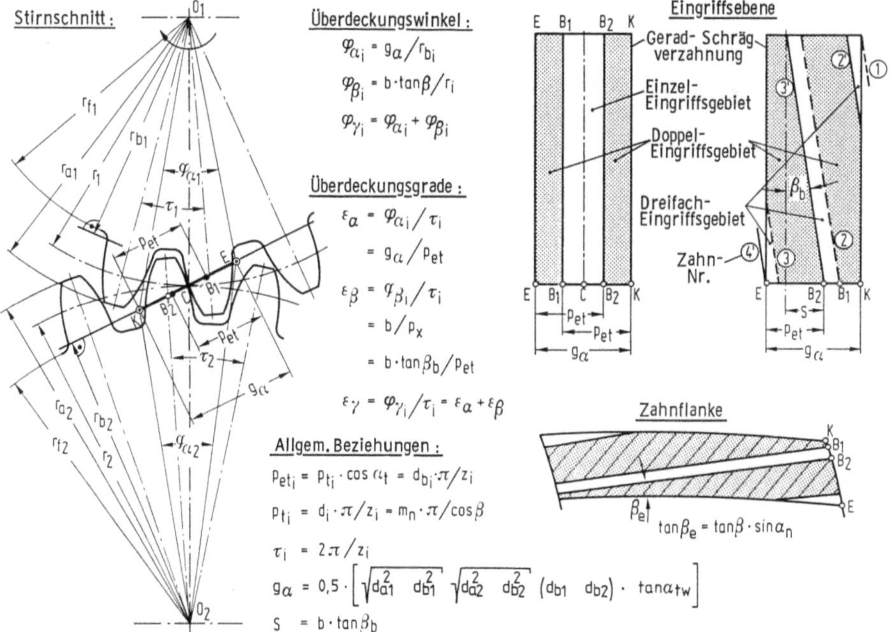

Bild 4.3. Überdeckungsverhältnisse und Bereiche der aktiven Flanke außenverzahnter Zylinderräder

wo Kriterien wie Temperatur- und Ölbeständigkeit, Dehnbarkeit und Haftvermögen einbezogen werden müssen. Entsprechende Untersuchungen geeigneter Lacke sind in [4.8] ausführlich beschrieben.

Bei der Tragbildprüfung mit Pasten, die sowohl im weitgehend lastfreien Zustand als auch unter Last durchzuführen ist, werden die Zähne eines Rades hauchdünn mit Paste tuschiert. Nach einmaligem Vor- und Zurückwälzen des Radpaares wird von den Zähnen des Gegenrades mit Hilfe eines Klebefilmabzugs das Tragbild abgenommen, das sich durch Übertragen der Paste während des Zahnkontaktes gebildet hat. Diese Prüfmethode liefert gezielte Aussagen über das Tragen ganz bestimmter Zahnkombinationen. Sie läßt sich jedoch nur durchführen, wenn die mit Kontrastmittel zu versehenden sowie die mit ihnen abwälzenden Gegenflanken absolut öl- und fettfrei sind.

Einfacher zu handhaben ist die Tragbildprüfung mit Hilfe von Tuschierlacken. Bei dieser Methode werden die Zähne eines Rades möglichst dünn lackiert (sprayen oder spritzen ergibt zu dicke, abplatzende Schichten [4.8]). Ist der Lack trocken, so läßt man die Radpaarung unter definierten Belastungsbedingungen solange laufen, bis durch Abrieb des Lackes ein Tragbild sichtbar wird. Diese Tragbilder lassen lediglich Aussagen über Achslagenabweichungen zu. Die Prüfmethode liefert nämlich bei nicht ganzzahligem Übersetzungsverhältnis ein Mischtragbild aus allen möglichen Zahnkombinationen von Ritzel und Rad. Wie Bild 4.4 zeigt, kann nach mehrfachem Überrollen ein einwandfreies Tragbild vorliegen, das sich jedoch aus unerkannten fehlerhaften Einzelzahneingriffen zusammensetzt.

Bild 4.5 enthält in praktischen Versuchen ermittelte Kontakttragbilder eines Prüfzahnrades mit dachförmigen, kreisbogenförmigen und ellipsenförmigen Breitenballigkeiten, wie die Flankenlinienmeßschriebe im oberen Bildteil zeigen. Aus der

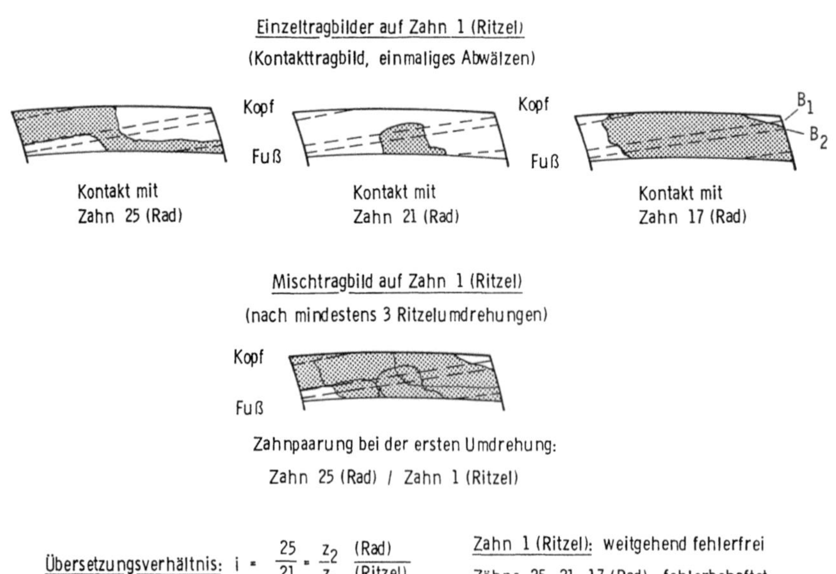

Bild 4.4. Entstehung eines Mischtragbildes

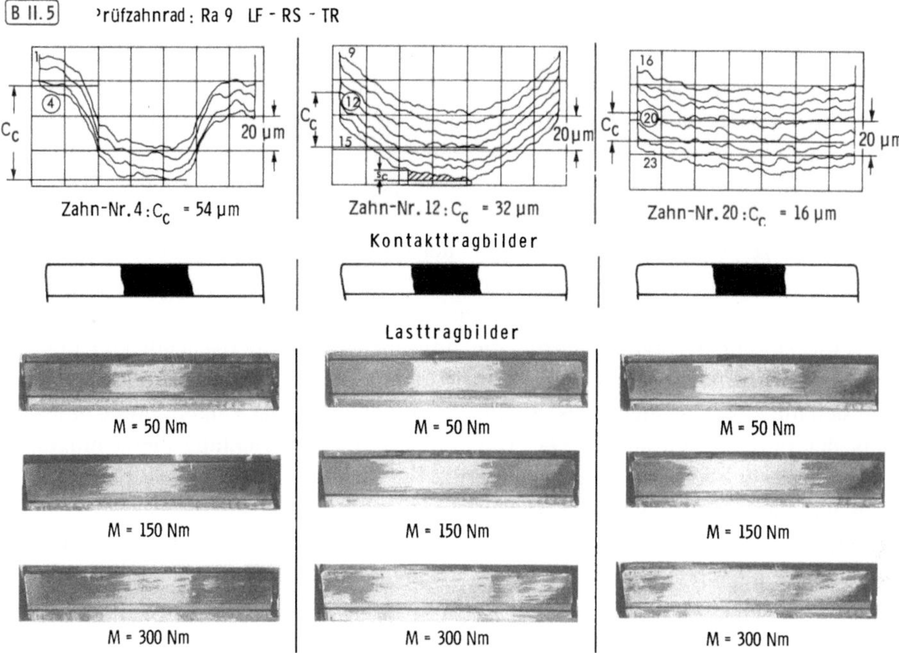

Bild 4.5. Tragbilder beim Vorliegen von Breitenballigkeiten

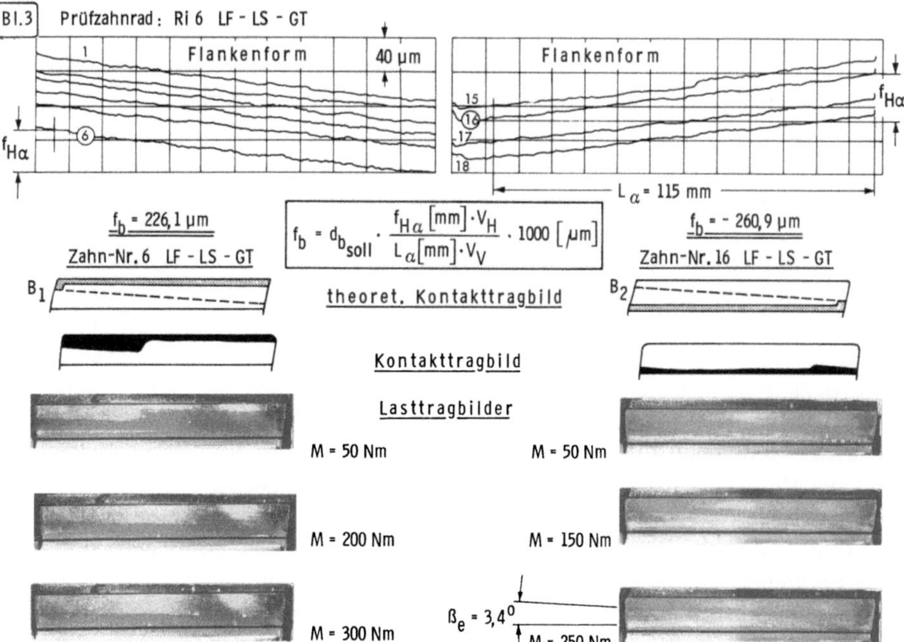

$$f_b = d_{b_{soll}} \cdot \frac{f_{H\alpha}\,[mm] \cdot v_H}{L_\alpha\,[mm] \cdot v_V} \cdot 1000\ [\mu m]$$

Bild 4.6. Tragbilder beim Vorliegen von Grundkreisfehlern

Größe der lastfrei ermittelten Kontakttragbilder läßt sich in Verbindung mit dem Meßschrieb auf die wirksame Schichtdicke des Tuschiermittels schließen. Sie beträgt im Falle der kreisförmigen Balligkeit $s_c = 6$ µm. Während die Kontakttragbilder im lastlosen Zustand in allen drei Fällen ähnliche Gestalt besitzen, erfolgt die Tragbildzunahme bei steigender Belastung je nach Verlauf der Breitenballigkeit sehr unterschiedlich. Erwartungsgemäß führt die Balligkeit mit dem niedrigsten Betrag bei den aufgebrachten Belastungen zu einem annähernd idealen Tragbild über die gesamte aktive Zahnflanke.

Bild 4.6 zeigt die experimentell gefundenen Tragbilder schrägverzahnter Zylinderräder für positive bzw. negative Grundkreisabweichungen mit den zugehörigen Meßschrieben der Flankenform. Die Kontakttragbilder (lastlos) bestätigen die theoretisch bestimmten Tragbildgrenzen, die aufgrund der Tuschierpastendicke lediglich größere Ausdehnungen in Berührlinienrichtung haben. Die Lasttragbilder zeigen, daß sich mit zunehmender Belastung im wesentlichen nur die Tragbildbreite in Richtung der Berührlinien ändert. Die Tragbildlänge in Profilrichtung bleibt hingegen aufgrund des großen Profilfehlers durch die Berührlinien bei B1 bzw. B2 (Übergang zum Mehrfacheingriffsgebiet) begrenzt.

Wie diese Ausführungen zeigen, lassen sich Verzahnungsabweichungen genauso wie die hier nicht behandelten Lageabweichungen der Radachsen durch die Aufnahme eines Kontakttragbildes feststellen. Für die Suche nach Verzahnungsabweichungen ist jedoch zu beachten, daß jeweils zwei, ggf. abweichungsbehaftete Zahnräder miteinander im Eingriff sind. Je nach Übersetzungsverhältnis wechseln die Eingriffspaarungen, so daß nach mehreren Umdrehungen ein Mischtragbild vorliegt, das die meisten Abweichungskomponenten überdecken kann. Will man Abweichungen, die möglicherweise für eine Flankenschädigung verantwortlich sind, gezielt prüfen, müssen alle paarungsbedingt möglichen Eingriffskonstellationen untersucht werden. Der dazu erforderliche Aufwand ist gleich dem von Einzelabweichungsmessungen und daher sicherlich nur in einigen Sonderfällen vertretbar.

4.3 Verzahnungsmessung auf Mehrkoordinaten-Meßgeräten

Seit Einführung der Mehrkoordinaten-Meßtechnik in den siebziger Jahren [4.17] haben sich rechnergesteuerte Meßgeräte als universell und flexibel einsetzbare Meßmittel in der Fertigungsmeßtechnik durchgesetzt. Neben den technischen Vorzügen – alle Prüfaufgaben können am Werkstück in einer Aufspannung mit einem gemeinsamen Bezugs-Koordinatensystem ausgeführt werden – haben auch die wirtschaftlichen Vorteile, wie z.B. CNC-programmierbare Prüfabläufe und Reduzierung der Ausrichteoperationen zu einer schnellen Verbreitung und zu einer hohen Nutzungsrate von Mehrkoordinaten-Meßgeräten geführt [4.10, 4.24, 4.28].

Da sich die rechnergesteuerten Meßgeräte einfach und schnell durch Austausch der Prüfsoftware für verschiedene Aufgaben umrüsten lassen, erschließen sich diesem Prüfmittel fast alle Aufgabenbereiche der Fertigungsmeßtechnik. Für stationäre Prüfaufgaben haben aber auch konventionelle Meßgeräte noch ihre Daseinsberechtigung. Wegen der hohen Anforderungen durch die Komplexität in der Werkstückgeometrie und die Vielzahl der Prüfaufgaben haben sich die Mehrkoordinaten-Meßgerä-

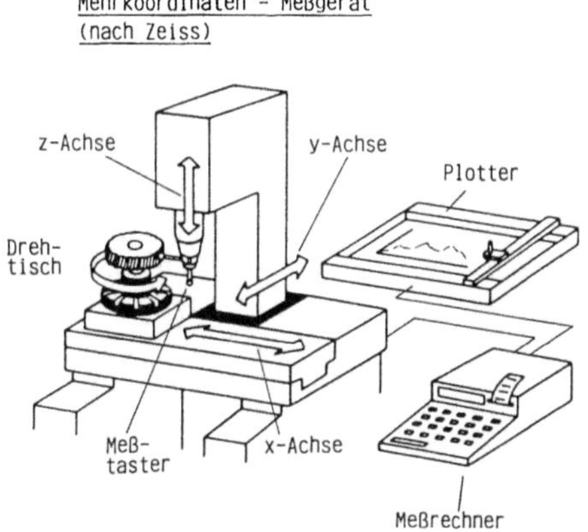

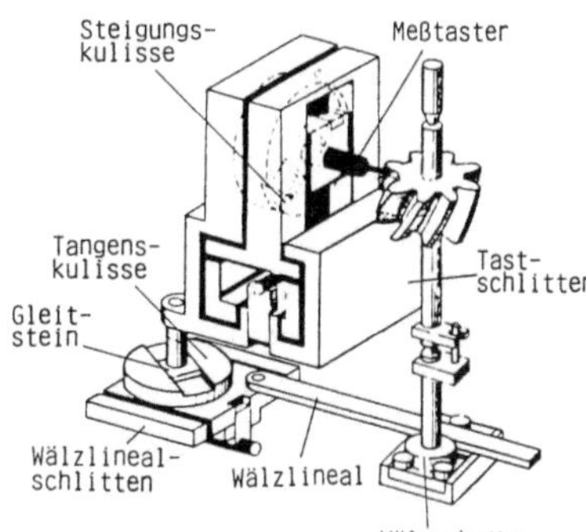

- drei orthogonal angeordnete NC-Achsen mit Linearmaßstäben
- Drehtisch als vierte NC-Achse
- Sollgeometrie vom Meßrechner vorgegeben
- mehrdimensionaler Meßtaster
- digitale Meßwertaufnahme und Verarbeitung

- mechanische Übertragungselemente
- Sollgeometrie durch Grundkreisscheibe und Wälzlineal
- eindimensionales Tastelement
- analoge Meßwertaufnahme

Bild 4.7. Prinzipieller Unterschied zwischen einem konventionellen Verzahnungs-Meßgerät und einem Mehr-Koordinaten-Meßgerät mit Drehtisch

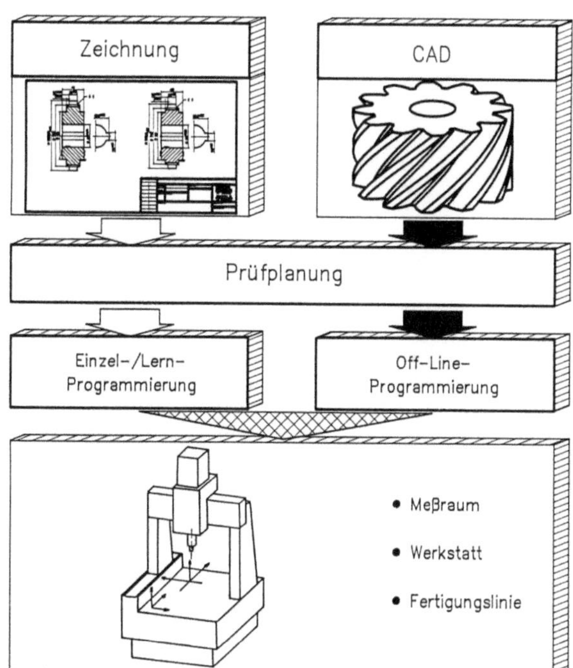

Bild 4.8. Vorgabe der Sollgeometrie

te auch bei der Verzahnungsmessung durchgesetzt. Der Einsatzbereich reicht hier von den Zylinderrädern und Kegelrädern bis hin zu den Getriebeschnecken und den Sonderverzahnungen wie z.B. Verdichterrotoren.

In Bild 4.7 ist der prinzipielle Unterschied zwischen konventionellen Verzahnungs-Meßgeräten und einem für die Verzahnungsmessung eingesetzten Mehrkoordinaten-Meßgerät mit Drehtisch dargestellt. Beim konventionellen Verzahnungsmeßgerät (rechter Bildteil) wird die Sollgeometrie durch die mechanischen Übertragungselemente – Wälzlineal und Grundkreisscheibe – zwangsweise vorgegeben. Ein eindimensionales Tastelement erfaßt dann auf der zu prüfenden Kontur – Evolventenprofil oder Flankenlinie – die Abweichungen.

Bei der Verzahnungsmessung mit Mehrkoordinaten-Meßgeräten (linker Teil des Bildes 4.7) ist die Vorgehensweise grundsätzlich verschieden. Der Grundaufbau des Gerätes besteht aus drei orthogonal angeordneten linearen Verfahrachsen mit Linearmaßstäben zur Messung der Achsbewegung. Zur Verzahnungsmessung sind diese Geräte in der Regel mit einem Drehtisch als weitere Achse ausgerüstet. Koordinaten-Meßgeräte dieser Kategorie sind mit Achssteuerungen – bei modernsten Konzepten mit CNC-Bahnsteuerungen [4.28] – ausgestattet. Die Steuerung erhält vom gerätenahen Rechner die Zielbewegungsanweisungen und meldet ihrerseits die aktuellen Achspositionen und Tastsystemzustände an den Rechner zurück.

Wie in Bild 4.8 dargestellt, kann dabei die Sollgeometrie per Datenleitung vom Auslegungsprogramm übernommen oder durch Vorgabe einiger weniger Kenngrößen aus der Werkstattzeichnung bestimmt werden. Für den Fall der Messung evolventenverzahnter Stirnräder heißt das, daß die Vorgaben von

- Normalmodul m_n
- Eingriffswinkel α_n
- Zähnezahl z
- Profilverschiebungsfaktor x
- Schrägungswinkel am Teilkreis ß
- Radbreite b
- Kopfkreisdurchmesser d_a
- Fußkreisdurchmesser d_f

zur vollständigen Beschreibung des Zahnrades ausreichen.

Das Messen (Antasten) der Werkstückoberfläche erfolgt mit Hilfe von Tastkugeln. Die Tastkugeln befinden sich an den Enden der Taststifte, die mit dem eigentlichen Tastsystem fest verbunden sind. Bei den Tastsystemen haben sich zwei Meßprinzipien durchgesetzt, nämlich schaltende und messende Systeme. Die schaltenden Systeme lösen beim Überfahren der Schaltschwelle des Systems einen elektrischen Impuls aus, der zum einen die aktuellen Achspositionen an den Rechner weitergibt und zum anderen ein Stoppen der Antriebe veranlaßt. Die messenden Systeme bilden mit ihrer Auslenkung aus der Ruhelage die Regelgröße eines Lageregelkreises. Die Linearachsen verfahren in die Position, wo die Regelgröße gegen Null geht. In der Null-Lage des Tastsystems werden die Achspositionen an den gerätenahen Rechner weitergegeben.

Aus dieser Gegenüberstellung folgt zwangsläufig, daß messende Systeme, die aufgrund der Antastregelung für genaue und reproduzierbare Antastvorgänge sorgen, in der Regel für Geräte der höchsten Präzisionsstufe eingesetzt werden. Zusätzlich ist mit diesen Systemen eine sogenannte Scanningantastung möglich, bei der die Auslenkung des Tastsystems während der Vorbeifahrt an der Werkstückoberfläche in schneller Folge abgefragt wird.

4.3.1 Werkstückausrichtung auf Koordinaten-Meßgeräten

Um die Fertigung mit Koordinaten-Meßgeräten kontrollieren zu können, muß zunächst eine gemeinsame Bezugsbasis zwischen Werkstück und Maschine geschaffen werden, d.h. das Koordinatsystem des Zahnrades bezüglich der Maschine muß definiert werden. Dafür muß die Zahnraddrehachse und eine orthogonal liegende Ebene (Stirnschnittebene beim Zylinderrad) z.B. an einem Prüfbund bekannt sein.

Aus den Antastpunkten der Oberflächen der Bohrung, des Radbundes und zweier gegenüberliegender Punkte auf den Zahnradflanken werden die Bezugselemente „Zylinder" und „Gerade" für die Bohrung und die Drehachse sowie das Element „Ebene" für einen stirnschnitt-parallelen Radbund berechnet. Aufgrund dieser Elemente läßt sich das Werkstück-Bezugskoordinatensystem (x_w, y_w, z_w) festlegen.

Ziel der Werkstückausrichtung ist es, eine reversible Beziehung zwischen dem Maschinen-Koordinatensystem (M) und dem Werkstück-Koordinatensystem (W) herzustellen. Sie dient dazu, die Zielpositionen (Antastpositionen, etc.) im Bezugssystem des Werkstückes – hier ein Zahnrad – in die zugehörige Zielposition im Referenzsystem des Gerätes zu transformieren und umgekehrt. Die Transformationsgleichung lautet im Falle kartesischer Koordinatensysteme:

$$\vec{r}_M = A \cdot \vec{r}_W + \vec{v}_{W-M} \tag{4.1}$$

mit $\vec{r}_M$ = Ortsvektor im Maschinen-Koordinatensystem,
    $\vec{r}_W$ = Ortsvektor im Werkstück-Koordinatensystem,
    $\vec{v}_{W-M}$ = Translationsvektor zwischen beiden Systemen,
    A   = Drehmatrix.

Die Drehmatrix A enthält die drei rotatorischen Freiheitsgrade, d.h. die Drehungen um die drei Maschinenachsen. Der Translationsvektor beschreibt den Lageunterschied zwischen Maschinen- und Werkstück-Koordinatensystem. Die Transformation nach Gleichung (4.1) läßt sich durch eine inverse Transformation umkehren. Dadurch sind das Maschinen- und das Zahnrad-Koordinatensystem beliebig ineinander überführbar. Die vorgegebene Sollgeometrie kann auf diese Weise mit dem Zahnrad in Bezug gesetzt und ein Abweichungsprofil ermittelt werden.

Die Definition eines Bezugssystems ist im Bereich der geometrischen Meßtechnik deshalb problematisch, weil man sich an realen maß-, form- und lagefehlerbehafteten Werkstückoberflächen orientieren muß. Der Fehler dieses Bezugs pflanzt sich somit bei allen weiteren Messungen als systematischer Fehlereinfluß fort. Hier muß durch eine Ausgleichsrechnung eine Fehler-Kompensation durchgeführt werden, die ausführlicher in [4.11] beschrieben wird.

Bei den aufgenommenen Ist-Punkten handelt es sich in der Regel um Meßwerte, die auf der Basis vorgegebener Sollwerte angetastet wurden. Aufgrund des Fehlers

bei der Erfassung des gemeinsamen Koordinatenursprungs sowie der Koordinaten-
achsrichtungen treten Orientierungsfehler auf, die sich in den Meßwerten fortpflan-
zen. Bei der Ausgleichsrechnung müssen daher alle Freiheitsgrade im Raum (drei
translatorische und drei rotatorische) berücksichtigt werden.

Für die Ausgleichsrechnungen wurden verschiedene Verfahren entwickelt, mit
deren Hilfe man versucht, die Ist-Werte in die Soll-Zahngeometrie bestmöglich ein-
zupassen [4.11]. In Frage kommen hierbei Verfahren, die über ein Fehlergleichungs-
system bezüglich Ist- und Sollgeometrie oder über die Hauptachsentransformation
den „best fit" erreichen. Alle Verfahren arbeiten mit einem Schwerpunkt-System,
das linearisiert oder iterativ die Transformationsmatrix für die Lage nach der Ausgleichsrechnung liefert. Beim Hauptachsen-Transformationsverfahren ergibt sich die
resultierende Transformationsmatrix über die Aufstellung des Trägheitstensors und
die Lösung der Eigenwerte bzw. Eigenvektoren. Das letztgenannte Verfahren ist
besonders für rotationssymmetrische Werkstücke, d.h. für den Ausgleich von Verzahnungswerkstücken geeignet.

4.3.2 Berücksichtigung des Meßtasterradius

Die Messung, d.h. das Antasten diskreter Punkte auf der Werkstückoberfläche,
erfolgt mit Präzisionstastkugeln. Die Meßposition, die von der Steuerung an den
gerätenahen Rechner weitergegeben wird, ist die Raumposition des Tastkugelmittel-
punktes. Das Ergebnis einer Auswertung dieser Positionen wären äquidistant verschobene Zahnflankenpunkte. Ziel der Messung ist aber, die Zahnflanke mit ihrer
exakten geometrischen Form und in ihrer exakten Lage bezüglich der Drehachse zu
bestimmen. Daher muß der Antastpunkt durch einen Algorithmus in den entsprechenden Berührpunkt überführt werden.

Wie Bild 4.9 zeigt, ist die Relation Antastpunkt zu Berührpunkt nur eine Funktion
des Tasterradius und der Normalenrichtung der Werkstückoberfläche im Berührpunkt. Dies gilt unter der Voraussetzung, daß eine ideale Tastkugelgestalt gegeben
ist und die Tasterdeformation durch die Antastkraft zu vernachlässigen ist. Der
Tasterradius ist mit den oben genannten Einschränkungen die einzig bekannte Größe
dieser Relation.

In der Praxis behilft man sich zur Lösung dieses Problems mit der nachträglichen
Korrektur der entsprechenden Geometriekennwerte. Im Falle des Kreises oder
Zylinders bedeutet dies eine Subtraktion oder Addition des Tasterradius vom oder
auf den berechneten Elementradius, je nachdem, ob der Punkt auf einem Innenele-
ment (Zahnradbohrung) oder auf einem Außenelement (Prüfbund) ermittelt wurde.
Im Falle der Zahnflanke muß der Tasterradius in Normalenrichtung kompensiert
werden [4.9, 4.11, 4.15, 4.27].

Für Punktvektor- oder Punktfolgen, wie sie auf den Zahnflanken vorliegen, wird
im ersten Fall in der Regel die Soll-Normalenrichtung benutzt und im zweiten Fall
die Normalenrichtung aus der Steigung benachbarter Punkte oder Interpolationspo-
lynomen berechnet [4.14].

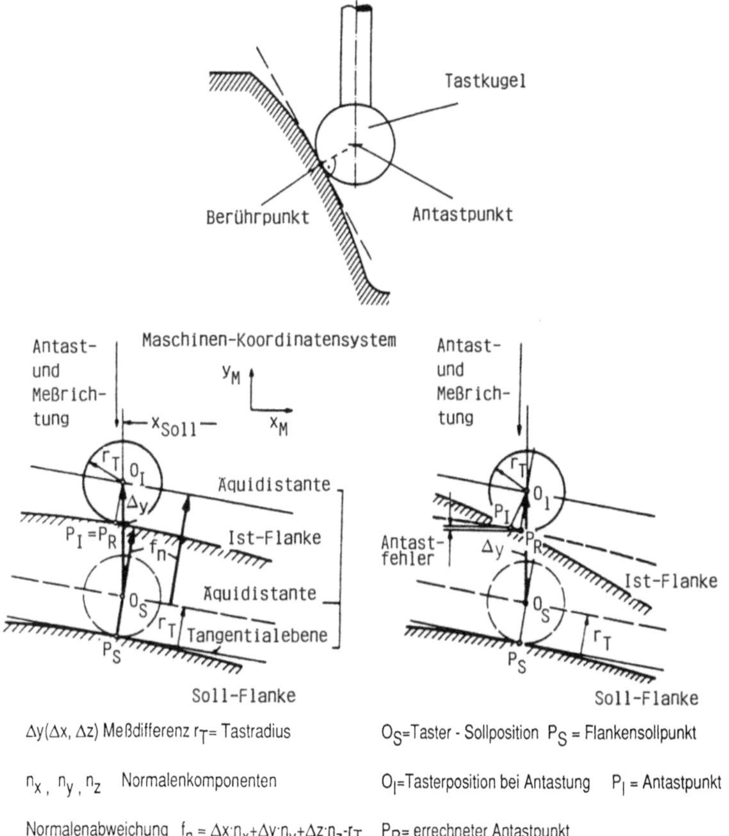

Bild 4.9. Die Lage von Antastpunkt und Berührpunkt

4.4 Rückführung der Meßdaten in den Herstellprozeß durch Analyse der geometrischen Abweichungen von Verzahnungen

Seit einiger Zeit existieren eine Reihe von Rechnerprogrammen und Berechnungsalgorithmen, mit denen es möglich ist, die komplexen geometrischen Verhältnisse von Verzahnungen aller Art (gerad- und schrägverzahnte Zylinderräder, bogenverzahnte Kegelräder und Sonderverzahnungen) zu erfassen und gezielt zu beeinflussen. Diese Software umfaßt die Herstellungssimulation, die Ermittlung der Kontaktverhältnisse, die Pressungsverteilungen sowie eine Optimierung der Maschineneinstelldaten für die Vor- und Feinbearbeitung. Jeder dieser Berechnungsmodule arbeitet mit einer Schnittstelle zum Verzahnungsmeßgerät. Zum einen werden dabei die Solldaten für die Messung generiert, zum anderen werden Meßwerte zurückgemeldet und für die Optimierung der Maschineneinstelldaten verwendet. Die nachfolgenden Abschnitte beschreiben detailliert die Kopplung zwischen Meßgerät bzw. meßgerätenahem Rechner und der oben genannten Software.

4.4.1 Verfahren zur Bestimmung von Verzahnungsabweichungen und deren Korrektur an bogenverzahnten Kegelrädern

Die „Programmkette Kegelradberechnung" [4.23] ermöglicht es, die Geometrie bogenverzahnter Kegelräder durch Simulation der Verzahnmaschinen führender Hersteller (Gleason, Oerlikon, und Klingelnberg, vgl. Abschnitt 1.2) vorauszuberechnen. Anhand der Maschineneinstellblätter können mit diesem Großrechnerpro-

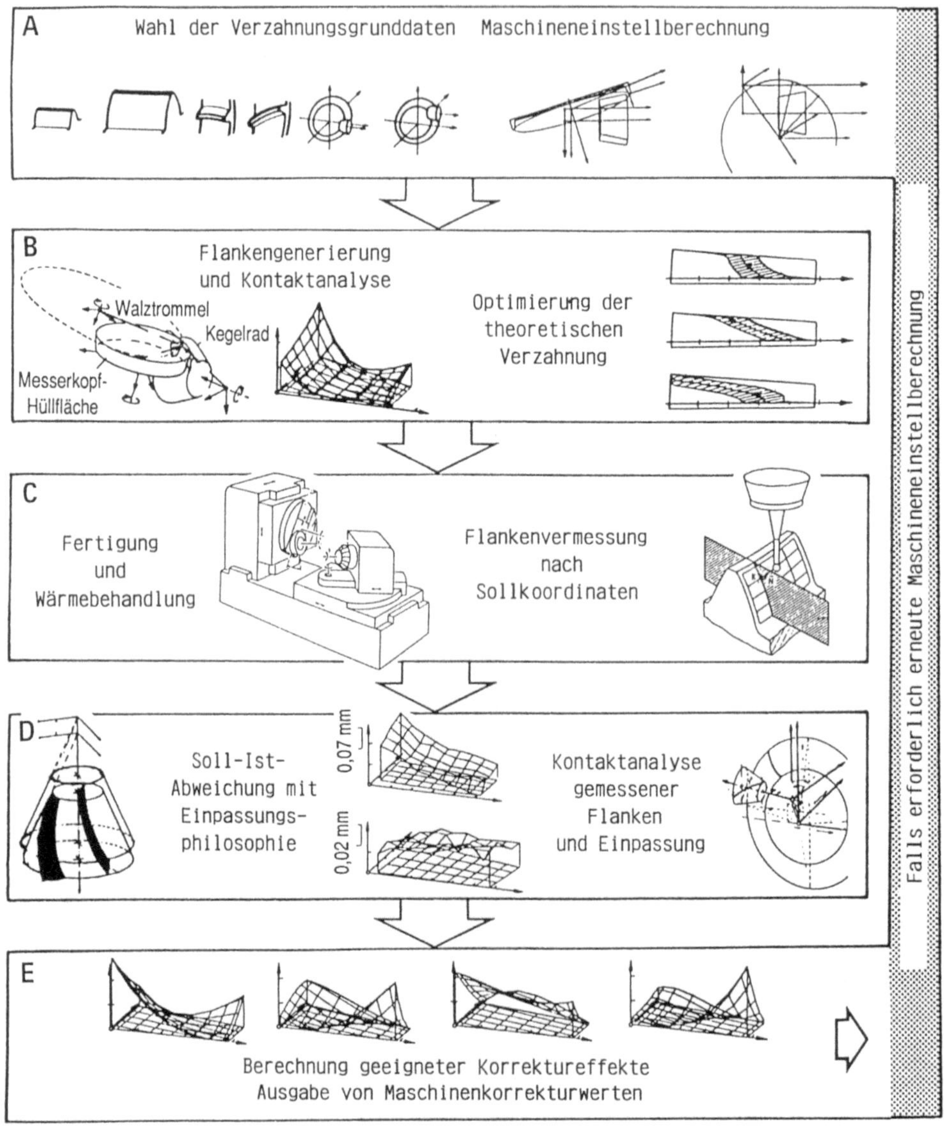

Bild 4.10. Herstellung formgenauer Verzahnungen durch 3-D-Messung und Verzahnmaschinenkorrektur-Berechnung

gramm Flankenpunkte und Flankennormalen für alle gebräuchlichen Kegelradverzahnverfahren generiert werden. Diese Geometriedaten können auf Koordinatenmeßgeräten dazu verwendet werden, mit einer Antaststrategie, die auf die Soll-Punkte abgestimmt ist, eine Kegelradflanke optimal zu erfassen (Bild 4.10, B und C).

Ein anschließender Soll-Ist-Vergleich liefert eine Topographie, in der die Summe aller Einzelabweichungen aus Fertigung und Wärmebehandlung aufgetragen ist. Eine Besteinpassung (vgl. Abschnitt 4.3.1), die eine Minimierung der Abweichungen durch Optimierung der Werkstückachsenlage erreicht, ist für ein Einzelrad durch Verschiebung in Richtung der Rotationsachse, für eine Paarung durch gleichzeitige axiale Verschiebung von Rad und Ritzel in eine günstige Lage (Bild 4.10, D) möglich.

Eine Glättung und analytische Beschreibung der verbleibenden Flankenformabweichungen kann als Grundlage für eine Maschinenkorrekturberechnung dienen. Einem Polynom zweiter Ordnung werden hierzu die wichtigsten Elemente entnommen, aus denen dann eine korrigierte Verzahnmaschineneinstellung ermittelt werden kann (Bild 4.10, E).

Da es sich beim Kegelradverzahnen in den meisten Fällen um ein Zweiflankenschnitt-Verfahren handelt, muß mit einer einzigen Maschineneinstellung ein Kompromiß zwischen einer optimalen konvexen und einer konkaven Flanke gesucht werden. Mit den Ergebnissen dieser Berechnungen können die Schritte A bis D (Bild 4.10) erneut durchlaufen werden. Die verbleibenden Soll-Ist-Abweichungen entscheiden schließlich darüber, wann dieser Kreislauf abgebrochen werden kann. Dies ist oft schon nach einem Wiederholungsschritt der Fall.

Die Flanken von Rad und Ritzel werden, um glatte Kurven zu erreichen, nach einer Interpolation der Stützpunkte rechnerintern durchgewälzt. Dieser Vorgang entspricht einer Laufprüfung dieses Radsatzes im Rechner. Die rechnerische Zahnkontaktanalyse liefert bereits sehr wichtige Auskünfte darüber, ob die gefundene Verzahnmaschineneinstellung für eine exakt eingestellte und fehlerfrei arbeitende Maschine eine Weichverzahnung liefert, die den Wünschen und Vorgaben der Auslegungsberechnung gerecht wird. In der Regel werden in dieser Phase noch Veränderungen der Tragbildlage, -größe und -form vorgenommen.

Analoge Programme existieren ebenfalls für die Auslegung und die Überprüfung der Herstellbarkeit von Zylinderrädern. Dabei werden Zahnkontaktanalysen mit realen korrigierten Zahnflankenprofilen durchgeführt und Pressungsverteilungen berechnet, die dann zur Optimierung der Tragbildlage genutzt werden können.

4.4.1.1 Fertigung und Wärmebehandlung

Eine empfindliche und in ihren Folgen schlecht kompensierbare Schwachstelle ist die manuelle Einstellung der Kegelradverzahnmaschine.

Mit Ausnahme der heute bereits auf dem Markt befindlichen numerisch teilenden und wälzenden Maschinen müssen die Maschinenachsen von Hand eingestellt werden. Die Verwendung von Skalen mit Nonien führt häufig zu Ablesefehlern. Weitere Ungenauigkeiten resultieren im Verlauf der Fertigung aus den Abweichungen, Toleranzen, Deformationen und dem thermischen und dynamischen Verhalten der Verzahnmaschinen.

Der Blick in den Arbeitsraum einer herkömmlichen Verzahnmaschine (Bild 4.11) verdeutlicht die Problematik der manuellen Einstellung von Maschine und Messerkopf durch die räumlich komplizierte Anordnung der Funktionsgruppen.

In der Regel werden die Zahnräder im Anschluß an das Verzahnen aufgekohlt und gehärtet. Um eine Planlaufabweichung, die beim Tellerrad zwangsläufig folgt, zu vermindern, werden die Zahnräder (wie in Bild 4.12 gezeigt) in einer Matrize unter der Härtepresse abgeschreckt. Dabei ergibt sich in den meisten Fällen ein Verzug auf

Bild 4.11. Blick in den Arbeitsraum einer Kegelradverzahnmaschine (nach: Oerlikon)

Bild 4.12. Härtepresse für Kegelräder (nach: Oerlikon)

den Zahnflanken, der aus systematischen aber auch aus stochastisch auftretenden Einflüssen resultiert. Ähnliche Flankengeometrien (Modul, Zahnbreite, Spiralwinkel, Zahnlängskrümmung) erfahren dabei stets auch ähnliche Härteverzüge, die die bisher übliche „Vorhaltung" des vermuteten Härteverzugs rechtfertigen. Stochastische Einflüsse, hervorgerufen durch Chargenschwankungen, können zusätzlich erhebliche Abweichungen verursachen.

Sie können weder im Rechner noch im Härteprozeß vorhergesehen und daher nicht korrigiert werden. Hier kann nur über eine Erweiterung bzw. Umstrukturierung des Herstellprozesses, d.h. über eine Hartfeinbearbeitung eine Verbesserung der Kegelradgeometrien erreicht werden.

4.4.1.2 Flankenmessung nach Sollkoordinaten

Die Sollkoordinaten zur 3-D-Messung werden über einem Gitter festgelegt, das mit seinen äußeren Begrenzungen genau an die Zahnberandung angepaßt ist. Damit die Tastkugel genügend Abstand zu den Begrenzungskanten von Kopf, Ferse und Zehe besitzt, wird das Gitter etwa in der Größe des Tastkugelradius eingerückt. Die Fotografie einer Ritzelmessung zeigt Bild 4.13.

Ein Problem in der Umgebung der Meßzone ist die Kollisionsgefahr von Tasterkugel und -schaft mit der Gegenflanke sowie die Kollision des Tasterschaftes mit der zu messenden Flanke. Die Kollision der Tasterkugel mit der Gegenflanke kann bereits mit der „Programmkette Kegelradberechnung" während der Flankengenerie-

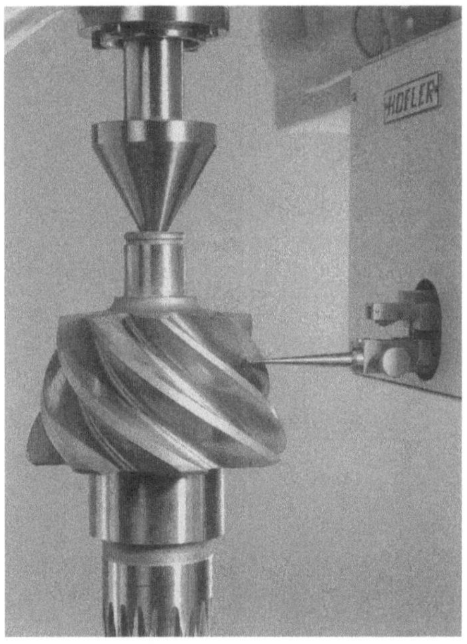

Bild 4.13. Messung eines Kegelritzels auf einem Koordinatenmeßgerät (nach: Höfler)

rung erkannt und durch die Vorgabe eines maximal zulässigen Tasterradius vermieden werden.

Die Schaftkollision tritt häufig bei der Messung von Kegelritzeln auf.
Sie wird zum Teil von der Grundsoftware der Meßmaschine und von den speziellen Kegelradmeßprogrammen erkannt, ist aber heute noch nicht vollständig auszuschließen.

Ein weiteres Problem ist der Unterschied zwischen Tasterabdrängrichtung und Richtung der Flankennormale. Ein häufig verbreitetes Meßmaschinenkonzept besteht aus einem Maschinenbett mit Rundtisch und dem Portal mit der Horizontal-Meßachse. Die Abdrängung des Tasters in horizontaler Richtung kann durch Verfahren des Portals und des horizontalen Schlittens mit den beiden horizontalen Normalenkomponenten eines jeden Flankenpunktes in Deckung gebracht werden. Kegelritzel mit großen Spiralwinkeln und den damit verbundenen großen z-Komponenten der Normalen liefern große Unterschiede zwischen Normalenrichtung und Tasterabdrängrichtung. Die Folge ist eine große Deformation des Tasterschaftes, was bei Bogenverzahnungen zu unterschiedlich großen Meßfehlern zwischen Zehe und Ferse führt. Dieser systematische Meßfehler täuscht einen nicht vorhandenen Spiralwinkelfehler vor. Er kann jedoch bei bekannter Tastschaftgeometrie durch Berechnung der Schaftdeformation für jeden angetasteten Punkt fast vollständig kompensiert werden.

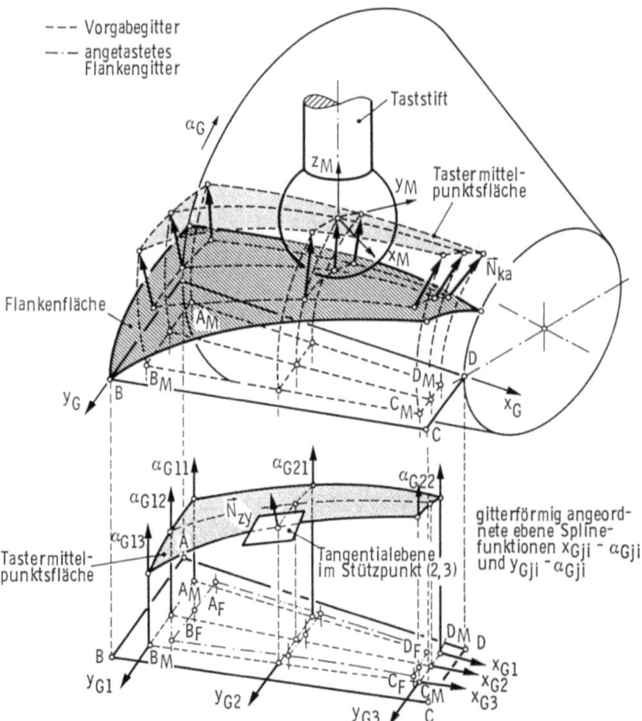

Bild 4.14. Bestimmen der zur Tastermittelpunktsfläche äquidistanten Flankenfläche (nach [4.21])

Aufgrund des Tastkugeldurchmessers (meist zwischen einem und zwei Millimetern) besteht ein Unterschied zwischen dem angetasteten Flankenpunkt und dem Mittelpunkt der Tastkugel (vgl. Abschnitt 4.3). Da für die Steuerung der Meßmaschine der Tastkugelmittelpunkt relevant ist, werden für das Netz der Sollkoordinaten äquidistante Punkte errechnet, die in ihrer Gesamtheit eine äquidistante Flanke mit zu den Sollpunkten unveränderten Normalenrichtungen beschreiben. Bild 4.14 erläutert die Verhältnisse zwischen Flankenoberfläche und Tastermittelpunktfläche.

Die Tastkugel nähert sich dem Sollpunkt in Richtung der Flächennormalen. Abweichungen der wirklichen Flanke von der theoretisch idealen Flanke führen zu einer vorzeitigen oder verspäteten Berührung der Flanke. Die Ursachen dieser Abweichungen sind die Flankenformabweichungen aus fehlerhafter Fertigung und Wärmebehandlung, die Hüllschnittfacetten gewälzter Verzahnungen und die Oberflächenrauheit der Flanke. Oberflächenrauheit und Hüllschnitte müssen durch Glättung der Meßwerte eliminiert werden; die Flankenformabweichungen treten dann in einer Größenordnung auf (ca. 0,05 mm bei Modul 4 mm), die die Annahme gestattet, Soll- und Istnormale seien identisch.

Zur Flankenmessung werden meistens vier um ca. 90° versetzte Flanken erfaßt und ein Mittelwert gebildet. Die so entstandenen Soll-Ist-Abweichungen sind in radialer Richtung (entlang eines Kreisbogens um die Drehachse) gespeichert. Zusammen mit den Daten aus dem Einmeßvorgang (vgl. Abschnitt 4.3.1) wird dann der „best-fit" durchgeführt. Die daraus resultierenden Daten können anschließend für eine gegebenenfalls nachfolgende Korrekturberechnung aufbereitet werden.

4.4.1.3 Einpassung und Analyse gemessener Flanken

Im Gegensatz zum Problem der zentrischen Aufspannung steht die Erfassung der axialen Lage der Kegelradflanken in Relation zum rückwärtigen Anlagebund. Dem-

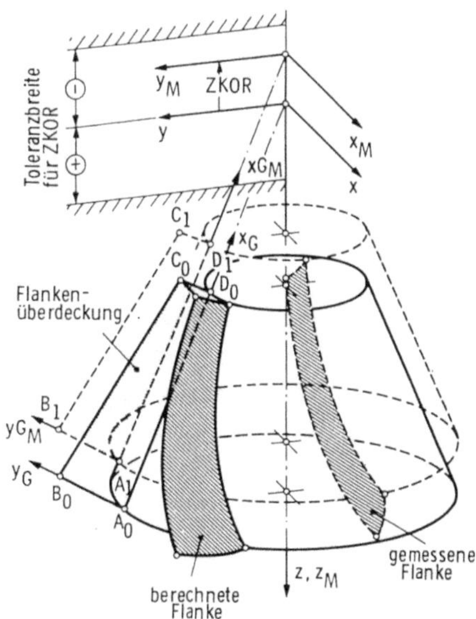

Bild 4.15. Bestimmung der optimalen axialen Lage der gemessenen Flanke

zufolge konzentriert sich die Flankeneinpassung ausschließlich auf den axialen Freiheitsgrad mit dem Einpassungsmaß ZKOR (Bild 4.15).

Die Besteinpassung der Einzelflanken wird anhand von drei verschiedenen Kriterien durchgeführt:

- Bestimmung von ZKOR für ein minimales Differenzvolumen zwischen gemessener und berechneter Flanke,
- Bestimmung von ZKOR für die beste Übereinstimmung der Richtungsableitung in Profilrichtung (Meanpoint),
- Bestimmung von ZKOR für die beste Übereinstimmung der Richtungsableitungen in Flankenlinienrichtung (Meanpoint).

Normalerweise ist heute eine visuelle Beurteilung der verbliebenen Soll-Ist-Abweichungen noch erforderlich, um zu entscheiden, welche der drei Einpaßmethoden schließlich angewendet werden soll.

Die oben besprochene Flankeneinpassung bezieht sich lediglich auf die Einzelflanke. Will man das Zusammenspiel der beiden Flanken als Optimierungskriterium heranziehen, so bieten sich zwei prinzipiell verschiedene Wege an:

- Splineinterpolation und Kontaktanalyse der gemessenen Flanken,
- Überlagerung der theoretischen, idealen Flanken mit den geglätteten Soll-Ist-Abweichungen und Kontaktanalyse.

Der erste Weg schließt wegen der unerläßlichen Splineinterpolation eine Entzerrung des nicht-orthogonalen Gitters ein. Dazu muß man wie in Bild 4.16 gezeigt vorgehen. Das trapezförmige Viereckgitter (links in Bild 4.16) wird mittels einer Formfunktion in ein orthogonales Gitter überführt. Die Splineinterpolation findet im Bildbereich statt. Da der Bildbereich über den korrespondierenden Gitterpunkten die gleichen Ordinatenwerte besitzt, müssen relevante Zwischengitterpunkte lediglich mittels der Formfunktion im interpolierten Bildbereich abgebildet werden, um die Ordinatenpunkte zu erhalten.

Bild 4.17. zeigt in der Mitte, neben der Kontaktanalyse der berechneten Flanken, eine Zahnkontaktanalyse gemessener und interpolierter Flanken. Die numerischen Instabilitäten im Ease-Off und im Tragbild sind zum Teil auf Oberflächenrauheiten, aber auch auf die fehlenden Normalen bei der Interpolation zurückzuführen. Ein eleganterer Weg der Meßwertanalyse basiert auf der Approximation der Soll-Ist-Abweichungen durch ein Regressionspolynom dritter Ordnung.

Dieses Verfahren liefert neben einer Glättung der Differenzflächen die Möglichkeit, die Splinefunktionen (die ebenfalls dritter Ordnung sind) zu überlagern. Die entstehenden Funktionen beschreiben die Flanken im gesamten Überdeckungsbereich. Die Beschneidung aller Seiten durch die Meßgittereinrückung wird mit der Extrapolation des Regressionspolynoms ausgeglichen. Das Ergebnis der Kontaktanalyse zeigt Bild 4.17. Es entsteht ein signifikantes Bild der Auswirkungen aller Flankenformabweichungen auf das Kontaktverhalten. Ähnlich der Vorgehensweise im Laufprüfstand kann nun rechnerisch eine günstigere Axialposition von Ritzel und Rad bestimmt werden.

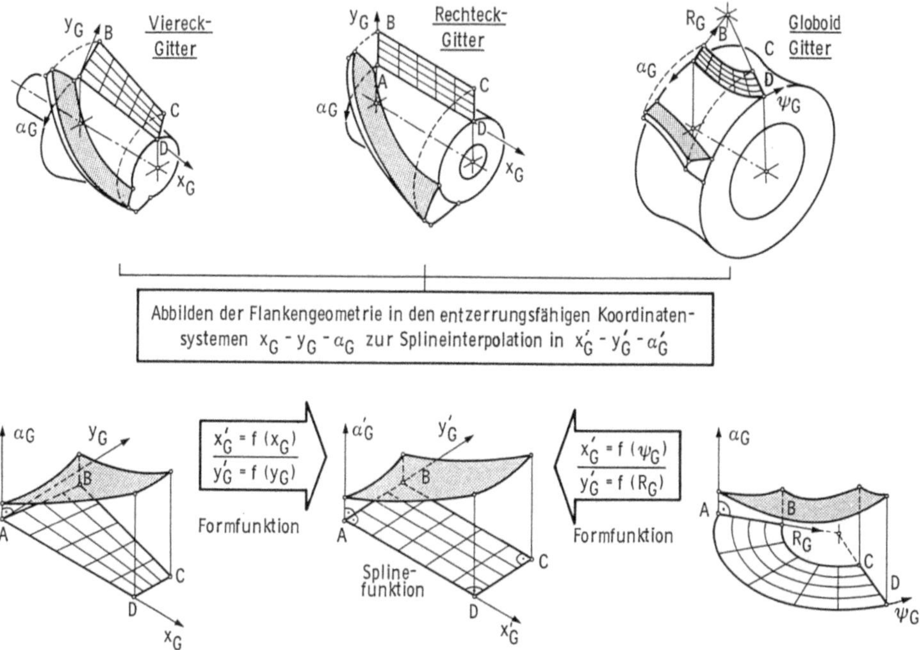

Bild 4.16. Splineinterpolation verschiedenartiger Verzahnungen in dem einheitlichen Koordinatensystem X'_G-Y'_G- α'_G (nach [4.21])

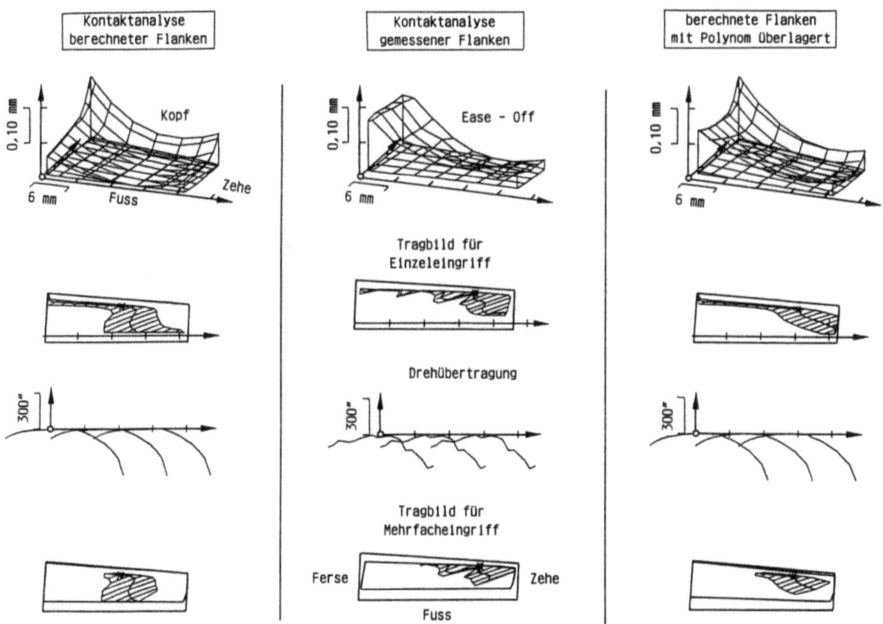

Bild 4.17. Zahnkontaktanalyse berechneter und gemessener Flanken im Vergleich

4.4.1.4 Berechnung geeigneter Korrekturen für die Verzahnmaschineneinstellung zur Kompensation der signifikanten Abweichungen

Zur Analyse gemessener Flankenformabweichungen wird die Soll-Ist-Differenztopographie mit einem unvollständigen Polynom zweiter Ordnung approximiert, dessen einzelne Funktionsglieder jeweils bestimmten Korrekturmechanismen in der Verzahnmaschine zugeordnet werden können. Bild 4.18 zeigt die verschiedenen Abweichungskomponenten, die durch Zerlegung dieses Polynoms quantifizierbar sind. Das Konstantglied entspricht einem Flankenspiel und ist daher erst in zweiter Linie von Interesse. Flankenrichtungs- und Profilwinkelfehler sind einfache lineare Funktionen, die in der Verzahnmaschine durch Verstellung der Exzentrizität bzw. durch Änderung des Messereingriffswinkels zu kompensieren sind. Längs- und Höhenballigkeit können durch den Messerkopfradius und die Messersphärik beeinflußt werden. Die Flankenverwindung in Form des Teilpolynoms z_6 ist durch eine Wälzkorrektur mit geneigter Messerkopfspindel kompensierbar. Die Größe der einzelnen Effekte kann durch Berechnung der Koeffizienten c_1 bis c_8 aus der Gleichung des Grundpolynoms bestimmt werden.

Anhand eines praktischen Beispiels wird die Vorgehensweise in Bild 4.19 erklärt. Die Soll-Ist-Abweichung ist als ungeglättete Fläche links oben abgebildet, rechts daneben die geglättete Abweichung als Polynom zweiter Ordnung. Schrittweise werden die Einzelfehler subtrahiert, bis schließlich nur noch eine konstante Ebene verbleibt. Sollen beide Flanken eines Zahnes auf diese Weise verbessert werden, so muß aufgrund der Zweiflankenschnitt-Unverträglichkeit einiger Effekte ein Kompromiß gefunden werden.

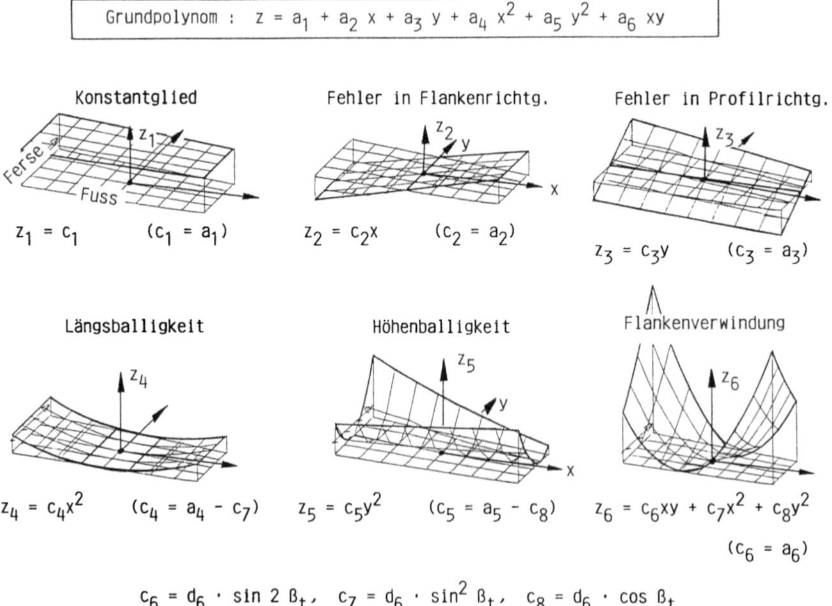

Bild 4.18. Grundelemente der Flankenformabweichungen (nach [4.23])

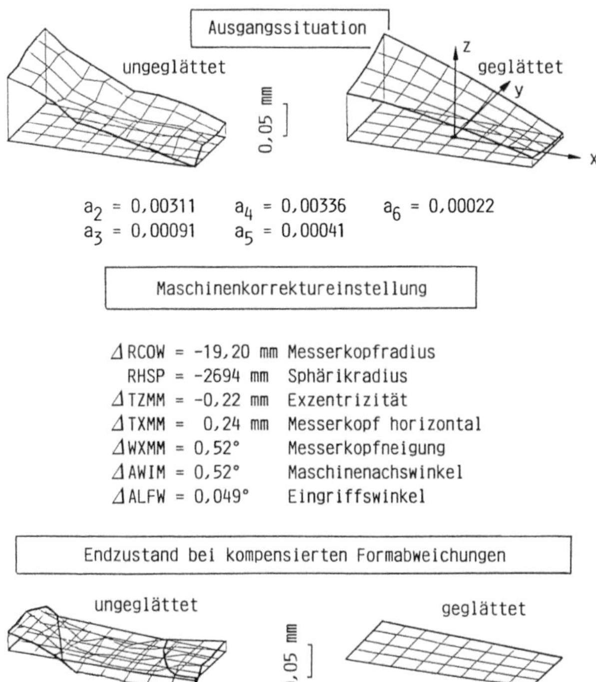

Bild 4.19. Soll-Ist-Abweichung nach Korrektur der Verzahnmaschineneinstellung (nach [4.23])

Eine Korrektur nur der Zugseite läßt die weitgehende Beseitigung aller Fehler zu. In Bild 4.19 sind unter den Korrekturwerten, die anhand der Maschineneinstellung des Beispiels errechnet wurden, die Ergebnisse des Soll-Ist-Vergleichs nach einer erneuten Flankengenerierung abgebildet. Die geglättete Abweichungsfläche (rechts unten in Bild 4.19) zeigt die vollständige Beseitigung aller Formabweichungen.

Die vorstehenden Ausführungen zeigen schlüssig, daß die moderne Kegelradfertigung in jedem Fall auf die Berücksichtigung von Meßdaten aus der Qualitätskontrolle angewiesen ist. Darüber hinaus sind zur Steuerung der Mehrkoordinaten-Meßgeräte für die Prüfaufgabe „Kegelrad" komplexe Geometrievorgaben erforderlich, die nur durch eine Herstellsimulation gewonnen werden können. Die Verzahnungsmessung ist also ein wichtiges Element in der aufgezeigten Kette zur Entwicklung einer optimalen Kegelradgeometrie.

4.4.2 Meßdatenverarbeitung bei der Optimierung von Zylinderradverzahnungen

Wie schon in Abschnitt 4.4.1 beschrieben, verläuft die Entwicklung einer Zylinderradverzahnung analog zu der bei den Kegelrädern. Die größere Komplexität bei der Zahnflankengenerierung hat dazu geführt, daß die Kegelradberechnung und -messung vorrangig wissenschaftlich untersucht wurde, um überhaupt Kegelräder befriedigender Qualität fertigen zu können. Die Zylinderräder lassen sich schon seit geraumer Zeit mit einfachen Werkzeugen (Geradflankenprofile) nahezu mit Idealevolvente fertigen.

Moderne Auslegungen von Stirnradstufen erfordern jedoch Korrekturen bzw. Modifikationen der evolventischen Zahnflanke, vgl. Abschnitt 1.4. Dies führt mehr und mehr zu einer Fertigungsfolge (Rechnen - Fertigen - Messen - Optimieren), die wirtschaftlich nur durch eine Datenkopplung zwischen Auslegungs- und Optimierungsprogramm sowie der Meß-Software realisiert werden kann. Damit verlangt die Zylinderradentwicklung vom Prinzip her die gleiche Vorgehensweise wie sie im letzten Abschnitt für die Kegelradentwicklung beschrieben wurde. Aus diesem Grunde wird hier die Meßdatenverarbeitung bei Zylinderrädern nicht näher betrachtet, sondern auf Abschnitt 4.4.1 zurückverwiesen.

4.4.3 Meßdatenverarbeitung bei der Feinbearbeitung von Sonderverzahnungen

Neben den Stirn- und Kegelradverzahnungen gewinnen die Sonderverzahnungen immer mehr an Bedeutung. Hier sind besonders die Zylinderschnecken, die Verdichterrotoren sowie die Schraubenpumpenspindeln zu nennen, die durch NC-gesteuerte Feinbearbeitung und verbesserte meßtechnische Prüfung jetzt mit hoher Genauigkeit wirtschaftlich gefertigt werden können.

Als Prüfgrößen werden bei den genannten Sonderverzahnungen zur Bestimmung der Einzelabweichungen Flankenform, Flankenwinkel, Axialteilung, Steigungshöhe, Lückenweite, Zahnhöhe sowie Verzahnungsrundlauf herangezogen. Die Sammelabweichungsprüfung erfolgt analog zu den Stirnradverzahnungen mittels Ein- oder Zweiflanken-Wälzprüfung. In der Praxis wird bei Sonderverzahnungen zuerst die Profilform und die Steigungshöhe der Zähne geprüft, da Abweichungen von deren Sollwerten sowohl die Zahnteilung als auch die Flankenlinie beeinflussen [4.1, 4.5].

4.4.3.1 Verfahren zur Prüfung von Zylinderschnecken und Rotoren

Zur Durchführung der Prüfaufgaben kommt in der Regel nur ein universelles Mehrkoordinatenmeßgerät in Frage, da die Messung der oft komplexen Profilgeometrien nur über spezielle Programm- bzw. Softwarevorgaben durchzuführen ist. Die generelle Vorgehensweise bei der Erfassung von Profilabweichungen mit Mehrkoordinatenmeßgeräten ist in Abschnitt 4.3 ausführlich erläutert.

Bestrebungen, den Meßvorgang in die Fertigungsfolge zu integrieren, um so eine hundertprozentige Kontrolle der Werkstücke zu erhalten, erfordern den Einsatz von Prüfgeräten, die der Meßaufgabe angepaßt sind und deren Verfügbarkeit in der Fertigungslinie gewährleistet ist. Diese Bedingungen werden von universellen Mehrkoordinatenmeßgeräten nicht erfüllt. In Bild 4.20 ist ein manuell bedienbares Prüfgerät dargestellt, das speziell für die Prüfung von Getriebeschnecken konzipiert ist [4.12].

Mit Hilfe des schwenkbaren sowie axial- und radial zustellbaren Meßkopfes erlaubt dieses Gerät die Ermittlung aller Einzelbestimmungsgrößen an Schnecken. Die Prüfung von Profilform und Flankenerzeugungswinkel erfolgt hierbei entlang der erzeugenden Geraden der für Zylinderschnecken genormten Profile (vgl. Bild 4.20 rechts unten). Bei korrigierten Schneckenprofilen oder bei Profilen, die keine Erzeugende beinhalten, muß punktweise angetastet werden [4.1, 4.5, 4.7, 4.25].

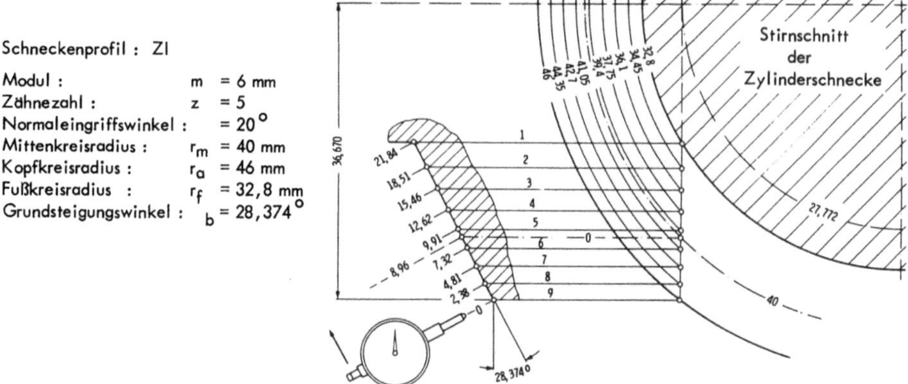

Bild 4.20. Prüfgerät zur manuellen Profilprüfung von Zylinderschnecken entlang der Erzeugenden (nach: Klingelnberg)

In Bild 4.21 ist ein 2-Achsen-CNC-gesteuertes Sonderprofil-Prüfgerät abgebildet, das aus drei Komponenten besteht:

– Profilgenerierungsrechner mit Diskettenlaufwerk und Matrixdrucker,
– Meßsteuerung mit Bedienfeld und Meßdatengraphik,
– Prüfgerät mit 2-Achsen-CNC-gesteuertem Meßkopf.

Der Profilgenerierungsrechner erzeugt aus den Achsschnittkoordinaten des Werkstückprofils den NC-Datensatz der Meßbahn. Dabei werden Meßtasterdurchmesser und Meßgerätekonstanten berücksichtigt. Im Anschluß an die Messung erfolgt die Auswertung der Prüfdaten ebenfalls über diesen Mikrorechner.

Die Meßsteuerung führt die Steuerung der digital geregelten Schrittmotoren in den zwei NC-Achsen sowie die Verwaltung des in die Steuerung integrierten Bildschirms aus. Die Steuerungs-Software ist vollständig in einer höheren Programmier-

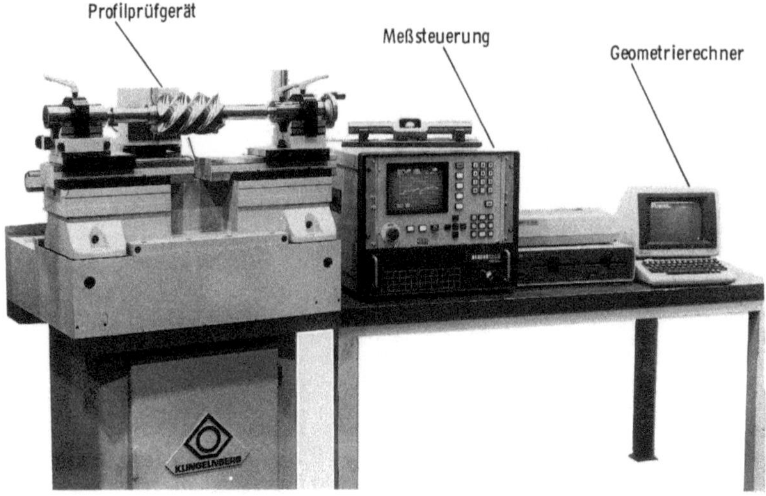

Bild 4.21. Automatisierte Meßdatenverarbeitung für Zylinderschnecken und Sonderverzahnungen – Komponenten des Meßsystems – (nach: Klingelnberg)

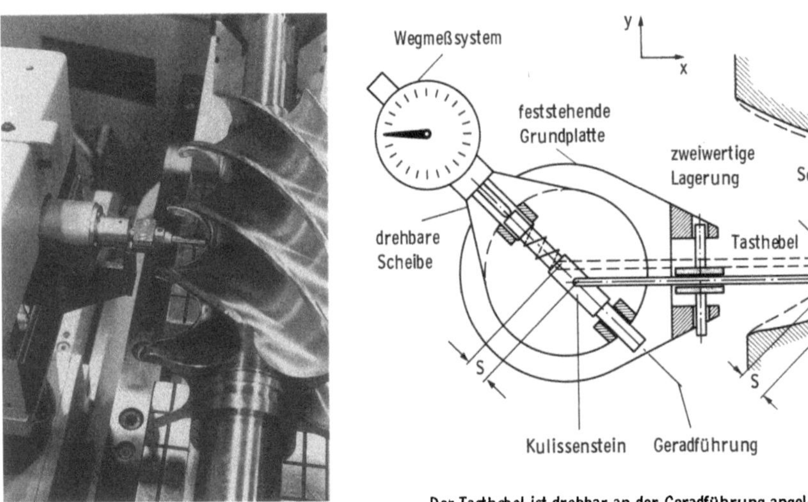

Bild 4.22. Automatisierte Meßdatenverarbeitung für Zylinderschnecken und Sonderverzahnungen – Drehkulissen-Meßtaster – (nach: Klingelnberg)

sprache erstellt und unterstützt neben der Interpretation der NC-Datensätze sowie der Meßwertaufnahme während der Fahrt eine bildschirmorientierte, menügesteuerte Bedienerführung. Zur visuellen Kontrolle der Meßergebnisse werden die aufgenommenen Abweichungen entlang der Bahn auf dem Bildschirm dargestellt (vgl. Bild 4.21).

Das Prüfgerät setzt sich zusammen aus der Werkstückaufnahme (zwei axial verschiebbare Spitzenaufnahmen) und dem Meßkopf, der über einen Kreuztisch geführt, axial und radial, also in zwei Achsen, zum Prüfling mittels Schrittmotoren positioniert werden kann.

Der Meßkopf beinhaltet ein für die Prüfung von Sonderprofilen geeignetes Tastsystem, den in Bild 4.22 dargestellten mit variierbarer Meßrichtung ausgestatteten Drehkulissen-Meßtaster [4.29]. Der Taster ist in der xy-Ebene frei beweglich gelagert. Darüber hinaus ist er mit einem Kulissenstein verbunden, der in einer Drehkulisse geführt wird. Die Winkellage der Drehkulisse läßt sich über einen weiteren Schrittmotor entsprechend der Profilnormalen einstellen. Das Zusammenwirken von Lagerungen und Drehkulisse gibt so die Bewegungsrichtung und damit die Meßrichtung eindeutig vor. Die Linearbewegung des Kulissensteins stellt dann die Meßgröße dar.

Die Prüfung erfolgt im Profilachsschnitt kontinuierlich durch eine komplette Lücke oder für beide Flanken getrennt. Der Durchmesser der Tasterschneide ist je nach den Krümmungsradien im Profilfuß und der Profilhinterschneidung zu wählen.

4.4.3.2 Profilkorrektur durch Meßdatenrückführung

Bei der Fertigung von Zahnrädern und Sonderprofilen werden hohe Anforderungen an deren Oberflächengüte und Profilformgenauigkeit gestellt. Die Automatisierung dieses Fertigungsprozesses erfordert neben der einmaligen Endkontrolle und Qualitätsbestimmung der Fertigteile eine stete Überwachung der Fertigung für jedes einzelne Werkstück. Werkzeugverschleiß und systembedingte Veränderungen im Bearbeitungsprozeß müssen rechtzeitig erkannt und in vorgegebenen Grenzen gehalten werden, um die einzuhaltenden Eingangsvoraussetzungen der Verzahnungswerkstücke für den nachfolgenden Bearbeitungsgang zu gewährleisten [4.2, 4.3, 4.16, 4.20].

Fehlt dazu die entsprechende Sensorik innerhalb der Maschine, so kann nur durch anschließende Prüfung der Werkstücke auf Veränderungen von Werkzeug- und Maschinenparameter rückgeschlossen werden, um gezielte Gegenmaßnahmen einzuleiten.

Bei der Feinbearbeitung von Sonderverzahnungen durch Profilschleifen mit Korundschleifscheiben wird die Prüfung von Profil- und Flankenlinie hauptsächlich zur Überwachung der Profilhaltigkeit der Schleifscheibe durchgeführt. Werkstückabweichungen im Profil deuten in der Regel auf Schleifscheibenverschleiß und Schleifscheibendurchmesserverkleinerungen hin, die während der Bearbeitung Veränderungen der Eingriffsverhältnisse und damit Profilabweichungen bewirken. Durch geeignete Berücksichtigung der gemessenen Werkstückabweichungen bei den nachfolgenden Abrichtoperationen an der Profilschleifscheibe kann dann schon beim nächsten Werkstück eine Verbesserung der Profilqualität erreicht werden [4.25, 4.26].

Wirtschaftlich sinnvoll ist eine solche Meßdatenrückführung jedoch nur, wenn eine Datenkopplung zwischen Meßgerät und Abrichteinheit besteht, und ein Führungsrechner die Aufgaben der Meßdatenauswertung und der Korrektur der

Abrichtbahn vornimmt. Hierfür muß sowohl beim Meßgerät als auch bei der Abrichteinheit eine CNC-Steuerung vorhanden sein.

Die genannten Voraussetzungen erfüllt das in Bild 4.23 gezeigte, für den vollautomatischen Betrieb geeignete Gesamtsystem zur Feinbearbeitung von Zylinderschnecken und Sonderprofilen. Der Führungsrechner (Tischrechner) verfügt dabei über Software zur Generierung von Abricht- und Meßbahn sowie über Module zur automatisierten Meßdatenauswertung und Profilkorrektur. Die Abrichtsteuerung steuert ein in der Profilschleifmaschine oberhalb der Schleifscheibe angebrachtes 2-Achsen-CNC-Abrichtgerät mit einer Diamantabrichtrolle. Zur Meßstation gehören Führungsrechner, Meßsteuerung und ein in zwei Achsen CNC-gesteuertes Sonderprofilprüfgerät mit Drehkulissenmeßtaster. Die Funktionsweise dieser universell einsetzbaren Meßstation wurde in Abschnitt 4.4.3.1 eingehend erläutert. Die Kopplung der Geräte erfolgt über serielle Datenleitungen.

Die Meßdatenrückführung, d.h. die Berücksichtigung der Meßwerte bei der Korrektur basiert bei diesem System auf der prinzipiellen Überlegung, daß alle systematischen Profilabweichungen auf fehlerhaftes Schleifscheibenprofil zurückgeführt werden können. Da das Schleifscheibenprofil rechnerintern durch geeignete Transformationen aus dem Verzahnungsprofil ermittelt wird [4.1, 4.18, 4.19, 4.22], ist über die Meßdatenrückführung eine Profilkorrektur der Schleifscheibe und damit bei der anschließenden Bearbeitung, eine Verbesserung der Profilgenauigkeit des Werkstücks zu bewirken.

Voraussetzung für die automatisiert ablaufende Profilprüfung und Profilkorrektur ist neben der reproduzierbaren Positionierung des Werkstücks in Bearbeitungsma-

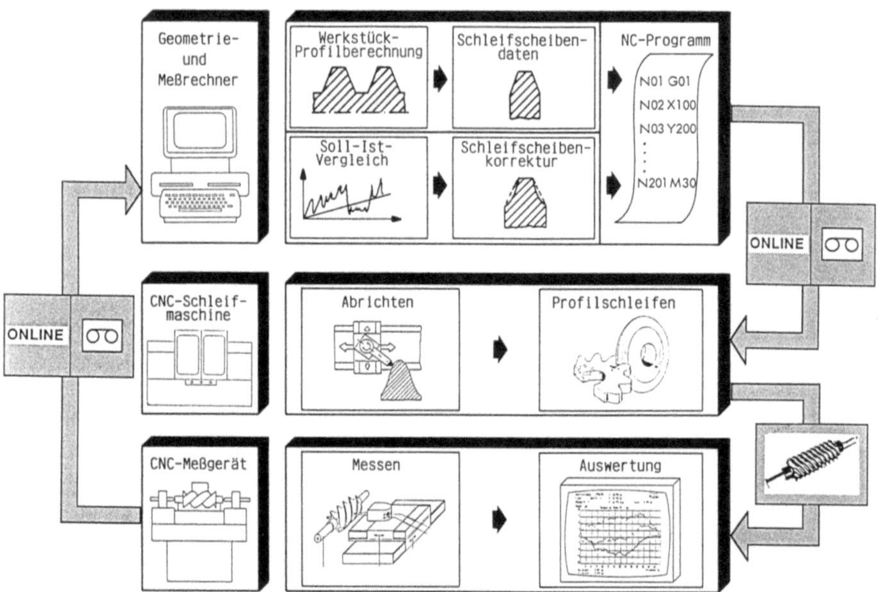

Bild 4.23. Automatisierte Feinbearbeitung von Zylinderschnecken und Sonderverzahnungen mit Meßdatenrückführung

schine und Meßgerät eine auf das Werkstückprofil abgestimmte Analyse der Meßdaten innerhalb des Auswertemoduls. Das bedeutet, daß z.B. Meßwertausreißer und gegebenenfalls gegenballig verlaufende Profilabweichungen (bei Zahnrädern und Zylinderschnecken) erkannt und mittels geeigneter Ausgleichsverfahren bewertet werden müssen, bevor Profilkorrekturen vorgenommen werden können.

Zur Profilentwicklung, d.h. zur Umstellung auf ein neues Werkstückprofil zeigt das in Bild 4.23 skizzierte Feinbearbeitungssystem für Sonderprofile die Möglichkeit zur manuellen Beeinflussung der Korrekturdaten auf. Sie ist notwendig, da die Profilgenerierung eine theoretische Werkzeugkontur ermittelt und dabei die werkstückbezogenen, schwer algorithmierbaren Einflüsse von:

- Dynamik der Bearbeitungsmaschine,
- Elastizität der Schleifscheibe,
- Schnittgeschwindigkeit und Kühlmittel

außer acht läßt. Es sind daher mehrere Werkzeugkorrekturzyklen erforderlich, bevor die gewünschte Profilgenauigkeit erreicht wird.

Die automatisierte Meßdatenverarbeitung erfolgt auf dem Führungsrechner. Menügesteuert können die Meßwerte bewertet und entsprechende Korrekturen abgeleitet werden. Zur Korrektur des Werkzeugprofils stehen dabei Funktionen wie:

- Polynom höherer Ordnung,
- Polygonzug,
- Kreissegment und
- Einzelpunktverlagerung

zur Verfügung. Interaktiv, über Menü angewählt, ist durch Selektion bestimmter Profilpunkte oder Profilbereiche eine Werkzeugoptimierung innerhalb kürzester Zeit möglich. Unter Einbeziehung des „Know how" in der Fertigung ist in der Regel lediglich ein weiterer Korrekturschritt nowendig.

Zur Verdeutlichung des Korrekturerfolges bei der Wahl geeigneter Korrekturfunktionen stellt Bild 4.24 die Meßschriebe vor und nach einer rechnergestützt durchgeführten Werkzeugkorrektur dar. Der Meßschrieb der ersten Messung zeigt die Abweichung eines Verdichterrotorprofils von der Sollkontur nach Profilierung der Schleifscheibe mit dem theoretischen Werkzeugprofil. Bei der nachfolgenden Korrektur wurde mit zwei kreissegmentförmigen Kurvenzügen eine Approximation des Kurvenverlaufs der ersten Messung vorgenommen. Nach Umprofilieren der Schleifscheibe und Schleifen eines weiteren Werkstücks wurde bei einer erneuten Profilprüfung der zweite Meßschrieb angefertigt. Die verbleibenden Restabweichungen lagen alle im geforderten Toleranzband. Eine weitere Verbesserung des Werkstückprofils konnte nicht mehr erreicht werden, wie die dritte Messung belegt.

Das vorgestellte Beispiel zeigt die Funktionsfähigkeit der Strategie, über eine Meßdatenrückführung eine Werkzeugkorrektur zu berechnen und mit dieser dann ein optimiertes Werkstückprofil zu erreichen. Dies ist jedoch nur dann möglich, wenn geeignete Schnittstellen zwischen Meß-Software und Auslegungssoftware für Werkstück und Werkzeug zur Verfügung stehen und die Verzahnmaschinen NC-gesteuert die Berechnungsergebnisse (NC-Datensätze) abarbeiten können.

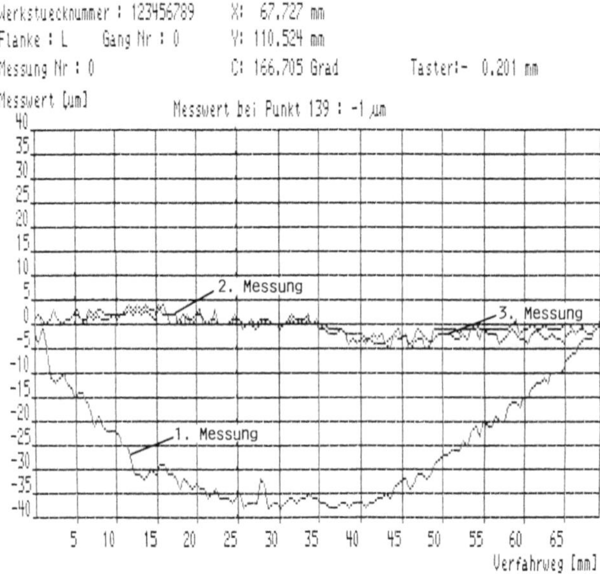

Bild 4.24. Automatisierte Meßdatenverarbeitung für Zylinderschnecken und Sonderverzahnungen – Meßwertdarstellung auf dem Steuerungsbildschirm;

4.5 Ausblick

Der Einsatz der NC-Technik bei der Verzahnungsherstellung ermöglicht es, genauere bzw. anforderungsorientiertere Werkstücke zu erzeugen. Dies kann jedoch nur im Zusammenspiel mit einer Werkstückmeßtechnik erfolgen, die ebenfalls numerisch gesteuerte Mehrkoordinaten-Meßgeräte, d. h. flexibel einsetzbare Meßmittel nutzt. Die enorme Flexibilität dieser Meßgeräte ergibt sich aus der Vorgabe der Prüfaufgabe per Software. Die Umrüstung von einer Prüfaufgabe auf die andere erfolgt in der Regel durch Austausch der entsprechenden Softwaremodule.

Bei der Prüfung anforderungsorientierter Werkstücke, d.h. bei Verzahnungen mit dreidimensionalen Korrekturen, treten die herkömmlichen Prüfaufgaben an Verzahnungswerkstücken (Form- und Winkelabweichung von Profil und Flankenlinie) mehr und mehr hinter die Aufnahme der Zahnflankentopographie zurück. Diese liefert in höherem Maße die Grundlage zur Begutachtung der Verzahnungsqualität und darüber hinaus die Möglichkeit, die Auswirkungen der Maschineneinstellungen beim Fertigungsprozeß zu analysieren. Auf diese Weise können gegebenenfalls Korrekturbeträge für einzelne Maschinenachsen ermittelt werden.

Deutlich erkennbar ist bei diesem Zusammenspiel von Fertigung und Qualitätskontrolle, daß on-line-Verbindungen zwischen den beteiligten Arbeitsbereichen erforderlich sind. Der Herstellprozeß und der Prüfvorgang müssen von einem zentralen Führungsrechner gesteuert werden. Meßdaten bilden dabei die Basis zur Überprüfung des Fertigungsprozesses, der seinerseits wieder zu erneuten Meßdaten und damit zur wiederholten Prozeßanalyse führt.

Zur Zeit mangelt es an der erforderlichen Software. Die aufgezeigten Teilbereiche der Meßdatenerfassung und ihrer Verarbeitung stellen erste nutzbare Schritte bei der Softwareentwicklung zur Steuerung von NC-Maschinen für die Fertigung und Messung sowie zur Analyse der Meßdaten und zur Korrektur des Fertigungsprozesses dar. Das Hauptaufgabengebiet bei der Optimierung der Geometrieherstellung an Verzahnungswerkstücken ist in der Entwicklung weiterführender Software zu sehen.

5 Zusammenfassung

Der vorliegende Band „Verzahnungen moderner Leistungsgetriebe" befaßt sich mit den Möglichkeiten der Beurteilung und Beeinflussung von charakteristischen Getriebe- und Verzahnungseigenschaften, die über die bekannten Standardmethoden hinausgehen.

Neben der sicheren Dimensionierung von Zahnrädern mit Hilfe von höherwertigen Rechenverfahren wird auch auf Aspekte des Laufverhaltens eingegangen. So wird gezeigt, daß durch gezielt ausgelegte Zahnflanken-Korrekturen das Lauf- und Beanspruchungsverhalten erheblich verbessert und die Getriebe-Geräuschemission wirksam reduziert werden kann.

Die experimentell ermittelten Zahnfuß- und Zahnflankentragfähigkeitswerte erlauben eine Beurteilung des Einflusses von Fertigungs- und Wärmebehandlungsparametern sowie von verschiedenen Werkstoffen und Wärmebehandlungsverfahren. Zur Prüfung der Fertigungsqualität von Zahnrädern mit komplexen Verzahnungsgeometrien und -korrekturen sind angepaßte Prüfmethoden, wie z.B. die Koordinatenmeßtechnik, erforderlich. Die anschließende Analyse der geometrischen Abweichungen und die Rückführung der Informationen in den Herstellprozeß ermöglichen die Korrektur der Maschineneinstellung und somit auch in der Serie die Fertigung qualitativ hochwertiger Produkte.

Die Aussagen dieses Buches sind das Ergebnis der Zahnrad- und Getriebeforschung, die in Zusammenarbeit mit der antriebstechnischen Industrie durchgeführt wird und deshalb unmittelbar an der Praxis orientiert ist. Die vorliegenden Ausführungen wenden sich an den Getriebekonstrukteur und Studierende mit dem Ziel, einen anschaulichen Überblick über den aktuellen technischen Stand moderner Leistungsgetriebe sowie über Hilfsmittel zur anforderungsgerechten Verzahnungsauslegung zu geben.

Die beschriebenen Berechnungswerkzeuge, Meßmethoden und Herstellverfahren werden am WZL in laufenden Forschungsarbeiten weiterentwickelt. Dabei muß für eine optimale Getriebegestaltung das Gesamtsystem, bestehend aus Antriebsmotor, Getriebegehäuse, Wellen und Wellenlagerungen, Zahnrädern, Kupplungen und der anzutreibenden Arbeitsmaschine, stärker in den Blickpunkt rücken.

6 Literatur

6.1 Literatur zu Kapitel 1

1.1 Baxter, M.L.: Second Order Surface Generation. The Journ. of the Industr. Mathem. Soc., Vol. 23, 1973, p. 85–106

1.2 Booth, A.D.: An Application of the Method of steepest Descents to the Solution of Systems of non-linear simultaneous Equations. Quart. J. Mech. Appl. Math. 2 (1949), p. 460–468

1.3 Fresen, G.: Untersuchungen über die Tragfähigkeit von Hypoid- und Kegelradgetrieben. Dissertation TU München, 1981

1.4 Gallagher, K.H.: Finite-Element-Analysis. Berlin, Heidelberg, New York: Springer, 1976

1.5 Gleason-Works: Gear Cutting Notes. Bearbeitet von Pappelbaum, H., Gleason Stuttgart, 1974

1.6 Hase, R.: Rücknahme der Kopfkanten von Zahnrädern durch Nachverzahnen mit normalem Werkzeug. wt - werkstattstechnik 62 (1972), S. 221f.

1.7 Hertz, H.: Über die Berührung fester elastischer Körper. Gesammelte Werke, Band I, Leipzig, Hrsg. Ph. Lenard, 1895

1.8 Meier, I.: Kopfflankenrücknahme und Kopfkantenbruch bei Zahnrädern. Werkstatt und Betrieb 104 (1971) 4, S. 257–259

1.9 Mente, H. P.: Zahnflankenlängsballigkeit zum Ausgleich von Zahnflanken- und Einbaufehlern in Stirnrädern. VDI-Z 104 (1962) 6, S. 269–270

1.10 Neupert, B.: Berechnung der Zahnkräfte, Pressungen und Spannungen von Stirn- und Kegelradgetrieben. Dissertation TH Aachen, 1983

1.11 Pfauter-Werkzeugmaschinenfabrik: ‚Pfauter-Wälzfräsen, Teil 1. Berlin, Heidelberg, New York: Springer, 1976

1.12 Saljé, H.: Optimierung des Laufverhaltens evolventischer Zylinderrad-Leistungsgetriebe. Dissertation TH Aachen, 1987

1.13 Schmidt, G.; Pinnekamp, W.; Wunder, A.: Optimum Tooth Profil Correction of Helical Gears. ASME Paper 80–C2/DET-110, ASME. New York, 1980

1.14 Schriefer, H.: Verzahnungsgeometrie und Laufverhalten bogenverzahnter Kegelradgetriebe. Dissertation TH Aachen, 1983

1.15 Stadtfeld, H.J.: Anforderungsgerechte Auslegung bogenverzahnter Kegelradgetriebe. Dissertation TH Aachen, 1987

1.16 Tesch, F.: Der fehlerhafte Zahneingriff und seine Auswirkungen auf die Geräuschabstrahlung. Dissertation TH Aachen, 1969

1.17 Weck, M.; Mauer, G.: Auslegung dreidimensionaler Zahnflankenkorrekturen für Leistungsgetriebe. VDI-Z 130 (1988) 6, S. 97–101

1.18 Weck, M.; Reuter, W.: Simulation von Zahnflankenkorrekturschleifverfahren zur Feinbearbeitung gerad- und schrägverzahnter Zylinderräder. „Zahnrad- und Getriebeuntersuchungen" 28.Arbeitstagung, WZL Aachen, 1987

1.19 Zienkewitz, O. C.: The Finite Element Method in Engineering Science. London: Mc Graw Hill, 1971

1.20 DIN 3961-63: Toleranzen für Stirnradverzahnungen. Berlin, Köln: Beuth, 1978

1.21 DIN 3990: Tragfähigkeitsberechnung von Stirnrädern. Berlin, Köln: Beuth, 1978

1.22 DIN 3991: Tragfähigkeitsberechnung von Kegelrädern ohne Achsversetzung. Berlin, Köln: Beuth, Entwurf 1986

6.2 Literatur zu Kapitel 2

2.1 Bartsch, G.: Kaltprofilgewalzte Zylinderräder für Leistungsgetriebe Untersuchungen zur Technologie und zum Bauteilverhalten. Dissertation TH Aachen, 1986

2.2 Bergel, K.; Leidel, B.: Vergleichende Untersuchungen von verschieden nitrierten Werkzeugstählen und Standmengenvergleich von Gesenken aus Warmarbeitsstählen. HTM 35 (1980), 1, S. 1–16

2.3   Bierwirth, G.: Die röntgenographische Bestimmung des Restaustenits in einsatzgehärteten Stählen. Materialprüfung 6, S. 2–7

2.4   Blackburn, J. H.; Galvin, G. D.; Kara, W. H.; Koper, G. W.; Wirtz, H.: Der Einfluß des Schmierstoffes auf die Graufleckigkeit von Zahnflanken. Schmiertechnik und Tribologie 27 (1980) 2, S. 40–45

2.5   Börnecke, V.: Beanspruchungsgerechte Wärmebehandlung von einsatzgehärteten Zylinderrädern. Dissertation TH Aachen, 1976

2.6   Brugger, H.: Schlagbiegeversuch zur Beurteilung einsatzgehärteter Stähle. Schweizer Archiv für angewandte Wissenschaft und Technik 36 (1970) 7, S. 113–123

2.7   Brugger, H.: Werkstoff- und Wärmebehandlungseinflüsse auf die Zahnfußtragfähigkeit. VDI-Berichte Nr. 195 (1973), S. 135–144

2.8   Chatterjee-Fischer, R.: Überblick über das Nitrieren und Nitrocarburieren. HTM 38 (1983) 1, S. 35–40

2.9   Edenhofer, B.: Ionitrieren von Stählen und ähnlichen Werkstoffen zur Steigerung der Verschleißfestigkeit. Ind. Anz. 95 (1973) 79, S. 1815–1817

2.10 Föppl, L.: Der Spannungszustand und die Anstrengung des Werkstoffes bei der Berührung zweier Körper. Forsch. Ing. Wes. 7 (1936)

2.11 Gohritz, A.; Leube, H.; Schlötermann, K.: Ermüdung und Verschleiß von Zahnflanken. VDI-Z 126 (1984) 12, S. 451–454

2.12 Hanke, M.: Das Reaktionssystem beim Gasnitrieren von Eisenwerkstoffen. HTM 36 (1981) 6, S. 301–305

2.13 Hauk, V.; Macherauch, E.: Eigenspannungen und Lastspannungen– mod. Ermittlung – Ergebnisse – Bewertung. München, Wien: Carl Hanser, 1984

2.14 Hauk, V.; Macherauch, E.: Die zweckmäßige Durchführung röntgenographischer Spannungsermittlung. HTM-Beiheft 198 Eigenspannungen und Lastspannungen, S. 1–19

2.15 Hösel, Th.; Goebbelet, J.: Empfehlungen zur Vereinheitlichung von Flankentragfähigkeitsversuchen an vergüteten und gehärteten Zylinderrädern. FVA-Merkblatt Nr. 0/5 der Forschungsvereinigung Antriebstechnik, Frankfurt, 1979

2.16 Hofschneider, M.: Betriebssichere Auslegung von aufgeschrumpften Zahnrädern. Dissertation TH Aachen, 1987

2.17 Huber-Gomman, U.: Anwendungen und Erfahrungen beim Gasnitrieren. Antriebstechnik 24 (1985) 7, S. 31–40

2.18 Hutterer, K.; Kohnhauser, A.; Kaltenbrunner, W.: Vergleichende Nitrierversuche (Gasnitrieren, Pulvernitrieren, Glimmnitrieren) an hochlegierten Edelstählen. HTM 31 (1976) 3, S. 145–151

2.19 Joachim, F. J.; Winter, H.: Untersuchungen zum Ermüdungsmechanismus in der äußersten Randschicht von Wälzelementen bei Roll/Gleitbeanspruchung. FVA-Forschungsheft Nr. 194 der Forschungsvereinigung Antriebstechnik e.V., Frankfurt, 1985

2.20 Keller, K.: Vergleichsuntersuchungen an gas-, bad- und ionitrierten Maschinenteilen. Forschungsberichte NRW Nr. 2244 (1972)

2.21 Kloos, K.H.; Broszeit, E.: Grundsätzliche Betrachtungen zur Oberflächenermüdung. Z. f. Werkstofftechnik, 1976, S. 85–96

2.22 Kloos, K.H.; Velten, E.: Einfluß der Werkstoffcharge auf die Schwingfestigkeit nitrierter Proben aus 30 CrNiMo 8. HTM 38 (1983) 5, S. 224–228

2.23 Koch, M.: Das Gefügebild von Nitrierzonen im Licht- und Elektronenmikroskop. Metalloberfläche 13 (1959) 8, S. 242–245

2.24 König, W.; Weck, M.; Goebbelet, J.; Bartsch, G.: Kaltwalzen von Zylinderrädern aus dem Vollen. Ind. Anz. 104 (1982) 36, S. 29–34

2.25 König, W.; Weck, M.; Bartsch, G.: Kaltwalzen von Zahnrädern für Leistungsgetriebe – Bestimmung von Werkzeugprofil und Rohteilgeometrie –Tragfähigkeitsvergleich. Bericht zum Seminar „Neuere Entwicklungen in der Massivumformung", 1983, Forschungsgesellschaft Umformtechnik mbH (FGU), Stuttgart, S. 10/1–10/40

2.26 König, W.; Hofmann, H.-W.: Fließpressen von Werkstücken mit komplexer Geometrie. Ind. Anz. 106 (1984) 14, S. 14–17

2.27 König, W.; Weck, M.; Bartsch, G.: Werkzeugauslegung zum Kaltwalzen von Gerad-Zahnrädern. Ind. Anz. 106 (1984) 14, S. 18–23

2.28 König, W.; Weck, M.; Bartsch, G.: Herstellung und Tragfähigkeit kaltgewalzter Gerad-Zahnräder aus Vergütungsstahl. VDI-Z 127 (1985) 13, S. 481–485

2.29 König, W.; Steffens, K.; Hofmann, H.-W.: Zahnräder durch Fließpressen fertigen. Ind. Anz. 107 (1985) 26, S. 14–16

2.30 König, W.; Leube, H.; Heinze, R.: Taumelpressen von geradverzahnten Zylinderrädern. Ind. Anz. 106 (1986) 91, S. 25–30

2.31 König, W.; Weck, M.; Leube, H.; Bartsch, G.: Kaltprofilgewalzte und spanend gefertigte Zahnräder – Ein Tragfähigkeitsvergleich. Ind. Anz. 108 (1986) 91, S. 29–34

2.32 Krapfenbauer, H.: Kaltwalzen eng tolerierter Verzahnungen. Werkstatt und Betrieb 111 (1978) 10, S. 657–661

2.33 Krapfenbauer, H.: Kaltgewalzte Präzisionsverzahnungen. VDI-Berichte Nr. 332, 1979, S. 107–112

2.34 Krapfenbauer, H.: Umformen statt Zerspanen. Ind. Anz. 105 (1983) 41, S. 48–51

2.35 Krapfenbauer, H.: Neue Gesichtspunkte für die Fertigung von Stirnzahnrädern durch Kaltwalzen. Hanser Fachzeitschriften, Sept. 1984, S. 40–47

2.36 Leibensberger, R.; Brittain, T. M.: Shear Stresses Below Asperities in Hertzian Contact as measured by Photoelasticity. Jour. o. Lub. Tech., 1973

2.37 Leube, H.: Untersuchungen zur Randschichtermüdung an einsatzgehärteten Zylinderrädern, Einfluß von Werkstoff, Gefüge und Oberflächentopographie. Dissertation TH Aachen, 1986

2.38 Liedtke, D.: Überblick zum Nitrieren und Nitrocarburieren – Rationell wärmebehandeln. Ind. Anz. 107 (1985) 42, S. 22–25

2.39 Liedtke, D.: Vergleich der verschiedenen Nitrierverfahren und Kriterien für die Auswahl. HTM 28 (1973) 4, S. 384–391

2.40 Liedtke, D.: Nitrieren und Nitrocarburieren. Merkblatt 447 der Beratungsstelle für Stahlverwendung, Düsseldorf, 1983

2.41 Mittemeijer, E. J.: Die Beziehung zwischen Makro- und Mikroeigenspannungen und die mechanischen Eigenschaften randschichtgehärteter Stähle. HTM 39 (1984) 1, S. 16–28

2.42 Munz, D.: Der Einfluß von Eigenspannungen auf das Dauerschwingverhalten. HTM 22 (1967) 1, S. 52–62

2.43 Noren, T. M.; Kindbom, L.: Gefüge nitrierter Vergütungsstähle. Stahl und Eisen 78 (1958) 26, S. 1881–1891

2.44 Oster, P.; Simon, M.: Messung und Berechnung von Gleit-Wälz-Kontakten an Scheiben und Zahnrädern im Bereich der Elastohydrodynamik. Antriebstechnik 27 (1988), S. 51–56

2.45 Pitsch, W.: Elektronenmikroskopische Untersuchungen der Eisennitridausscheidungen im Ferrit. Stickstoff in Metallen. Berlin: Akademie Verlag, 1965

2.46 Plaul, U.; Grimm, W.; Chatterjee-Fischer, R.: Wärmebehandlung von Stählen in: G. Spur, Th. Stöferle, Handbuch der Fertigungstechnik, Band 42: Wärmebehandeln. München, Wien: Carl Hanser, 1987

2.47 Razim, C.: Einfluß des Randgefüges einsatzgehärteter Zahnräder auf die Neigung zur Grübchenbildung. Dissertation Stuttgart, 1967

2.48 Razim, C.: Restaustenit – zum Kenntnisstand über Ursache und Auswirkungen bei einsatzgehärteten Stählen. HTM 40 (1985) 4, S. 150–165

2.49 Rettig, H.; Bergmann, C.-J. : Untersuchungen über die unterschiedlichen Beanspruchungsverhältnisse von Stirnrädern in Lauf- und Pulsatorprüfständen. FVA-Forschungsheft Nr.159 der Forschungsvereinigung Antriebstechnik e.V., Frankfurt, 1983

2.50 Schlötermann, K.: Bestimmung der Tragfähigkeit plasmanitrierter Zahnräder. „Zahnrad- und Getriebeuntersuchungen", 23. Arbeitstagung, WZL Aachen, 1982, S. 534–551

2.51 Schlötermann, K.: Auslegung nitrierter Verzahnungen, Untersuchungen zu den Auswirkungen unterschiedlicher Nitrierparameter auf den Werkstoffzustand und die Tragfähigkeit von Zahnrädern. Dissertation TH Aachen, 1988

2.52 Schott, G.: Werkstoffermüdung, Verhalten metallischer Werkstoffe unter wechselnden mechanischen und thermischen Beanspruchungen. Leipzig: VEB Deutscher Verlag für Grundstoffindustrie, 1979

2.53 Schönnenbeck, G.: Einfluß der Schmierstoffe auf die Zahnflankenermüdung (Graufleckigkeit und Grübchenbildung) hauptsächlich im Umfangsgeschwindigkeitsbereich 1...9 m/s. Dissertation TU München, 1984

2.54 Schumann, H.: Metallographie. Leipzig: VEB Deutscher Verlag für Grundstoffindustrie, 1980

2.55 Szabo, A.; Wilhelmi, H.: Zum Mechanismus der Nitrierung von Stahloberflächen in Gleichspannungsglimmentladungen. HTM 39 (1984) 4, S. 148–151

2.56 Vossen, K.: Pulverschmieden von gerad- und schrägverzahnten Zylinderrädern – Verfahrenstechnologie und Bauteilverhalten. Dissertation TH Aachen, 1987

2.57 Weck, M.; Winter, H.; Börnecke, K.; Rösch, H.; Käser, W.: Grundlagenversuche zur Ermittlung der richtigen Härtetiefe bei Wälz- und Biegebeanspruchung. FVA-Forschungsheft Nr. 36 der Forschungsvereinigung Antriebstechnik e.V., Frankfurt, 1976

2.58 Weck, M.; König, W.; Bartsch, G.: Beeinflussung des Tragfähigkeitsverhaltens von Zahnrädern durch den Einsatz unterschiedlicher Fertigungsprozesse. Bericht zum DVM-Tag 1983, Düsseldorf

2.59 Weck, M.; König, W.; Bartsch, G.; Steffens, K.: Manufacture and Load-Bearing Capacity of Cold Rolled Gears. Proc. 3rd Intern. Conf. Rotary Metalworking Processes (RoMP III), 1984, Kyoto, Japan, S. 395–406

2.60 Weck, M.; Schlötermann, K.: Tragfähigkeitssteigerung von Zahnrädern durch Plasmanitrieren. Ind. Anz. 105 (1983) 13, S. 27–31

2.61 Weck, M.; Schlötermann, K.: Systematische Untersuchungen zur Verbesserung der Tragfähigkeit und des Verschleißverhaltens von Zahnrädern aus Eisen- und Stahlwerkstoffen durch Ionitrieren (Plasmanitrieren). Hrsg.: BMFT, Tribologie, Band 9. Berlin, Heidelberg, New York: Springer, 1985, S. 39–76

2.62 Weck, M.; Fritsch, P.: Einfluß der Oberflächenstruktur auf die Zahnflankentragfähigkeit von Zahnrädern. FVA-Forschungsheft Nr. 277 der Forschungsvereinigung Antriebstechnik e.V., Frankfurt, 1988

2.63 Weck, M.; Leube, H.; Volger, J.: Einfluß des Randkohlenstoffgehaltes auf die Tragfähigkeit einsatz-gehärteter Zylinderräder. FVA Forschungsheft Nr. 263 der Forschungsvereinigung Antriebstechnik e.V., Frankfurt, 1987
2.64 Wepner, W.: Die Bedeutung des Stickstoffs bei der Alterung von Weichstählen. Stickstoff in Metallen. Berlin: Akademie Verlag, 1965
2.65 Winter, H.; Schönnenbeck, G.: Einfluß der Schmierstoffe auf die Zahnflankenermüdung hauptsächlich im Umfangsgeschwindigkeitsbereich 1...9 m/s. FVA-Forschungsheft Nr. 152 der Forschungsvereinigung Antriebstechnik e. V., Frankfurt, 1983
2.66 Wyss, U.: Kohlenstoff- und Härteverlauf in der Einsatzhärtungsschicht verschieden legierter Einsatzstähle. HTM 43 (1988) 1, S. 27–35
2.67 DIN 3960/90 Begriffe und Bestimmungsgrößen für Stirnräder und Stirnradpaare mit Evolventenverzahnung / Tragfägigkeitsberechnung von Stirnrädern. Berlin, Köln: Beuth, 1987
2.68 DIN 3961/62 Toleranzen für Stirnradverzahnungen. Berlin, Köln: Beuth, 1978
2.69 DIN 17022 Verfahren der Wärmebehandlung, Einsatzhärten. Berlin, Köln: Beuth, Entwurf Juni 1985
2.70 DIN 17210 Einsatzstähle. Berlin, Köln: Beuth, 1986
2.71 DIN 50190 Härtetiefe wärmebehandelter Teile. Berlin, Köln: Beuth, 1978

6.3 Literatur zu Kapitel 3

3.1 Baker, S.: An Acoustic Intensity Meter. JASA, 27 (1955) 2
3.2 Bergsträßer, M.: Evolventen-Geradverzahnung mit genormtem 20° Werkzeug. Schriftreihe Antriebstechnik Bd. 16. Braunschweig: Friedr. Vieweg & Sohn, 1955
3.3 Bronstein-Semendjajew: Taschenbuch der Mathematik. Zürich, Frankfurt/Main: Harri Deutsch
3.4 Brüel & Kjaer: Unterlagen zur Schallintensitätsmeßtechnik. Firmenschrift, 1982
3.5 Bundesgesetzblatt 1: Gesetz zum Schutz vor schädlichen Umwelteinwirkungen durch Luftverunreinigungen, Geräusche, Erschütterungen und ähnliche Vorgänge. (Bundesimmissionsschutzgesetz -BImschG), Bundesgesetzblatt 1, 15. März 1974
3.6 Diekhans, N.; Theißen, J.: Breitenlasttragen in Zahneingriffen und Möglichkeiten der Beeinflussung. VDI-Berichte 524 (1984)
3.7 DIN 3960/90: Begriffe und Bestimmungsgrößen für Stirnräder und Stirnradpaare mit Evolventenverzahnung / Tragfähigkeitsberechnung von Stirnrädern. Berlin, Köln: Beuth, 1987
3.8 DIN 3961-67: Toleranzen für Stirnradverzahnungen nach DIN 867. Berlin, Köln: Beuth, 1978–1986
3.9 DIN 45 635: Geräuschmessung an Maschinen, Teil 23, Luftschallmessung, Hüllflächenverfahren. Berlin, Köln: Beuth, 1978
3.10 Eschmann, P.; Hasbagen, L.; Weigand, J.: Die Wälzlagerpraxis. München, Wien: Oldenbourg, 1978
3.11 Fraser, D.A.S.: Non Parametric Tolerance Regions. Annals of Mathematical Statistics 24 (1953), p. 44–45
3.12 Winter, H.; Hösel, Th.: Vergleich und Zusammenfassung von Zahnradberechnungen mit Hilfe von EDV-Anlagen. FVA-Forschungsheft Nr. 209 der Forschungsvereinigung Antriebstechnik e.V., Frankfurt, 1986
3.13 Winter, H.; Oster: EDV-Programm zur Ermittlung der Zahnflankenkorrekturen zum Ausgleich der lastbedingten Zahnverformungen. FVA-Forschungsheft Nr. 240 der Forschungsvereinigung Antriebstechnik e.V., Frankfurt, 1986
3.14 Grund, P.: Probleme bei der Eliminierung des Raumeinflusses bei der Geräuschemissionsmessung in industriellen Räumen. Ind. Anz. 101 (1979) 77, S. 101–102
3.15 Heckl, M.; Müller, H.A.: Taschenbuch der technischen Akustik. Berlin, Heidelberg, New York: Springer, 1975
3.16 de Jong, H.: Der Einfluß der Wälzgenauigkeit von Verzahnmaschinen auf die Fertigungsgenauigkeit und das Laufverhalten von Stirnradgetrieben. Dissertation TH Aachen, 1961
3.17 Klingenberg, G.: Zeitkontinuierliche Simulation im fertigungstechnischen Bereich. Dissertation TH Aachen, 1981
3.18 Klöcker, M.: Geräuschminderung an spanenden Werkzeugmaschinen. Dissertation TH Aachen, 1982
3.19 Klotter, K.: Technische Schwingungslehre, Band 1: einfache Schwinger. Berlin, Heidelberg, New York: Springer, 1978
3.20 Klotter, K.: Technische Schwingungslehre, Band 2: Schwinger von mehreren Freiheitsgraden. Berlin, Heidelberg, New York: Springer, 1981
3.21 Lachenmaier, S.: Auslegung von evolventischen Sonderverzahnungen für schwingungs- und geräuscharmen Lauf von Getrieben – Stand der Technik, Einflußgrößen, Auslegungskriterien. Dissertation TH Aachen, 1983
3.22 Lambert, J.M.; Badie-Cassagnet, A: La messure directe de l'intensité acoustique. CETIM Informations, (1977) 53

3.23 Laschet, A.: Entwicklung eines Verfahrens zur rechnerunterstützten Simulation von Torsionsschwingungen in Antriebssystemen. Dissertation TH Aachen, 1985

3.24 Lübcke: Geräuschforschung im Maschinenbau. VDI-Z (1956) 14, S. 791–797

3.25 Möllers, W.: Parametererregte Schwingungen in einstufigen Zylinderradgetrieben. Dissertation TH Aachen, 1982

3.26 Müller, H.W.; Langer, W.; Richter, H.P.; Storm, R.: Berechnungs- und Abschätzverfahren für Maschinengeräusche. FKM-Forschungsheft Nr. 102 des Forschungskuratoriums Maschinenbau e.V. , Frankfurt, 1983

3.27 Murphy, R.B.: Annals of Mathematical Statistics. 19 (1948), p. 581–589

3.28 Neupert, B.: Berechnung der Zahnkräfte, Pressungen und Spannungen von Stirn- und Kegelradgetrieben. Dissertation TH Aachen, 1983

3.29 Niemann, G.; Winter, H.: Maschinenelemente. Band I, II, III. Berlin, Heidelberg, New York: Springer, 1983

3.30 Sachs, L.: Angewandte Statistik. Berlin, Heidelberg, New York: Springer, 1974

3.31 Tesch, F.: Der fehlerhafte Zahneingriff und seine Auswirkungen auf die Geräuschabstrahlung. Dissertation TH Aachen, 1969

3.32 Toppe, A.: Untersuchungen über die Geräuschanregung bei Stirnrädern unter besonderer Berücksichtigung der Fertigungsgenauigkeit. Dissertation TH Aachen, 1966

3.33 VDI 2159: Emissionskennwerte technischer Schallquellen, Getriebegeräusche. Berlin, Köln: Beuth, 1985

3.34 Weck, M.; Grund, P.: Eliminierung des Raumeinflusses bei der Geräuschmessung in industriellen Räumen. Forschungsvorhaben Nr. We 550-32 der Deutschen Forschungsgemeinschaft, Bonn, 1979

3.35 Weck, M.; Lachenmaier, S.: Auslegung evolventischer Sonderverzahnungen für schwingungs- und geräuscharmen Lauf. Industrie-Anzeiger Nr. 13 (1983), S. 32–37

3.36 Weck, M.; Lachenmaier, S.: Geräuschuntersuchungen an Leistungsgetrieben. FVA-Forschungsheft Nr. 119 der Forschungsvereinigung Antriebstechnik e.V., Frankfurt, 1983

3.37 Weck, M.; Lachenmaier, S.; Rautenbach, W.: Schalleistungsbestimmung an Getrieben-Störeinflüsse durch Fremdgeräusch und Raumakustik. „Zahnrad- und Getriebeuntersuchungen", 24. Arbeitstagung, WZL Aachen, 1983

3.38 Weck, M.: Recktenwald, J.: Polymerbeton im Getriebebau. Industrie-Anzeiger Nr. 53 (1985), S. 32–35

3.39 Weck, M.; Saljé, H.: Geräuschuntersuchungen an Zylinderrad-Leistungsgetrieben. „Zahnrad- und Getriebeuntersuchungen", 26. Arbeitstagung, WZL Aachen, 1985

3.40 Weck, M.; Saljé, H.: Tragfähigkeits- und Geräuschuntersuchungen an Hochverzahnungen. FVA-Forschungsheft Nr. 252 der Forschungsvereinigung Antriebstechnik e.V., Frankfurt, 1987

3.41 Weck, M.; Saljé, H.: Verbesserung des Laufverhaltens von Leistungsgetrieben. Industrie-Anzeiger Nr. 48 (1984). S. 21–26

3.42 Weck, M.; Saljé, H.: Realisierbarkeit von Verzahnungskorrekturen beim Zahnflankenschleifen. FVA-Forschungsheft Nr. 190 der Forschungsvereinigung Antriebstechnik e.V., Frankfurt, 1985

3.43 Wiedeking, W.: Geräuschanalyse und Geräuschminderung an Einzelhub-Exzenterschneidpressen. Dissertation TH Aachen, 1983

6.4 Literatur zu Kapitel 4

4.1 Bauersfeld, W.: Ein Beitrag zur Theorie der Schneckengetriebe und zur Normung der Schnecken. VDI-Forschungsheft 427. Düsseldorf: Deutscher Ingenieurverlag

4.2 Bierlich, R.: Technologische Voraussetzungen zum Aufbau eines adapativen Regelungssystems beim Außenrundeinstechschleifen. Dissertation TH Aachen, 1976

4.3 Bosch, M.; Boecker, E.: Herstellung von Schneckengetrieben. Antriebstechnik 11 (1972) 2, S. 35–39

4.4 DIN 3960: Begriffe und Bestimmungsgrößen für Stirnräder (Zylinderräder) und Stirnradpaare (Zylinderradpaare) mit Evolventenverzahnung. Berlin, Köln: Beuth, 1987

4.5 DIN 3975: Begriffe und Bestimmungsgrößen für Zylinderschneckengetriebe mit Achswinkel 90°. Berlin, Köln: Beuth, 1976

4.6 Faulstich, H. I.: Zusammenhänge zwischen Einzelfehlern, kinematischem Einflankenwälzfehler und Tragbildlage evolventenverzahnter Stirnräder. Dissertation TH Aachen, 1968

4.7 Hiersig. H.M.: Geometrie und Kinematik der Evolventenschnecke. Forschung 20, Heft 6, S. 178–190

4.8 Goebbelet, J.: Tragbildprüfung von Zahnradgetrieben. Eine Methode zur Qualitätsbeurteilung. Dissertation TH Aachen, 1980

4.9 Kampa, H.: Weckenmann, A.: Warnecke, H.-J.: Dutschke, W.: Fertigungsmeßtechnik. Handbuch für Industrie und Wissenschaft. Berlin, Heidelberg, New York: Springer, 1984

4.10 Krumholz. H.-J.: Berechnung evolventenverzahnter Zylinderräder. Ind. Anz. 106 (1984) 48, S. 27–29

4.11 Krumholz, H.-J.: Optimierte Istgeometrie-Berechnung in der Koordinaten-Meßtechnik. Fortschr.-Ber., VDI-Reihe 8 Nr. 102, 1986

4.12 Fa. Klingelnberg, Söhne : Schneckengetriebe Prüfgerät PSR 500. Firmenschrift Nr. 1238

4.13 Koßler, A.; Klichowicz, H.-J.; Hartmann, M. W.: Messung und Auswertung gerad- und schrägverzahnter Stirnräder mit Koordinatenmeßgerät und Kleinrechner; Feingerätetechnik. VEB Fachbuch, Berlin 31 (1982) 9, S. 390–393

4.14 Lindmayer, A.: KUM Kurven- und Profilmessung auf Zeiss Koordinaten-Meßgeräten. Software-Information ZEISS, Oberkochen, 1982

4.15 Loebnitz, D.: Untersuchungen zur Form- und Lageprüfung mit Hilfe von Mehrkoordinaten-Meßgeräten. Dissertation RWTH Aachen, 1980

4.16 Mushardt, H.; Scharf, E.; Kleensang, R.: Prozeßlenksystem für das Schleifen. PDV-Bericht KfK-PDV 84, Karlsruhe, 1976

4.17 Neumann, H. J.: Rationelle 3-D-Meßtechnik durch ausgewogene Einheit von Datengewinnung und Datenauswertung. TZ 69 (1975) 6, S. 191–196

4.18 Pohl, F.: Berechnung der Werkzeugprofile zur Herstellung von Schraubenflächen mit gegebenem Achsschnittprofil, Teil 2. Industrie-Anzeiger 91 (1969) 99, S. 2399–2402

4.19 Saari, O.: Nomograph aids solutions of worm-thread profils. American Mechanist (1954) July 5, p. 113–116

4.20 Saljé, E.: Über die Möglichkeiten zur Steuerung des Schleifprozesses. Feingerätetechnik 18 (1969) 9, S. 422–424

4.21 Schriefer, H.: Verzahnungsgeometrie und Laufverhalten bogenverzahnter Kegelradgetriebe. Dissertation TH Aachen, 1983

4.22 Stade, G.: Flankenformen von Zylinderschnecken. Werkstatt und Betrieb 97 (1964) 5, S. 345–349

4.23 Stadtfeld, H. J.: Anforderungsgerechte Auslegung bogenverzahnter Kegelradgetriebe. Dissertation TH Aachen, 1987

4.24 Warnecke, H. J.; Dutschke, W.: Fertigungsmeßtechnik, Handbuch für Industrie und Wissenschaft. Berlin, Heidelberg, New York: Springer, 1984

4.25 Weck, M.; Gogrewe, H.U.; Ernst, D.: Numerisch gesteuertes Abrichten von Profilschleifscheiben. Industrie-Anzeiger, 103. Jg., Heft 54, S. 12–20

4.26 Weck, M.; Boge, C.; Frentzen, B.; Reuter, W.: Automatisiertes Messen von Zylinderschnecken und Sonderverzahnungen. VDI-Z 128 (1986) 11, S. 453–458

4.27 Weckenmann, A.; Gode, G.; Springborn, H.-D.: Korrektur der Taststiftbiegung bei Messungen mit Mehrkoordinaten-Meßgeräten. Feinwerktechnik & Meßtechnik 87 (1979) 1, S. 5–9

4.28 Weckenmann, A.: Entwicklungstendenzen in der Koordinatenmeßtechnik. VDI-Z 127 (1985) 4, S. 117–123

4.29 Wiechern, R.: Meßtechnische Bestimmung der Werkstück-Geometrie von Großverzahnungen auf der Verzahnmaschine. Dissertation TH Aachen, 1980

4.30 Fa. Zeiss: Verzahnungsmessung auf einem Mehrkoordinaten-Meßgerät. Bearbeitet von Neumann, H. J., Firmenschrift der Fa. Zeiss, Oberkochen, 1980

Anhang

Anfragen bezüglich des Erwerbs der folgenden Programme oder einer Auftragsrechnung können direkt an das WZL oder an die FVA, Lyoner Straße 18, 6000 Frankfurt/Main 71 gerichtet werden:

1) ZADA-OPT
Zahnfußfestigkeit bei Schrumpfverbänden
Rechner: IBM-AT, IBM 3090-600S/VF (es existiert eine FORTRAN- und eine Turbo-Pascal-Version)
Eingabe: Geometrie von Verzahnung und Schrumpfverband, Belastungsgrößen, Werkstoffkennwerte, Passungsspielraum
Ausgabe: Schrumpfverbandauslegung nach den Kriterien Drehmomentübertragung, Schlupf, Mikrowandern, Zahnfußtragfähigkeit und Nabenfestigkeit

2) UNIDAT/UNIDYN
Rechnersimulation des Schwingungsverhaltens einstufiger Zylinderradgetriebe (Anwendung der allgemeingültigen UNIDYN-Programme)
Rechner: PRIME, IBM
Eingabe: Verzahnungsdaten, Getriebeabmessungen, Drehzahlen, äußere Belastungen, Dämpfungskennwerte, Lagersteifigkeiten, Verzahnungssteifigkeitsverlauf
Ausgabe: Resonanzfrequenzen, Schwingungsform, Lastvergrößerungsfunktion

3) Kegelrad-Kette
Exakte Nachrechnung bogenverzahnter Kegelradgetriebe
– Berechnung der exakten Verzahnungsgeometrie
– Berechnung von Kontakt- und Verlagerungsverhalten
– Unterschnittbetrachtung
– Roll- und Gleitgeschwindigkeitsberechnung
– Berechnung der Flankenpressungen und der Zahnfußspannungsverteilung
– Torsionssteifigkeitsverlauf, Drehabweichung und Tragbild unter Last
Rechner: IBM 3090-6005/VF
Eingabe: Datensatz wird von den Vorprogrammen der Verzahnmaschinenhersteller Gleason, Oerlikon oder Klingelnberg erstellt: Er beinhaltet die Verzahnungsgrunddaten und die Verzahnungsmaschineneinstellungen.
Ausgabe: Flankenkoordinaten, graphische Darstellungen von Ease-Off, Tragbild (lastfrei), Drehabweichungsverlauf, Flankengeschwindigkeiten, Pressungsverteilungen und Zahnfußspannungen.

4) FE-Stirnrad-Kette
Berechnung der Beanspruchungen von Stirnrädern auf der Basis der Methode finiter Elemente
– Ermittlung der Zahnform
– Last- und Pressungsverteilung über der Flanke, Lasttragbild, Drehabweichungskurve
– Zahnfußspannungsverteilung über dem Wälzweg
Rechner: PRIME, IBM
Eingabe: Dialoggeführte Eingabe von Verzahnungsdaten, Radkörpergeometrie, Wellengeometrie, Programmablauf selbst benötigt keine Eingabe
Ausgabe: Zahnform, Abweichungsfläche, FE-Strukturen, Lasttragbild, Pressungsverteilung, Spannungsverteilung, Drehfehler

5) HVOPT
Dialoggeführtes Programm zur Berechnung der evolventischen Zahngeometrie von Zylinderradverzahnungen mit vorgegebenen Überdeckungsgradverhältnissen
Rechner: IBM, VAX
Eingabe: Achsabstand, Verzahnungsbreite, Übersetzungsverhältnis, Normalmodul, Normaleingriffswinkel
Ausgabe: Vollständige evolventische Zahngeometrie sowie ein Datensatz für FVA-Stirnradprogramm

6) Weitere Programme zur Berechnung von Getriebebauteilen

SPINEL	Berechnung des statischen und dynamischen Verhaltens von Spindel-Lager-Systemen
SPINDEL	Berechnung der Biegelinie, des Biegewinkels, des Momenten- und Querkraftverlaufs beliebig oft abgestützter Spindel-Lager-Systeme
KEGWEL	Berechnung der Kräfte an einer Kegelradpaarung und ihre Umrechnung auf den Bezugspunkt einer Welle (Vorprogramm für SPINEL oder SPINDEL)
FINELF	Berechnung von Deformationen und Spannungen, die an statisch belasteten, linear elastischen Strukturen auftreten
FINELT	Berechnung der stationären und instationären Temperaturverteilung, thermisch und mechanisch bedingter Verlagerungen und Spannungen
DYNFIN	Berechnung des dynamischen Verhaltens linear
FINKON	elastischer Strukturen (Eigenfrequenzen und
FINDYN	Schwingungsformen der ungedämpften, frei schwingenden Struktur)
RESPON	Lösung des Differentialgleichungssystems der Schwingungen linear elastischer Strukturen mit beliebiger Dämpfung durch modale Superposition
DIAMAND	Graphische Darstellung von FEM-Rechenmodellen und deren Deformationszustand
GEODIG/FINDIG	Dialogprogramme zur Erstellung von FEM-Rechenmodellen mit graphischer Ein- und Ausgabe

Sachverzeichnis

K. Roth

Zahnradtechnik

Band I:
Stirnradverzahnungen – Geometrische Grundlagen

1989. XVI, 250 S. 96 Abb. in 301 Einzeldarstellungen.
Brosch. DM 68,- ISBN 3-540-51168-7

Band II:
Stirnradverzahnungen – Profilverschiebung, Toleranzen, Festigkeit

1989. XIV, 247 S. 77 Abb. in 155 Einzeldarstellungen.
Brosch. DM 68,- ISBN 3-540-51169-5

Die beiden ersten Bände des auf vier Bände angelegten Werkes
werden hier angezeigt.
Sie dienen der Lehre und der Praxis, indem sowohl die Einarbeitung
ohne größere Vorkenntnisse als auch die Information über spezielle
Probleme der Zahnradtechnik ermöglicht wird.

P. Lohse

Getriebesynthese

Bewegungsabläufe ebener Koppelmechanismen

4., neubearb. u. erw. Aufl. 1986. XVI, 337 S. 568 Abb.
Brosch. DM 74,- ISBN 3-540-16118-X

Inhaltsübersicht: Grundlagen über
Aufbau und Funktion der Getriebe. -
Konstruktive Geometrie der Bewegung.
- Zur Einzellagen-Synthese. - Zur
Lagenschar-Synthese. - Konstruktion
von Getrieben für gegebene Kurven. -
Konstruktion von Getrieben für gege-
bene Bewegungen. - Konstruktion von
Getrieben für zugeordnete Bewegungen.
- Konstruktion von Verstellgetrieben. -
Literaturverzeichnis. - Sachverzeichnis.

G. Niemann, H. Winter

Maschinenelemente

Band 1:
Konstruktion und Berechnung von Verbindungen, Lagern, Wellen

Unter Mitarbeit von M. Hirt

2., neubearb. Aufl. 1975. Ber. Nachdr. 1981. XIV, 398 S. 289 Abb. Geb. DM 98,– ISBN 3-540-06809-0

Band 2:
Getriebe allgemein, Zahnradgetriebe – Grundlagen, Stirnradgetriebe

2., völl. neubearb. Aufl. 1983. 2., ber. Nachdr. 1989. XII, 376 S. 288 Abb. Geb. DM 98,– ISBN 3-540-11149-2

Band 3:
Schraubrad-, Kegelrad-, Schnecken-, Ketten-, Riemen-, Reibradgetriebe, Kupplungen, Bremsen, Freiläufe

2., völl. neubearb. Aufl. 1983. Ber. Nachdr. 1986. XIII, 294 S. 234 Abb. Geb. DM 88,– ISBN 3-540-10317-1

Aus den Besprechungen: „... das Werk macht dem Leser physikalische Zusammenhänge klar. Er kann daher die vielen angegebenen und zur Berechnung notwendigen Zahlen und Werte kritisch beurteilen. Die Autoren lassen auch keinen Zweifel darüber, daß zur Absicherung mancher Angaben noch weitere Forschung notwendig ist. Jedes Kapitel enthält Beispiele, die das Verständnis des Stoffes erleichtern. Viele Bilder und Tafeln tragen zur Anschaulichkeit und Übersicht bei. Am Ende eines Jeden Kapitels stehen umfangreiche Literaturverzeichnisse..."   *Konstruktion*

MIX
Papier aus verantwortungsvollen Quellen
Paper from responsible sources
FSC® C105338

If you have any concerns about our products,
you can contact us on
ProductSafety@springernature.com

In case Publisher is established outside the EU,
the EU authorized representative is:
Springer Nature Customer Service Center GmbH
Europaplatz 3, 69115 Heidelberg, Germany

Printed by Libri Plureos GmbH
in Hamburg, Germany